/中国首部全译插图本/

SOUVENIRS ENTOMOLOGIQUES

昆虫记

·典藏版·

·Ⅲ·

[法]法布尔　著

张广学　学术顾问

方颂华　译

南方传媒 | 花城出版社

中国·广州

图书在版编目（CIP）数据

昆虫记 : 典藏版. Ⅲ / (法) 法布尔著 ; 方颂华译
. -- 4版. -- 广州 : 花城出版社, 2022.6
ISBN 978-7-5360-9276-1

Ⅰ. ①昆… Ⅱ. ①法… ②方… Ⅲ. ①昆虫学－普及读物 Ⅳ. ①Q96-49

中国版本图书馆CIP数据核字(2022)第045615号

出 版 人：张　懿
特约策划：邹峭华　秦　颖
责任编辑：黎　萍　夏显夫
技术编辑：凌春梅
封面插画：空　澈
封面设计：介　桑

书　　名　昆虫记：典藏版
KUNCHONGJI：DIANCANGBAN
出版发行　花城出版社
（广州市环市东路水荫路 11 号）
经　　销　全国新华书店
印　　刷　佛山市浩文彩色印刷有限公司
（广东省佛山市南海区狮山科技工业园 A 区）
开　　本　880 毫米×1230 毫米　32 开
印　　张　9　4 插页
字　　数　212,000 字
版　　次　2022 年 6 月第 1 版　2022 年 6 月第 1 次印刷
定　　价　388.00 元（全十卷）

如发现印装质量问题，请直接与印刷厂联系调换。
购书热线：020－37604658　37602954
花城出版社网站：http://www.fcph.com.cn

法布尔是掌握田野无数小虫子秘密的语言大师。

——［法］罗曼·罗兰

目录 Contents

第一章 土蜂

如果说在动物界是靠力量来统治臣民，那么膜翅目昆虫里首屈一指的当属土蜂。从体形来看，有的土蜂可以和戴菊莺相比。后者是北方的一种小鸟，头顶呈橙黄色，在秋雾初起的时节到农家小园里啄食生虫的菜芽。那些最大最威武的带刺蜂，像木蜂、熊蜂、黄边胡蜂，到了某些土蜂面前也要逊色不少。在这个巨人一族里，我们地区有花园土蜂，它长4厘米有余，翅膀张开后的宽度达10厘米；还有痔土蜂，身材和花园土蜂差不多，因为小腹末端竖立的红棕色毛刷，特别引人注目。

黑色的身体上长着大块的黄斑，硬邦邦的翅膀像琥珀色的洋葱片，并反射着紫光；粗壮的腿节上生着一排排粗糙的短毛；大大的骨架，结实的头，外面套着一层坚硬的头壳；行动笨拙，反应迟钝；飞起来得费上一番力气，无声无息，飞不出多远。这便是雌花园土蜂的大致模样，为了完成艰苦的工作而全副武装。它懒惰的爱人雄土蜂则显得更高贵，穿着更加精致，一举一动也更为优雅；但同伴的主要特征强壮，在它身上并没有失去。

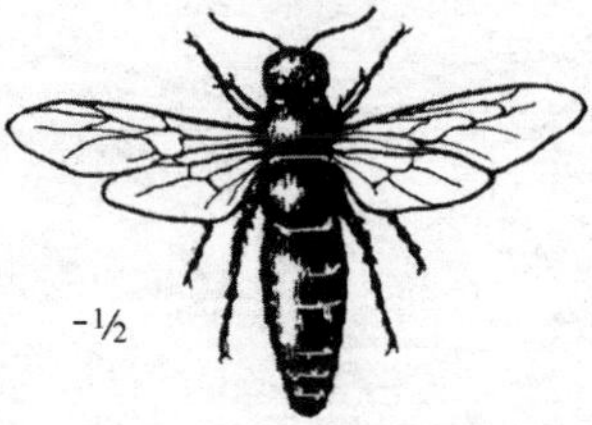
-½

花园土蜂

昆虫收藏者第一次看到花园土蜂时，恐怕没有谁不会心怀畏惧。怎样才能抓住这个大家伙？怎样才能不被它的针蜇到？如果螯针的威力和身体大小成正比，那么被土蜂蜇过的伤口一定非常可怕。黄边胡蜂一旦拔剑出鞘，就会让人疼痛难忍。要是被这个大家伙刺到了该会怎样？在撒网的那一刻，你的脑子里会出现一幅画面，拳头大小的瘤，还有烙铁烙过的灼疼。于是，你便停下手，打起退堂鼓，转而庆幸自己没有引起这个危险家伙的注意。

是的，我承认自己最初看到土蜂时也退缩过，尽管我当时是那么希望用这种奇妙的虫子，来丰富我刚刚起步的收藏。被胡蜂和黄边胡蜂蜇过的惨痛回忆，使我变得过分谨慎。我说过分，是因为经过了多年的实践，今天我已经摆脱了以往的畏惧，看到一只土蜂栖息在菊花的花冠上，我会毫无顾忌地用手指尖将它捏住。尽管它看上去体格强壮，令人生畏，但我也并不会多一分小心，它只不过是貌似勇敢罢了。对此，我想教教新入门的膜翅目昆虫捕捉者。其实，土蜂的性情是很温和的，与其说它们的螫针是用来刺人，不如说是劳动工具，只用来麻痹猎物，只有在万不得已的情况下才用以自卫。此外，它们行动迟钝，你几乎永远都避得开螫针，而且就算被蜇到，刺伤的疼痛也几乎算不得什么。一般来说，捕食性膜翅目昆虫的毒液不够辛辣，它们的武器是用来做最精细外科手术的柳叶刀。

在我们地区的其他土蜂中，我要说说双带土蜂，每年9月，我都会在我家的篱笆里，看到它聚精会神地在枯叶下的软土堆里挖掘。还有沙地土蜂，它是附近小山丘上沙地里的常客，体形比前两种要小，但更为常见，具备持续观察的必要条件，因此它给我提供了关于土蜂最基本的资料。

沙地土蜂

我打开过去的笔记，发现了1857年8月6日在伊萨尔树林的记录。在这个靠近阿维尼翁的著名的间伐林里，我对铁色泥蜂进行了研究。我感到脑袋里又塞满了昆虫学研究计划，又要开始重度那个与昆虫相伴整整两个月的假期。什么马里奥特瓶，什么托里拆利管，都见鬼去吧！现在我不再是老师，我又回到了做学生时的好时光，一个痴迷着昆虫的学生。就像一个锄茜草的农夫准备开始劳动那样，我出发时将一把结实的挖掘工具扛在肩头，这种工具在当地叫作鹤嘴锄；我背上的皮袋装满了瓶子、盒子、小铲子、玻璃管、镊子、放大镜和其他工具，还有一把大伞为我遮阳防晒。此时是炎热的盛夏，蝉都不堪酷暑，闭上了嘴巴。青眼虻为了躲避烈日，在我的丝伞顶上寻求庇护。其他的一些双翅目昆虫，例如体色晦暗的距虻，居然冒冒失失地爬到了我的脸上。

我歇脚的地方是林中的一块空沙地，一年前我就已经发现，这块地是土蜂喜欢光顾的地方，沙地四处遍布绿橡树丛，浓密的灌木丛下，一层松软的沃土上覆盖着成堆落叶。我的记忆帮了我的大忙。随着暑气稍许和缓，不知从哪儿来了几只双带土蜂。蜂儿越聚越多，我不敢怠慢地注视着它们。在我观察得到的范围内，大概就有12只。它们身材偏小，动作相对轻柔，很容易辨别得出是雄性。它们贴近地面缓缓地飞行，朝四面八方来来往往，去去回回。远处，还有一只落在地面上歇脚，用触角拍打着沙土，似乎想知道土里有什么动静；而后，它又继续来来回回地飞行。

它们在期待着什么？它们不停地来回飞翔，到底是要寻找什么？食物吗？不，附近就长着几法寸长的刺芹，在这个阳光把植物都烤化了的季节里，这种饱满的头状花序植物是土蜂常享用的佳馔，但没有一只蜂儿在上面停留，没有一只注意它溢出的蜜汁。它们关心的不是花蜜，而是地面，是它们如此勤劳地挖掘的沙土地；它们所期待的是雌蜂的出现，只要虫茧绽开，雌蜂就会随时从布满灰土的地底下破土而出。三四只雄蜂，甚至更多，此刻就会一拥而上，连雌蜂掸尘、擦拭眼睛的时间都不给，就开始拼命地争风吃醋。对膜翅目昆虫的这些爱情嬉戏，我已经司空见惯，向来不会弄错。一般说来，都是先出世的雄蜂守护在蜂房旁，密切注视雌蜂的动静，一旦它们破土而出，就马上展开追逐。这便是这些土蜂不停飞舞的原因。我如果耐住性子，也许还能看得到婚礼呢。

时间过得真快，青眼虻和距虻已从伞上离开，而土蜂们也渐生倦意，慢慢地消失了。到此为止。今天我什么也看不到了。此后，我又对伊萨尔树林进行了几次艰苦的远征。每一次，我都看到雄蜂像以往那样，坚持不懈地贴近地面飞行。我的坚韧不拔理应赢得一次回报，回报曾经有过，但非常不完整。我把它原样记录下来，有所疏漏的地方希望以后能弥补。

一只雌蜂在我眼前钻出地面。它展翅飞舞，身后追随着几只雄蜂。我用鹤嘴锄挖掘它的出口，随着挖掘的深入，我把混有软土的沙粒从指间筛除。我的额头沁着点点汗珠，直到搬开了大约一立方米的杂物后，我才有了收获。这是一个刚刚破了壳的茧，茧的两侧粘着一层薄薄的表皮，茧的织造者幼虫食用过的猎物，如今只留下这最后一点痕迹。茧外层的丝壳完好无损，很可能是刚才那只雌蜂留下的，它在我眼前离开了它的地下居所。至于壳里的那层虫皮，因为土地潮湿，又受到禾本科植物侧根的损伤，我无法准确辨认出到底是什么。只有颅顶还看得清楚，从大颚和整个轮廓看，我猜想它是金龟子的幼虫。

时候不早了，今天就只能到这里，我已经筋疲力尽了。不过，发现一个裂开的茧和那张可怜而古怪的小虫子的表皮，再疲劳也值得。喜爱博物学的年轻人，想知道在自己的血脉里是否有神圣的火种在流淌吗？那么，请设想一下经历这样一次远足返回的情景，你肩上扛着一把笨重的农具，蹲在地上大半天的挖掘使你腰酸背疼，8月酷暑下午的炎热，让你感到脑袋仿佛炸了开来，而眼皮受了一天强烈的日照后，也像得了眼疾似的瘙痒，口干舌燥的你，面对着长长的泥路，却无法休息，但你的心中自有快乐，你忘却了现世的贫困，陶醉在这次远行之中。为什么？因为你现在得到了一块烂虫皮？如果真的是这样，我年轻的朋友们，前进吧，你们会做出一番成绩的；不过我要告诫你们，这可完全不能作为谋取功名的手段。

我仔细地观察这块虫皮，最初的设想得到了验证：它是金龟科鳃金龟类昆虫的表皮，我刚刚挖出茧的那种膜翅目昆虫，就是捕猎这种幼虫。但它到底是哪一种鳃金龟呢？此外，这个作为我最大战利品的茧，的确是属于土蜂的吗？问题开始接踵而来，要想找出答案，我必须再回到伊萨尔树林里去。

我又去了树林，土蜂的问题还没有得出满意的答案，我就失去了耐心。的确，依我面临的条件，困难是不小的。在茫茫的沙地里，我该挖哪儿，才碰得到土蜂经常出没的地方？鹤嘴锄随处乱掘，我几乎总是碰不到我要找的东西。贴近地面飞舞的雄蜂，凭借它们可靠的直觉，向我指出了雌性可能在的位置，但它们不停地来来回回，使指示变得模糊不清。即使只是一只雄蜂钻探的地面，因为它飞行时一直在变换方向，我都要搬开一米深的沙土，也就是一公亩的面积。这完全非我力所能及，而且我也没有时间。随着季节的推移，雄蜂不见了，现在连它们的指示也没有了。为了搞清该在什么地方放下鹤嘴锄，我只剩下一个办法：监视已经从土里出来或者正要往土里钻的雌蜂。时间一点一点地消逝，我以极大的耐心，终于得到了意外的收获。这可真是不寻常啊！

土蜂不像其他捕食性膜翅目昆虫那样挖洞筑巢。它们没有固定的居所，也没有通往外界并与幼虫的小屋相连的自由通道；对它们来说，不必有什么进出的门，不必有事先挖好的通道。要想钻进土里，任何地点都可以，即使是未被翻动的地方，只要土不太硬就行，其实它们挖掘的工具也足够坚硬；要从土里出来，它们也无所谓特定的地点。土蜂不横向钻土，而是向下掘土，它用脚和大颚辛勤地工作；掘开的沙粒就堆积在原地和身后，马上就堵住了先前挖出的通道。当它要从地里钻出来时，土就会攒成一堆，看上去就像有只小鼹鼠在地底下拱隆地表。土蜂出来后，隆起的土堆坍塌，堵住出口。要是土蜂想回家，它就随便找一个地方挖掘，很快就挖出一个洞，土蜂也随即消失，挖开的那些泥土将它埋在地底下。

我从地面上土的厚度就能轻易地分辨出它的临时居所，那是一个圆柱体，幽深蜿蜒，在一块坚实的土里由一些松动的土筑成。圆柱体数目众多，有时能深至半米，它们四通八达，还常常相互交叉，但没有哪个圆柱体拥有来去自如的通道。显然，这不是通往外界的永久性道路，而是土蜂永不回头的一次性跑道。土蜂在地上钻出这么多堆满流沙的羊肠小道，是为了寻找什么？也许是在找它一家的食物吧，比方说我拥有的那张枯皮的无名幼虫。

我心里差不多有了点眉目：土蜂是一群地下劳动者。以前抓到土蜂，看到它腿上沾有小土块时，我就怀疑过。土蜂很爱清洁，最大的乐趣就是对身子洗洗刷刷，身子沾上污点，只能说明它是个热情的搬土工。我以前还不很明白土蜂的职业，现在我清楚了。它们生活在地下，掘土是为了寻找金龟子的幼虫，就像鼹鼠钻土也是为了找蛴螬[①]那样。接受了雄蜂的拥吻后，雌蜂们很少再继续缠绵下

① 金龟子科昆虫的幼虫，称蛴螬。——校注

去，而是一心一意专注于母亲的职责。这可能也是我不再有耐心窥探它们进进出出的原因。

地下是它们停留和运动的场所；依靠有力的大颚、坚硬的头颅和强健带刺的腿，它们在疏松的土里随心所欲地开辟道路，好似活的犁铧。将近8月末，大部分雌蜂都深藏于地下，开始忙于产卵和储藏食物。一切都仿佛在告诉我，想等待几只雌蜂出来是徒劳的，必须埋头四处挖掘。

不过我辛苦的挖掘却未换来应有的回报。尽管发现了几只茧，但差不多个个都和我已有的那只一样裂了开来，而且，侧壁上都同样粘着一张金龟子幼虫枯干的表皮。只有两只茧完好无损，里面包着死去的膜翅目昆虫。它们的确就是双带土蜂，这个难得的收获证实了我的推测。

我还挖出过一些茧，样子略有差别，茧里也包着死去的成虫，我认出来它是沙地断土蜂。残留的食物同样还是一只金龟子幼虫的表皮，但与双带土蜂的食物并不相同。我这儿挖挖，那儿挖挖，搬开了好几立方米的土，却从未看到过新鲜的食物、卵或者小幼虫。产卵期可是最佳的寻找时节，但是，一开始为数众多的雄蜂已经日益稀少，直至完全消失。我的失败可能是由于不着边际的挖掘，这么大的地方，却没有什么能给我任何指引。

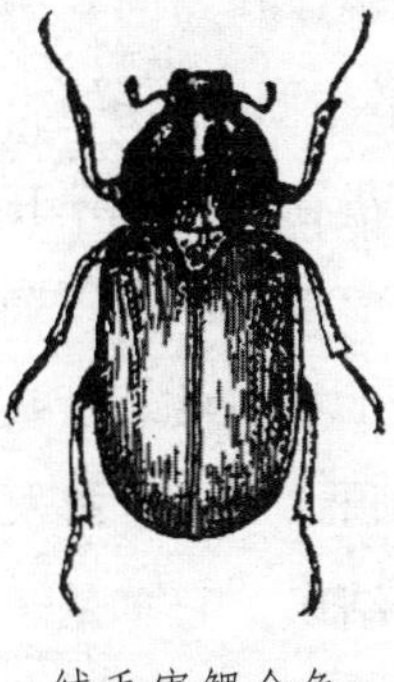
绒毛害鳃金龟

然而，如果我能够确定那两种土蜂吃的是金龟子幼虫，问题就解决了一半。试试看吧，我将鹤嘴锄挖出来的幼虫、蛹和成虫都聚在一起，我的战利品实际上是两类金龟子：绒毛害鳃金龟和朱尔丽金龟。它们的体态都保持得很完整，大部分是死的，但偶尔也有活的。那寥寥的几只蛹真是笔不可多得的财富，因为和它们连在一起的幼虫遗体可以作为比较项，而且各种龄期的幼虫我都收集了不少。通过比较蛹蜕下的皮，我发现，一部分皮属于绒毛害鳃金龟，另一部分属于丽金龟。

据此，我完全确信，贴在沙地土蜂身上的皮是属于绒毛害鳃金龟的。至于丽金龟，并没有发挥什么作用，双带土蜂猎食的幼虫并不是它，同样也不是绒毛害鳃金龟。这张我还不认识的皮究竟是属于哪种金龟子的呢？既然双带土蜂是在我挖掘的那块地底下定居，那么我寻找的这种金龟子必然在那里。后来，唉！是很久以后，我才知道问题出在哪儿。为了让鹤嘴锄避开网状的植物根系，使挖掘更轻松，我只挖掘没有植被的地方，而不去管绿橡树丛；可这些富含腐殖土的灌木丛，才是我该寻找的角落。在那里，在那些枯老的树干旁，在那遍布落叶朽木的地方，我肯定会遇上期盼已久的幼虫。它们的生活我将在下文中描述。

我最初的搜寻仅限于此。我不得不承认，伊萨尔树林所提供的资料比我想象的要少。远离居所，旅途劳顿，再加上热浪袭人，对挖掘点又一无所知，我自然会在问题取得进展之前就泄了气。做这样的研究，必须时间充裕，在自己家中钻研，还必须住在乡间。当你对院子里和四周的每个地点都熟悉了以后，问题必然迎刃而解。

23年过去了，我如今在塞里昂，成了一个一边笔耕一边种甘蓝的农民。1880年8月14日，法维埃在荒石园的一个角落里，正要搬走一堆由牧草和树叶屑堆积成的泥土肥。把这个土堆移走是有必要的，因为随着月圆月缺，布尔就会从土堆蹿上墙顶，空气里散发的气味告诉它，该去赴一场狗的婚宴了。每次朝圣结束，它总是一脸狼狈、耳朵撕裂着回来；但只要吃饱喝足，它总会再一次翻墙而出。为了中断给它造成无数伤疤的风流事，我只好决定移走它用来当梯子的土堆。

法维埃正用铲子往独轮车里铲土，他突然叫了起来："大发现，先生，大发现，快来看啊！"我跑了过来。果然是大发现，令我喜不自禁，多年前伊萨尔树林里的那段经历一下子浮现在眼前。只见肥堆里冒出许多只雌双带土蜂，它们正慌乱地干着自己的活儿。虫茧也不胜枚举，每一只都连着供幼虫食用的猎物皮。茧虽然只只裂开，但还保持着新鲜，那些土蜂都是刚刚离开茧的新生儿。事后我才知道，7月是成虫羽化的季节。

葡萄蛀犀金龟

肥堆里还聚着一群金龟子，有幼虫，有蛹，还有成虫；连鞘翅目里最大的葡萄蛀犀金龟也在其中。我看到一些刚刚得以见天日的金龟子，它们闪闪发亮的栗色鞘翅，第一次展现在阳光之下；另一些还蜷缩在土壳里，差不多跟火鸡蛋一般大小。最常见的是强壮的幼虫，腆着大大的肚子，背弯成弓状。我还发现了另一种头上长着长角的金龟子，它是凹叶颚犀金龟，比它的同类要小；还发现了肆虐莴苣的显刻禾犀金龟。

然而占多数的还是花金龟，它们大部分蜷缩在卵状的蛹室里，用土或者土里的粪便做外壳的隔墙。花金龟有三种类型，金绿花金龟、傲星花金龟和多彩花金龟，其中以第一种居多。花金龟幼虫用背贴在地上爬行，足伸向空中，身手极其敏捷，非常易于辨别。我发现了100来只，从刚出世的初龄幼虫到即将造蛹室的胖墩墩的老熟幼虫，各个龄期的

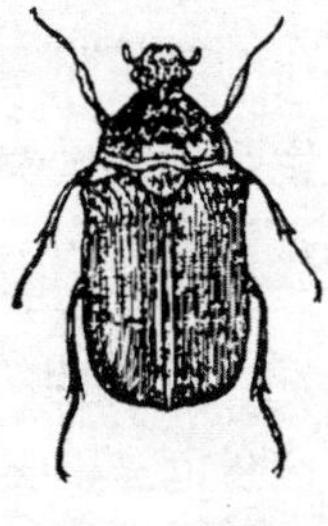

金绿花金龟

幼虫都有。

现在粮食的问题终于解决了。如果我把土蜂蛹室上粘着的幼虫皮与花金龟的幼虫做一番比较，当然与幼虫作蛹自缚时蜕去的皮比较则效果更佳，可以看到两者完全相同。双带土蜂给它的每只幼虫都喂上一只花金龟的幼虫。伊萨尔树林里艰苦的搜寻都没有解开的谜，此时已昭然若揭。今天，就在我的家门口，难题变得易如反掌。我可以随心所欲地对问题深究下去，不会有任何烦扰。在任何我认为合适的时节，在任何时间，我的眼前就有我需要的研究材料。啊！可爱的村庄，虽然是穷乡僻壤，但我隐遁于此，却得到了这么好的启发，我可以和我亲爱的昆虫们生活在一起，它们奇妙的生活足够我写上好几章的文字！

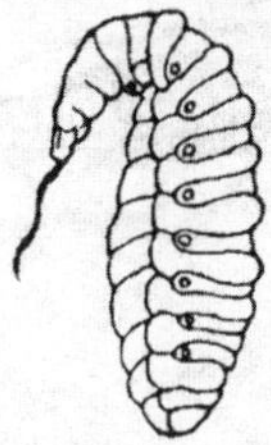

花园土蜂幼虫

根据意大利人帕瑟里尼的观察，在从暖房丢弃出来的皮革渣里，花园土蜂用葡萄蛀犀金龟喂养家人。荒石园堆满枯叶的土堆里，大量繁殖着这种金龟子，我倒希望有一天也会有花园土蜂前来安家。但在我们地区这种虫子比较少见，这可能是至今我的愿望都不能实现的唯一原因。

我刚刚确证双带土蜂以花金龟的幼虫，主要是金绿花金龟、傲星花金龟和多彩花金龟，作为儿时的食物。这三种花金龟共同生活在刚才挖出来的土堆里；它们的幼虫区别是如此小，很难辨别，即使我细心观察，也不能保证就分得清。因此，我相信，土蜂并不进行选择，它对这三种花金龟是不加区分地利用的。也许，它甚至还会进攻同这三种花金龟一样是腐烂植物宿主的小虫子。因此，我把花金龟这一类看作是双带土蜂的猎物。

在阿维尼翁附近，沙地土蜂的猎物是绒毛害鳃金龟。而邻近塞里昂的地方，在类似的只长有纤细的禾本科植物的沙地里，我看到晨害鳃金龟取代绒毛害鳃金龟，成了土蜂的食物。蛀犀金龟、花金龟和害鳃金龟的幼虫，是我所知道的三类土蜂的猎食对象。这三种鞘翅目昆虫都是金龟子，这种惊人的一致性是我稍后将要探讨的主题。

现在要做的事，是用独轮车把土堆拖走。这本是法维埃的活儿，但我必须将这些慌张的小家伙收进瓶里，等到土堆搬至他处后，再重新放回去。为了研究计划，必须悉心照料这些小家伙，我只好亲自做这些活儿。现在还没到产卵的季节，因为我连一个土蜂卵、一个幼虫都没有发现，看来，9月才是产卵的季节。在搬动中，免不了有不少土蜂伤筋动骨，而溜掉的土蜂要找到新家也许有些困难。土堆被我翻动得乱七八糟，为了使一切重归宁静，让土蜂逐渐养成新习惯，我觉得，最好今年放着土堆不管，明年再重新开始研究，才能保证蜂群有时间繁衍，弥补迁徙者和伤员的空缺。经过这次扰民的搬迁，还想急于求成，就会前功尽弃。我按捺住性子，再等一年吧，就这样定了。随着秋叶的凋零，我将荒石园里的枯叶杂草都堆在一起，加厚土堆，以便我能拥有一个资源更为丰富的开采场。

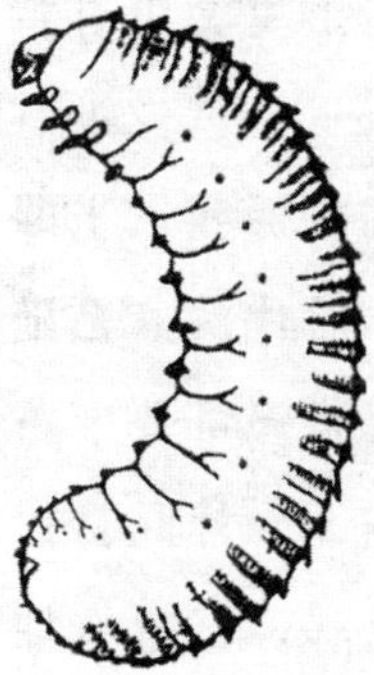
花金龟幼虫

第二年8月一到，我便每天察看堆成小山的土堆。下午两点钟，当阳光从周围的松树丛中移开照射到土堆上，在附近刺芹的头状花序上饱餐了一顿的雄土蜂，就会成群地拥来。它们绕着小土堆，不停地来回飞舞。如果有只雌蜂从土堆里钻出来，雄蜂们就立刻扑上前去。求婚者经过一番不太激烈的争斗决出胜利者后，一对新人便一起飞出院子的高墙。这是我在伊萨尔树林见过的那一幕的翻版。8月过了，雄蜂就很少出现，雌蜂从此也不再露面，在地下辛劳地建立家庭。

9月2日，我儿子埃米尔的挖掘产生了决定性的意义。他用叉子和铲子翻地，我则观察翻出的土块。胜利了！我尽管雄心勃勃，也不敢梦想会有这样美妙的结果！只见无数蠕软的花金龟幼虫，一动不动地躺在地上，肚子上都贴着一只土蜂的幼虫；我再看土蜂的小幼虫，有的刚把头伸进牺牲品的内脏，有的已经把猎物吃得只剩一张干枯的皮，有的正用像牛血一样的红丝织茧，还有的已经把茧织得差不多了。土蜂的各个成长阶段，从虫卵到活跃期已经结束的幼虫，应有尽有。我用一块小白石头记下9月2日这一天，它将一个萦绕我心头四分之一世纪的谜解开了。

我将猎物像圣物一样放在浅浅的宽口瓶里，瓶底铺上一层精心筛过的腐殖土。在这个和它们原来的家毫无二致的软垫上，我用手指轻轻压出一些凹窝，每个窝只放一只研究对象，然后在瓶口盖着一块玻璃。这样，我既可以防止它们不翼而飞，也可以直接进行观察，不必担心会惊扰它们。既然现在一切都井然有序，我就要开始做实验记录了。

腹部贴着土蜂卵的花金龟幼虫，是随意分布在土里，没有特别的窝，也没有任何筑巢的痕迹。它们埋在腐殖土里，就像没有被土蜂捕获的那些幼虫一样。伊萨尔树林里的挖掘告诉我，土蜂不会为它的家人准备居室，它根本不懂居室艺术。后代的家是随便建起来的，母亲不会给予任何关心。但其他的狩猎蜂都要准备一个居室来储存有时甚至是从远处搬运过来的食粮。土蜂只管挖掘腐殖土层，直到遇上一只花金龟的幼虫。一有发现，它便就地将猎物刺得不能动弹，并立即在麻木的虫子的腹部产卵。母亲只管搜寻新的猎物，而不操心刚刚产下的卵。不必大费周章搬来运去，也不必费力筑巢；只要逮到花金龟幼虫，将它刺得不能动弹，土蜂的幼虫就开始孵化、生长、织茧。它们的家就这样简化到一种最简单的形式。

第二章 充满艰险的进食

从形态上看，土蜂的卵没有任何特别之处。白色笔直的圆柱体，大约有4毫米长、1毫米宽，前端固定在牺牲品腹面的中线位置，这个位置离腿较远，靠近腹中食物透过皮肤而形成的褐斑。

我看到了孵化的情景。土蜂幼虫刚刚蜕下的薄皮还附着在尾部，它就将头固定在卵附着的部位。这是激动人心的场面。刚刚孵化出来的弱小生命，一下一下，试图在卧倒在地的猎物腹部钻出洞来。新生的大颚干了整整一天这份累活，第二天，猎物的皮总算松动了，我发现新生儿的头已经探进一道圆圆的、流着血的伤口里。

说起大小来，土蜂幼虫和我刚才说过的卵大小差不多。然而，它的食物花金龟幼虫，却平均长30毫米、宽9毫米，体积是刚刚孵化出来的土蜂幼虫的六七百倍。猎物的臀部和大颚还在动，的确会令小虫子感到恐怖。但母亲的螫针已经消除了危险，孱弱的小虫就像吮吸乳汁一样，毫不犹豫地开始吞噬庞然大物的肚子。

一天天地，小土蜂幼虫的头在花金龟蛴螬的肚子里越钻越深。为了能穿透表皮进入狭窄的洞里，它身体的前端变得越来越细长，看上去就和一根丝一样。于是，幼虫的形状变得很奇怪：它的后半部始终保持在猎物的体外，和普通膜翅目掘地虫幼虫的形状、大小都差不多；但前半部一旦进入猎物体内，就突然变得像蛇颈一样细长，并且一直在那里待到吐丝织茧的那一刻。幼虫的身体前端仿佛是以猎物皮肤里狭窄的洞为模具，此后也一直保持着这样纤细的体形。如果掘地虫的幼虫长年累月地钻探一个庞然大物，它们的形状多多少少都和挖的洞穴相似。例如朗格多克飞蝗泥蜂和距螽，毛刺砂泥蜂和黄地老虎幼虫。如果食物成碎片状或者相对较小，把昆虫的身体分成模样完全不同的两截，这种现象就不会出现。既然幼虫是从一块食物到另一块食物略做停顿地进食，身体就会保持正常的形态。

从大颚最初咬的几下开始，直到猎物被吃光，土蜂的幼虫都一直埋头在食物体内，既不抬头，也不把脖子伸出来。我开始猜想这样牢牢守住一个点不放的原因，我甚至想看看这种特殊的进食技艺的必要性。花金龟幼虫是一个坚固的块状物，这一大块食物应当直到最后都保持宜人的新鲜。土蜂幼虫因此总是从母亲在腹面选好的那一点，开始谨慎地进食，因为要钻的那个洞正开在卵附着的那一点上。随着吃客的脖子越伸越长，牺牲品的内脏也循序渐进地被吃掉，首先是最不必需的部位，然后是除掉以后还能使蛴螬保有一丝生机的部位，最后才是那些失去了会带来无可挽回的死亡的器官，之后尸体很快地腐烂了。

大颚刚刚咬了几下，牺牲品的伤口里就涌出血来，这是一种能被大量吸收并易于消化的液体，新生儿吮吸时就像在吸乳汁。对于这个小饕餮而言，乳头便是蛴螬的伤口。但后者并不会因此死去，至少会继续活一段时间。当外面的肉被吃完以后，包在里面的内脏器官就开始受到吞噬，这是蛴螬在半死不活的状态中经受的另一种折磨。随着肌肉不再，皮肤干枯，继之是主要器官的消失、神经中枢和气管网络的中断，花金龟幼虫的生命之光一点点暗淡，直到成为一张空皮囊；但是除了腹部中央的那个开口之外，蛴螬的外皮仍然保持着完整，随后这张皮才开始腐烂。土蜂幼虫懂得有条不紊地进食，使得食物到最后一刻还保持着新鲜。现在，它吃得肥肥胖胖，精神抖擞地从皮囊里抽出长颈，准备织茧，在茧中完成变态。

土蜂幼虫有条不紊地进食是如何准确连接的，我也许说得有误，因为在猎物身体里到底发生了什么，不是很容易知道的。但这种聪明进食法的最主要特点——从次要器官吃到主要器官，以保持剩下的生命机能，则是不可否认的。如果直接观察只能部分得到确证，那么单独研究被吞噬的虫子，也许可以最确切地进行验证。

花金龟幼虫一开始是胖乎乎的，随着土蜂幼虫的吞噬，它逐渐变得松软起皱，短短几天内，就成了一块干瘪的肉条，随后又成了前胸贴后背的皮囊。但这块肉条和这张皮囊依然像被碰过前那样新鲜，虽然土蜂幼虫不停地咬，但它的生命依然存在，不到土蜂幼虫大颚最后的那几下攻击，它都能抵挡得住腐蚀的侵袭。如此顽强地维护猎物的生命机能难道不正说明，最基本的器官是最后被攻击的，切割是一步一步地从不重要到不可或缺的部分吗？

我想看看花金龟幼虫的生命中枢如果一开始便受损，会变成什么样子。实验非常容易，我也没忘了去做。取一根钝化了的缝衣针，再把它重新淬火磨尖，就成了最精致的解剖刀，我用这个工具在花金龟幼虫身上划开一道切口，从切口处拔出一个神经节，稍后再去研究它那令人称奇的结构。完了，伤口看上去并没什么大不了，但蛴螬成了一具僵尸，一具真正的尸体。我把实验对象放到一层新鲜的腐殖土上面，再用一个玻璃罩盖上。总之，我将它安置在其他被土蜂幼虫食用的花金龟幼虫所处的环境里。一天一天过去，它的形状没有改变，但体色变成了令人作呕的褐色，还流出腐臭的液体。在同一层腐殖土上，同样的玻璃罩下面，同样也是温湿的环境，被土蜂幼虫吃了四分之三的蛴螬却始终保持皮肉新鲜的模样。

我仅仅用针尖戳一下就导致了蛴螬的骤死和迅速腐烂，而土蜂幼虫细嚼慢咽地掏空蛴螬，使它成为一张枯皮，却没有最终将它杀死。两种迥然相异的结果，是由于所伤及器官的重要程度不同。我毁掉了神经中枢，于是无可挽回地杀死了我的蛴螬，第二天它便成为一具腐尸；而土蜂幼虫却只进攻脂肪、血和肉，不杀死它的猎物，所以直到最后它仍然能吃到未变质的食物。但很明显，如果土蜂幼虫和我一样，一开始就进攻猎物的神经，那么，它面对的就是一具真正的尸体，24小时以后它就会因腐烂而致命。的确，母亲为了保证猎物无法动弹，把毒针插进猎物的神经中枢。但它的做法和我的完全不同，它就像一个注射麻醉剂的外科医生，我却像屠夫一样切割、拉扯。被它蜇过的神经中枢依然完好无损，由于毒液的作用，蛴螬的肌肉再也无法收缩。但这是否说明，在麻木状态中，它们的生命机能依旧默默地运转？火焰熄灭了，但灯芯还留有一份炽热。我这个粗暴的酷吏，不仅吹灭了灯，还扔掉了灯芯，一切都结束了。这就像虫子动用大颚，在神经节里啃咬一样。

一切都证明，土蜂幼虫和其他以庞然大物为食的侵犯者一样，具备一种特殊的饮食技艺，这种精巧的技艺使得被吃的猎物，在最后一息仍保存着生命的痕迹。要是猎物体形微小，当然就用不着如此谨慎。例如，泥蜂幼虫吃双翅目昆虫，被逮住的猎物是从背，还是从肚子、头或者胸开始吃，都无所谓。幼虫任意找到一点便嚼起来，接着又丢开这一点去嚼第二处，并随兴所至一直随意地吃下去。它这样反复尝试，似乎是要找到最舒服的地方下嘴。双翅目昆虫就这样四处被咬，遍体鳞伤，很快就不成形状，要是没有一次吃完，剩下的就会很快腐烂。假设土蜂幼虫也是这样没有规则地贪食，那么本来可以保持半个月新鲜的丰富食粮，就会一下子死去，变成腐臭的垃圾。

这种经过精心设计的饮食技艺，看来并非轻松的活儿，至少，只要幼虫从小径里回头，就再也不能够施展高超的进餐技术。这一点实验可以向我们证明。首先我要声明，关于之前那个24小时就变得腐烂的实验对象，那是一个特例，是为了将问题说明得更清楚。土蜂幼虫的尝试是不会也不可能到那一步的，但它仍然可以让人怀疑，进食时最初的攻击点不同，结果也会不一样；在牺牲品内脏里的钻探有一种内在的秩序，在这种秩序之外，成功是不可确定或者是不可能的。对于这些微妙的问题，我想，是没有人能够回答的。在科学沉默的地方，或许该让虫子来说说话，试试看吧。

我打搅了一只接近老熟的土蜂幼虫。为了尽量避免弄疼虫子，我将它的长颈从牺牲品的腹腔里取出来，可真费了番功夫。我耐着性子，用一支画笔头反复摩擦，才将它弄了出来。然后，我将花金龟幼虫翻个身，背朝上趴在腐殖土层上一个被手指压成的槽里，最后在牺牲品的背上放上土蜂幼虫。我的虫子现在处于和刚才一样的条件里，区别只在于它的大颚下面是猎物的背而不是腹部。

整个下午，我都密切注视着。它不安地动来动去，小小的头在这儿凑凑，那儿碰碰，虽然常常把头贴在蛴螬的背上，但始终没有找到合适的地方固定下来。一天过去了，它还是什么都没做，只是有些躁动不安而已。我想，它最终会因为饥饿而决定进食，结果我弄错了。第二天，我发现它比前一天更加焦急，还是一直在摸索，但仍然不能决定将大颚固定在哪里。我又试了半天，仍然没有任何结果。24小时的节食应当会使它胃口大开，尤其是对这个安静时就不停地吃喝的家伙来说。

极度的饥饿并不能使它随便找个地方就咬下去。是大颚穿不透吗？显然不是，背部的皮并不比腹部的更硬；而且，刚从卵里孵化出来，土蜂幼虫便有足够的力气穿透猎物的皮肤，更何况它如今已经变得这么强壮。因此这并非力量不足，而是顽固地拒绝随意挑个地方咬下去。谁知道呢？也许，从背面咬下去会伤着背上的血管，影响维持生命必不可少的器官——心脏。我尝试让土蜂幼虫进攻牺牲品的背部，但总是遭到失败。这是否说明，小虫子意识到，要是胡乱地从背切割食物将导致其腐烂，会给自己带来危险呢？这种想法当然是想都不可以想的，它的拒绝是受一种先验法则所支配，它天生就要服从这个法则。

如果我让土蜂幼虫待在猎物的背上，它们是会饿死的。于是我让一切恢复正常，蛴螬重新肚子朝上，土蜂幼虫趴在上面。我本可以用先前做过实验的那些土蜂幼虫，但为了防止突然改变的实验可能造成的混乱，我宁愿用一些新手做实验，便从我的储存里又拿出一些。我打搅了一只土蜂幼虫，将它的头从蛴螬的内脏里抽出来，面对着牺牲品的腹部。小虫子惊恐不安地摸索，犹豫，寻找，却不将大颚插进任何一个地方，尽管现在它钻探的是腹面，它在猎物背部时也不过更犹豫些。谁知道呢？我要重复说，也许在这一边，神经节会被伤着，这可比背上的血管还要重要。没有经验的小虫子是不会随意把大颚插进去的，否则它的前程就会因为乱咬一口而遭毁弃。如果它咬到了我用针做解剖刀戳过的那一点，很快，它的食物就会成为一具腐尸。除了卵固着的那一点之外，牺牲者皮肤上的其他地方，又一次遭到了斩钉截铁的拒绝。

母亲选择的这一点，毫无疑问，是对幼虫的前途最好的一点；可是，我却不可能弄清楚这种选择的原因。土蜂母亲固定了卵的位置，也就确定了幼虫钻洞的地方。小虫子要咬的就是这个地方，只能是这里，不能是别处。它不屈不挠地拒绝咬噬花金龟幼虫的其他地方，即使会因此而饿死。它向我们展示出，这种受本能控制的行为规则是多么严谨。

趴在牺牲品腹部的虫子摸索一段时间后，迟早会发现我使之远离的那个大伤口。但我的耐心渐渐失去，于是我就自己用画笔锋引导它的头。虫子因此发现了它曾经钻过的开口，便伸长颈子，一点一点探进花金龟幼虫的腹中，直到一切又差不多恢复到起初的状态。然而，之后的饲养并非总能保证成功。有可能幼虫生长得很好，长大了，并且织出茧来；也有可能，这种可能并不少见，花金龟幼虫很快变成褐色并且腐烂。于是，土蜂幼虫自己也变为褐色，像腐烂的东西那样肿胀起来，随后一动不动，甚至不曾尝试从血脓中抽身。它就地死去，被那过于变质的猎物毒死。

在一切好似恢复正常的情况下，食物突然腐烂，随后土蜂幼虫也继而死去，这意味着什么呢？我只能有一种解释：当土蜂幼虫进食受到惊扰，被我从原来的路上拉出来之后，即使再回到我将它拽出来的伤口旁，也找不到几分钟前开采的矿脉，只得开始在蛴螬内脏里进行冒险，几口急躁的噬咬便断送了最后一线生机。它的迷惑使它变得笨拙，它的误差使它丢了性命。它被丰盛的食物毒死，如果完全遵循规则进食，它就一定会变得胖乎乎的。

我还想看看另一种由于在进食时被打扰而造成的死亡后果。这一次是牺牲品本身搅乱了小虫子的行动。母亲为土蜂幼虫准备的花金龟幼虫是深度麻醉的，完全不能动弹，安静得令人惊讶。现在我用另一只蛴螬代替它，但这只蛴螬生机勃勃，没有被麻醉过。为了防止它扭动身体时会把小虫子压死，我必须使蛴螬不动，保持从腐殖土里取出时的模样。我还要提防它的腿和大颚，它只要稍微碰一下，就会使土蜂幼虫死去。我用一根非常细的金属线，将它固定在一块软木板上，腹部朝天。接着，为了给小虫子提供一个现成的小口子，因为我知道它自己是开不了的，我在牺牲品的皮肤上土蜂母亲固定卵的位置划开一道小小的切口，然后将小虫子放在花金龟幼虫身上，头贴着带血的伤口，之后再把它们整个搁在玻璃瓶里的腐殖土上。

蛴螬无法动弹，既不能扭动臀部，也不能用腿和大颚扑抓，就像被绑在悬崖上的普罗米修斯[1]，毫无抵抗能力地将身体呈现在要吞噬他内脏的小鹰隼面前。土蜂幼虫没有经过太多的犹豫，在我用解剖刀划开的伤口处开始进食，这道伤口对它而言，就代表我刚使它离开的那个伤口。它将颈部伸进猎物的肚子里，过了两天，一切都似乎进行得很顺利。但后来，我看到蛴螬开始腐烂，土蜂幼虫也死去了，是被腐烂猎物的尸毒毒死的。我看见它变成褐色，然后就地死去，身体的一半还陷在有毒的尸体中。

实验中的死亡结局是很容易得到解释的，因为蛴螬仍然生机勃勃。为了使小虫子能毫无危险、安安静静地进食，我将蛴螬捆绑起来，使它无法进行外部运动。但是我不能控制内部的运动，被强迫不得动弹和土蜂幼虫的咬噬都会引发它的内脏和肌肉的颤动。牺牲者的感官依旧活跃，疼痛使它只得以痉挛来做反应。蛴螬因疼痛而产生的颤动和抽搐，使土蜂幼虫迷失了方向，进食受到干扰，于是土蜂幼虫便盲目地啃咬，杀死了只划开一道口子的蛴螬。但是，如果猎物被毒针蜇过而变得麻痹，情况就大不一样了，它既没有外在的运动，也没有内部的运动，小虫子用大颚咬它，它已经没有了感

① 普罗米修斯：希腊神话中的巨神之一，是善用诈术的神和火神。他盗取天火，送还人间，宙斯便派神把他锁起来，让一只恶鹰啄食他的肝脏。他的肝脏一面被啄食，一面又不断地重新长好。最后他被赫拉克勒斯解救。——译注

觉。无人惊扰的小虫子因为可以安全地下口，就能运用聪明的进食方法，把食物顺利吃完。

这些奇妙的结果令我极感兴趣，我在研究中又想出了更新颖的招数。以前的研究告诉我，膜翅目掘地虫的幼虫对于猎物的特性并不很在意，因为母亲总是用同一种方式来喂养它们，而我甚至用了许多与正常猎物差异很大的食物喂它们。我以后将再次提及这一主题，希望从中能发掘出一些哲理来。我先顺着这个思路，看看当给土蜂幼虫一种并非它本来的食物时，会带来什么样的后果。

我在土堆这个采之不竭的矿藏中，找出两只葡萄蛀犀金龟的幼虫，差不多已经发育到成虫的三分之一。这样的大小与花金龟幼虫差不多，和土蜂幼虫的体积相比也不至于太失调。其中一只神经中枢被注射了氨水而呈麻醉状态，我在它的肚子上小心翼翼地切开一道小口子，然后把土蜂幼虫放在上面，这道菜使小家伙非常高兴。花园土蜂幼虫吃的是葡萄蛀犀金龟幼虫，如果它表现得与双带土蜂幼虫不同，倒是非常奇怪的。菜很合双带土蜂幼虫的口味，它毫不犹豫地将半个身子扎进猎物丰满的腹腔。这一次一切都很顺利，后天的饲养成功了？完全没有，第三天，蛀犀金龟的幼虫开始腐烂，土蜂的幼虫也死去了。这次失败应当归咎于谁？是我还是虫子？是因为我注射氨水的技巧不够娴熟，还是因为虫子对陌生食物的吃法不够了解，过早地开始啃咬一处还不该吃的地方？

我就这样迷惑不解地，又从头开始。这一次我不再插手，那么，我的笨手笨脚就不能成为失败的原因。和刚刚做过的花金龟幼虫的实验一样，蛀犀金龟幼虫现在也活生生地被捆在一块软木板上，我像平常一样在牺牲品的肚子上划开一道口子，用这道带血的伤口来引诱小虫子，方便它的进入。然而，结果仍然是否定的，很短的时间里，蛀犀金龟幼虫就变成了一具腐臭的尸体，土蜂幼虫便毒死在它的身上。失败是注定的，这猎物除了是我的小家伙不熟悉的外，它还是没有被麻醉过的。

再从头来吧。这一次我用的是一只被麻醉过的猎物，但手术并不是我这个不称职的手术师，而是一位经得起任何争论的实践家做的。我祈祷好运，并如愿以偿。前一天，在一个隐蔽的沙土坡底，我发现了三窝朗格多克飞蝗泥蜂幼虫，每个蜂巢都有一只距螽，还有刚刚产下的卵。这就是我要找的猎物，肥胖丰满，而且大小对土蜂也适宜，更妙的是，它们是被大师中的大师按照技艺标准麻醉的。

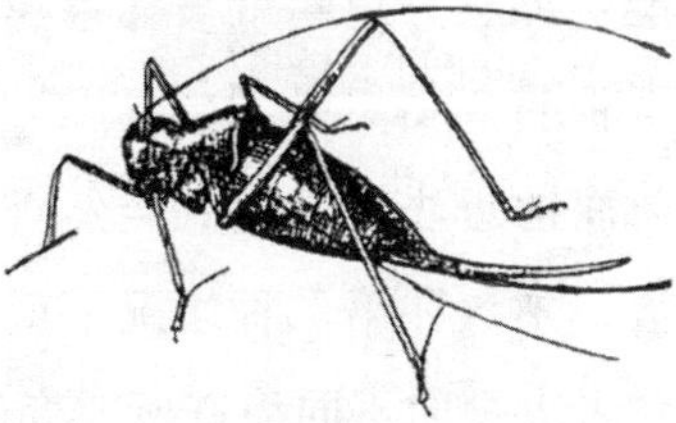

距螽

像往常一样，我把三只距螽安放在一只铺了一层腐殖土的瓶里，我取出飞蝗泥蜂的卵，在每个牺牲者的腹部都轻轻切开一道口子，然后在上面各放上一只土蜂幼虫。接下来的三四天，我的小家伙都不停顿地也没有任何不良反应地享用这个对它们来说如此新奇的猎物。从消化道的蠕动，我可以看出进食是按规则进行的，与它食用花金龟幼虫的时候没多大区别，食谱出现了这么大的变化，却没有影响它们的食欲。但是好景不长，大约到了第四天，三只距螽相继腐烂，同时土蜂幼虫也跟着死去。

这个结果非常有说服力。如果我让飞蝗泥蜂的卵孵化，孵出来的幼虫就会以距螽为食，就算尝试一百次，我所目睹的都会是一幕不可思议的场景。一只距螽在将近两个星期里，一块一块地被吞噬，被掏空，日渐消瘦、衰弱，最终干枯死去，但到最后关头，肉仍然保持着具有生命力的新鲜。现在，土蜂的幼虫代替了飞蝗泥蜂的幼虫，它们几乎差不多大小，菜是同一道菜，但是客人换了，本来新鲜卫生的肉很快就变得腐臭。飞蝗泥蜂幼虫嘴下长久保持着洁净的食物，到了土蜂幼虫的嘴里就变成了有毒的血脓。

为了解释为什么食物被吃到最后还能保持新鲜，我只能认为膜翅目昆虫运用螯针麻醉猎物时，注射的毒液中含有特殊的防腐性能。那三只距螽就被飞蝗泥蜂做了手术，能在飞蝗泥蜂幼虫的大颚下保持新鲜，为什么到了土蜂幼虫的大颚下会很快腐烂呢？所有防腐的想法势必遭到全然否定，在第一种情况下能保持新鲜的防腐液，不该在第二种情况下就不起作用，因为它的特性是不会随着进食者大颚的不同而有所改变的。

精通这个问题的读者们，请你们提出问题，并寻根究底，看看究竟是什么原因，使得食物在进食者是飞蝗泥蜂时就能保持新鲜，而换成了土蜂就很快腐烂。而我只能看出一个原因，我也很怀疑有人能再提供其他的原因。

这两种幼虫都有一种由猎物决定的进食艺术。飞蝗泥蜂吃距螽的时候，精通进食它的艺术，知道如何到最后一刻还给它保留使之保存新鲜的生命之光。但它吃花金龟的时候就不能继续下去了，不同的生理机能使它分阶段进食的才能消失了，它面前将很快出现一堆腐肉。而土蜂懂得如何进食属于它那份的花金龟幼虫，但它对吃距螽的艺术也一窍不通，尽管这道菜看它也非常喜欢。它的大颚不适合切碎这道陌生的菜，只有随意乱砍，而只要一深入猎物的身体，就会把动物杀死。一切秘密皆在于此。

我将在另一章再对此重新做一些叙述。我发现用飞蝗泥蜂麻醉过的距螽来喂食土蜂幼虫，尽管吃的东西不同，但只要食物还保持新鲜，土蜂幼虫就依然状态良好。只是当猎物干枯的时候，它们才会失去精神，等猎物腐烂的时候，它们才会死。它们的死，不是因为吃了不同的菜肴，而是因为动物腐烂时，产生了化学上叫作尸毒的可怕毒素，它们就是被尸毒毒死的。因此，尽管我的三个实验都注定失败，但我却坚信，如果距螽没有腐烂，异化饲养就会取得完全的成功，如果土蜂幼虫懂得如何遵循规则进食，它就能够以距螽为食。

这是一种多么微妙而危险的饮食技艺啊！这些食肉的小虫子，一整块的食物，它们要吃上半个月，而且一定是在最后一刻才杀死猎物！我们引以为豪的生理学，可以毫无错误地描绘这种连续进食的方法吗？这么小的虫子是怎么学会连我们都无法知晓的东西的？一般来说，达尔文主义者会回答说，是出于习惯，他们主张本能是后天习得的。

在对这件重大的事情下定论之前，请随便看一只膜翅目昆虫吧，它的第一代没有使食物不致腐烂的进食技艺。现在我试着用一只花金龟幼虫，或者其他任何能保存很长时间的大猎物，来哺育它的下一代。既没有习惯，也没有遗传，小家伙随意地啃咬食物。它是一只不会珍惜食物的饿殍，冒着风险在庞然大物身上胡乱动手，而我们刚才也看到了，不经控制的大颚乱刺之后会带来致命后果。它死了，我刚刚用最明确的方式得到了证明。它死了，是遭被它杀死而腐烂的猎物毒死的。

为了繁衍种族，就算是新手，也必须知道挖掘猎物内脏时的禁忌和许可。这个难解的秘密，它不能只知道个大概，必须完全领会，随便乱咬一口，必定会招致死亡。我实验中的土蜂幼虫并非新手，绝对不是，这个世界自从有了土蜂，它们就会切割的技术。然而，当我用被飞蝗泥蜂麻醉过的距螽给喂食它们时，结局却是个个都死于食粮的腐烂。它们在进攻花金龟幼虫方面受过严格的教育，但对新的猎物却完全不知如何下口，才能有节制地进食。它们在进食的细节上有所欠缺，它们知道该吃新鲜的肉，但欠缺的那些细节足以使食物产生毒素。追本溯源，幼虫第一次咬一个丰满的牺牲者时是什么样的呢？没有经验就会死去，这是毫无疑问的，除非相信这种谬论：古代的幼虫可以吃可怕的尸毒，但如今，尸毒却能很快致它们的后代于死地。

我无法接受，任何人也不应该接受，往昔的食物如今变成了毒药。古代幼虫吃的食物，是新鲜的而不是腐烂的肉。我们也更不能接受，偶然的机遇一下子就能在这样一种遍布陷阱的食物身上取得成功；对于这样复杂的状况，巧合几乎是不可能有的。最初，土蜂幼虫进食就有严格的方法，并符合猎物生理机制的限制，土蜂才得以繁衍至今；如果进食没有确定的规则，土蜂就不会传下来。第一种情况，是天生的本能起了作用，第二种情况，则符合后天习惯的道理。

这的确是奇异的收获！我们假设它一开始是一种不可思议的生物，那么我们就要接受它的后代也是不可思议的。小雪球慢慢地滚动，最终成了一个巨大的雪球，而起点并非为零。大雪球必须来自小雪球，不管那雪球有多小。然而，对于后天的习惯，我探寻各种可能性，得到的每个答案都会是零。如果昆虫不是完全清楚它该怎么做，而要在后天学习，它就会死去，这是毫无疑问的。小雪球没有了，就滚不成大雪球。如果后天什么都不用学，它对它该知道的一切都了如指掌，那么它就很会兴旺地繁衍，子孙满堂，这便是天生的本能。本能是什么也不用学，什么也不会忘的，是不随时间变化的。

我向来都不建立什么理论，我只是对一切质疑。我不适合进行模糊的论证，再配上一些可疑的假设。我观察，我做实验，并让事实说话。这些事实，我们都听到了。现在要由每个人自己来断定本能究竟是天生的能力，还是后天的积习。

第三章 花金龟的幼虫

土蜂幼虫进食的时间平均是12天。食物直到剩下最后一块时，才会变成皱巴巴的破皮囊。稍早前，那落叶般的肤色说明，猎物体内最后一点生命的火星正在熄灭。于是尸体被抛弃在一边，留出自由的空间，四壁坍塌变形的餐室有了一点秩序，土蜂幼虫马不停蹄地开始织茧。

茧是从腐殖土的围墙四周开始织起，一般都是一堆血红色的丝网。根据研究的需要，我将幼虫放在我用手指在腐殖土层上挖的凹窝里，由于没有拱顶来固定位于网最高处的那些线，幼虫无法织成它的茧。为了织茧，所有幼虫都需要生活在一种吊床上，与外界隔离。吊床在它周围形成一条有空隙的围墙，使它们可以朝各个方向均衡地织茧。如果没有顶板，织工找不到必要的支撑点，茧的上部就织不成，土蜂幼虫至多只能给它的小窝铺上一层红丝织的莫列顿呢[①]地毯。由于劳而无功，几只幼虫相继死去，仿佛是因为找不到合理地利用丝的办法，那些丝在它们的喉管里将它们噎死了。如果不注意这一点，人工饲养就常常无法成功。但只要认识到了这点，处方开起来就方便了。我在凹窝的上面用叠放的纸带做了一个天花板。如果我想观看昆虫织工的工作进展，就把纸带卷成拱形，两端敞开。想尝试做做饲养者，就要在实践中注意这些小细节。

24小时之内，茧就织好了，至少我再也无法看见幼虫了，它也

---

① 莫列顿呢：一种双面绒呢质料布料。——校注

许还在加厚住宅的围墙。茧起初是火红色，随后就变成了淡淡的褐栗色。茧呈椭圆体，长轴长26毫米，短轴11毫米。这样大小的茧是雌蜂的；雄蜂的茧比较小，长17毫米，宽7毫米。

椭圆体两端的形状几乎一样，人们只能通过形状之外的特征，来区分哪是头部、哪是尾部。头部较软，经不起镊子的压力，而尾部坚硬，不怕镊子夹。保护层和飞蝗泥蜂类的蛹室一样是双层的，外层由纯丝构成，细细软软，不够坚硬，和内层紧密相叠，但留有空隙，只在尾部两层才紧粘在一起。两层一端黏合，一端分开，于是用镊子夹两端。

内层很结实，富有弹性，不易变形，就算易碎点也是如此。我毫不怀疑，当幼虫织成一张丝网后，一种漆状液体开始渗进丝里，这种液体不是来自丝腺，而是从胃中吐出来的。飞蝗泥蜂的茧已经展示过相同的结构。这种乳糜室的产物是褐栗色的，就是它加厚了丝网，使起初的火红色消失，代之以褐色，并且从茧的尾部大量溢出，因此，内外两层才会在此处相粘。

大约到了7月初，成虫才真正羽化。成虫出壳时，茧并没有被猛烈地撬开，也没有留下不规则的裂缝。离顶部某段距离的地方出现一道清晰的环状裂缝，茧的头部就像一个套上去的盖子一样脱落下来，仿佛隐居者是用头在撞击盖子并把它顶开，因为分离线很清晰，至少在围墙的内部是这样，这可是最坚硬、最重要的一部分。至于外层，它本来强度就不够，当内层壳裂开后，它也就不费吹灰之力地裂开了。

我没有搞清楚土蜂究竟是用何种技艺，能够从内层如此规则地顶开圆盖子。它是以大颚做剪刀的裁缝吗？我不敢苟同，因为织物是如此厚实，而剪开的环状切口却如此清晰。大颚不会这样锋利，能做到咬开时一点毛边都没有，成品是这么完美，看上去就像是用尺规量出来的。这种几何学般的精确又是如何达成的呢？

因此，我怀疑土蜂幼虫造外壳时，就是按照习惯做法，整齐划一地织线，整个外层没有哪个地方的布局是与众不同的，随后在织内层时，它又换了编织方式。它显然是在模仿泥蜂幼虫，后者一开始是编网，然后从网宽大的开口出去，在外面找来一些沙粒，一粒粒地镶嵌在丝网里；最后才用一个与开口大小合适的盖子将网套上，就这样留下一条不那么结实的环形线，以后壳也就是在这里裂开。假如土蜂幼虫的确也是这样工作，一切就昭然若揭了：口还是张开的网，使它可以将蛹室的中央部分，里里外外地涂一层漆，使它像牛皮纸一样坚硬，最后再盖上罩子。罩子是建筑物的结束部分，并为以后的开裂留下一条既方便又清晰的环形线。

对于土蜂的幼虫就说到此吧，我再回头说说它的食物，我现在还不清楚它那令人惊讶的身体结构。为了能保证最后一刻仍有新鲜的食物，土蜂幼虫必须非常精妙而且谨慎地选择进食的部位，那么，花金龟幼虫就必须完全不能动弹，稍许的颤动都会使进食的虫子泄气，从而扰乱必须谨慎从事的分割。我做过的实验足以提供证明。牺牲者不但不能在土堆中移动，而且它那强壮的肌肉组织不能出现任何颤动。

正常的情况下，这个大猎物只要一受到惊扰，就会像刺猬一样蜷起身体，头尾合抱在一起。猎物有如此大的收缩力，令我非常惊奇。如果我想把它拉回原形，手上会感觉到一股这般大小的虫子不该具有的阻力。为了控制它蜷缩起来的弹力，我必须使用强力，直到担心再这样下去，会突然弄断这个不驯服的螺旋体，使它的内脏迸裂出来。

葡萄蛀犀金龟、绒毛害鳃金龟和松树鳃金龟幼虫的肌肉，也存在着这种能量。它们腆着沉沉的大肚子，生活在地下，以腐殖土或者树根维生。这些幼虫个个体质健壮，能够在艰苦的环境中保持丰满的体形。每只幼虫都可以蜷成弓形，人们不用力就无法控制它们。

一旦花金龟的幼虫蜷起身体，或者葡萄蛀犀金龟和绒毛害鳃金龟的幼虫弯成弓形，在它们腹部的土蜂会变成什么样子呢？它们会被活生生的钳子夹得粉碎。要安全必须等到弓变直，钩子张开，绝对不会再弯起来的时候。土蜂幼虫的安全还需要更多因素，这些健壮的家伙必须失去任何颤动的能力，否则会给土蜂幼虫本应小心谨慎的进食带来麻烦。

双带土蜂的卵固定在花金龟幼虫身上，蛴螬完美地提供了所需要的条件。它平躺在土堆深处，肚子完全暴露出来。我已经看惯了捕猎性膜翅目昆虫用螫针麻醉猎物的情景，亲眼看见牺牲者不能动弹已经不再惊奇。其他外皮柔软的猎物，例如幼虫、蟋蟀、螳螂、蝗虫、距螽，我至少还看到它们被针尖戳过后，腹部抽搐几下，轻微地扭动。而现在什么都没有发生，毫无生气，我只是看到在头部，口器一翕一张，唇须有些搐动，短短的触角摇摆几下。螫针戳过并没有引起它任何收缩的反应，即使是被戳的那个地方。我用锥子一处一处地戳它，它也是没有丝毫反应。只有尸体才会这样没有生气，我做了那么多年的研究，从来没见过这样深沉的麻醉。我见过膜翅目昆虫利用它们的外科术创造出的奇迹，但今天的这个手术超越了一切。

当我看见土蜂是在何种条件下工作时，我的惊讶更是倍增。其他的麻醉师都是露天工作，在光天化日之下，什么也不会令它们感到不便。它们完全自由地行动，捕捉猎物，控制它，杀死它；它们盯着猎获物，避开它的防范工具钳子和钩子。它们想要刺中的那一点或那些点都在控制之内，能够不费吹灰之力地将螫针插入。

相反，对于土蜂来说，它是多么困难啊！它在地下最漆黑昏暗的地方狩猎，身边的土不停地坍塌，使它的行动既困难又没有保证，它无法看见那些会一下子将它劈成两半的大颚。此外，花金龟幼虫感到敌人来临时，会摆出一副防范的架势，蜷缩起来，弓着背，为唯一易遭攻击的腹部披好盔甲。不，在地下征服这个强壮的蛴螬，并精细地蜇刺以达到快速麻醉的目的，绝不是件轻松的活儿。

我当然希望能看到两个敌人间的交手，并且直接看清到底发生了什么，但无法做到。事情都在土里面秘密地进行，战斗不会发生在光天化日之下，因为牺牲者必须留在原地，马上受卵，卵的发育也只能在腐殖土潮热的环境里才能顺利进行。如果直接观察不可能付诸实践，至少我可以通过其他掘地虫的战争，大致看出这出戏的主要剧情。

我便这样想象事情的经过。毛刺砂泥蜂是靠触角特殊的感觉在地下找出黄地老虎幼虫的，也许土蜂也是通过在土堆下挖掘搜寻，发现花金龟的幼虫，胖乎乎的，恰好就是它需要的胖虫子。很快，受攻者蜷成球状，令人绝望地收缩起来。而进攻者是从颈部抓住它，把它扳开是不可能的，就连我也是费了好大的气力才成功的。只有一个地方可以用针刺进，那就是头的后方，或者说是最前面那几个节，为了保护防卫能力稍差的后端，昆虫坚硬的头壳覆盖于螺旋体的外部。在这个狭窄的区域里，只有这里，土蜂的针才能

花金龟幼虫的神经系统

进入；既然别的地方已不可能，柳叶刀只能在这里找到切口。不过这也足够了，蛴螬被深深地麻醉了。

一下子，蛴螬的神经系统就失去了功能，肌肉停止了运动，蛴螬就像一个断掉的弹簧散了开来。此后它便失去活力，平躺在地，腹部完全暴露出来。在腹部中线的偏后处，靠近那块也许由于内脏里的食物而呈现褐斑的地方，土蜂产下它的卵；然后它并不多做什么，抛下这个谋杀点，再去寻找另一个牺牲者。

过程想必是这样的，因为结果可以充分证明。花金龟幼虫的神经器官的结构应当相当特殊，它强烈的收缩只给螫针留下一个进攻点，即颈背，当受攻者努力用大颚防卫时，这一点可能毫无遮掩，在这唯一的地方戳一下，就可以造成我从未见过的彻底麻醉。按照常规，这些幼虫每个体节都有一个神经支配中心，毛刺砂泥蜂的牺牲者黄地老虎幼虫就是典型。砂泥蜂深知解剖学的奥秘，它将黄地老虎幼虫从头到尾，一个体节一个体节，一个神经节一个神经节地蜇刺。如果花金龟幼虫的结构是一样的，由于它顽强地蜷缩起来，麻醉师的手术就会变得非常困难。

假如第一个神经节被刺到了，其他的也不会受损，强壮的蛴螬有这些神经节，根本不会失去运动功能。那么那些卵，那些在它怀抱里的幼虫可就要遭殃了！假如土蜂像砂泥蜂那样，为了安全起见，在一直坍塌的地下，在昏暗的环境中，面对可怕的大颚，一针一针地去戳每一个节，是多么不可逾越的困难啊！精细的手术应该在光天化日之下，在没有任何打扰的地方操作，用眼睛来指挥解剖刀，解剖一个一旦发生危险便可以随时放手的猎物。但是在地底下，在阴暗的地方，在一处一旦争斗就会崩塌的土堆里，与力量强大得多的对手紧贴在一起，而且一旦有危险也没有任何后退的可能，如果必须一次一次地来回蜇刺，该如何保证螫针的精确呢？

如此深沉的麻醉，地下活体解剖的困难，牺牲者令人绝望的蜷缩，这一切都证明，花金龟幼虫在神经系统上应该有特殊的结构，在颈下的那一个体节里，神经节集中在一块范围不大的区域里。我看得这样清楚，仿佛已经见过解剖的过程一样。

从来没有哪个解剖上的预测能用如此直接的检验所证明。在汽油下待了48小时后，花金龟幼虫可以被解剖了。这些汽油是用来分解脂肪，使神经系统看得更清楚。只要不是对此研究一无所知的人，都会理解我的喜悦。土蜂的学校真是一所大学堂！真的是这样，完美无缺！胸部和腹部的神经节连成一整块，位置处于离头很近的后面四条腿构成的四边形里。这个小小的灰白色圆柱体，大约3毫米长，0.5毫米宽。这便是土蜂螫针要插入的器官，除了另有独立神经节的头部，这里才能使全身麻醉。它以无数的神经纤维激活六肢和强健的肌肉，是昆虫出色的动力器官。用一般的放大镜看，这个圆柱体显现出很多横条纹，这是它结构复杂的明证。在显微镜下，能够看到它的内部是并联在一起的，10个神经节一个接一个地相连接，节与节之间略微内缩。最大的是第一节、第四节和第十节即最后一节，这三节大小差不多。其余的从体积上看，只有前面三个的一半或者三分之一。

沙地土蜂在狩猎和做外科手术时会遇到同样的困难，它在时刻会崩塌的沙土里，捕捉绒毛害鳃金龟幼虫，在有些地方则捕捉晨害鳃金龟幼虫。为了能够摆脱困难，它也需要牺牲者像花金龟幼虫那样，具有集中的神经系统。这便是我在实验之前通过逻辑得出的结论，直接观察也证实了这一结论。晨害鳃金龟的幼虫放在解剖刀下之后，我看到胸部和腹部的神经中枢合成了一个短的圆柱体，位置非常靠前，差不多紧贴着头，后部也不会超出第二对足。这个脆弱的地方是螯针很容易刺到的，就算它摆出防卫的姿势收缩起来也一样。在这个圆柱体里，我发现了11个神经节，比花金龟幼虫的多一个。胸部的前三个神经节尽管离得很近，但节与节之间分界明显，而后面的都紧贴在一起；最大的是胸部的那三个神经节和第十一个神经节。

这些事情得到证实之后，我回想起斯瓦麦尔达姆[①]对葡萄蛀犀金龟做的研究。我偶然得到了昆虫解剖学之父那本权威之作《自然圣经》的节选本。我参考了这本可敬的书。它告诉我，在我之前，尊敬的荷兰人也受到了震动，与我看到的花金龟和害鳃金龟幼虫的神经中枢类似的特殊生理结构，使他深受启发。在证明了蚕体内有一种由不同神经节组成的神经器官之后，他非常惊讶地发现在葡萄蛀犀金龟幼虫的体内，也有一些串联的神经节连成了一支短链。他的惊奇是解剖学家的惊奇，他平常研究的都是正常的器官，看到这样异常的组合还是头一回。我则是因为别的而感到惊奇，我因为土蜂的牺牲品被如此精确地麻醉而惊叹不已，虽然在地下进行手术时条件如此艰难，但麻醉还是如此彻底，使我猜测到生理结构上的问题。通过解剖之外的方式，我确证了神经系统特殊的集中。生理学看到了解剖学不能证明的东西，至少在我看来是这样，因为在此之后，当我翻阅那本书时，我了解到，解剖学上的那些特例，曾经对我还那么新颖，现在已属于普通科学的范畴。我们都知道，金龟子不论是幼虫还是成虫，都具有比较集中的神经器官。

花园土蜂进攻葡萄蛀犀金龟，双带土蜂捕食花金龟，沙地土蜂

① 斯瓦麦尔达姆（1637—1680）：荷兰自然学家，著有《自然圣经》等多本关于昆虫的著作。——译注

吃的是害鳃金龟。三种土蜂都是在地下做手术，条件都异常艰苦，三种土蜂都以金龟子的幼虫作为自己的牺牲品。只有金龟子才能以自己神经中枢的特殊位置，让土蜂得以成功。尽管这种地下猎物在大小、形状上有很大的差异，但它们都非常适于这种简易的麻醉。我毫不犹豫地将它们归为一类，把其他所有土蜂幼虫的食物都归类为金龟子的幼虫，但还有待未来的观察报告再确定其种类。也许，有一种土蜂会捕食一类对我的作物危害甚大的白色蠕虫，即松树鳃金龟的幼虫；也许，大小和花园土蜂相近的痔土蜂，也一样需要丰盛的食物，在昆虫宝典里，它是以松树鳃金龟毁灭者的身份出现的。这种黑底或栗底白点的鞘翅目昆虫，夏至时分，一到夜间，就会啃噬松树的叶子。我也许看到过这些以金龟子为食的勇敢的农业助手，但不能确定。

花金龟幼虫直到现在都作为被麻醉的猎物出现，接下来我要还它本来的面貌。隆起的背和平平的腹部，使它看上去就像是个半圆柱体，后半部尤其凸出。背部除了肛门所在的每一个环节，都皱成三个大肉坠，上面长满浅黄褐色的硬毛。肛门那个环节比其他各节都大，在尾端形成圆形，呈深褐色，内脏里的东西透过半透明的皮肤隐约可见，这一节也像别的环节一样长着毛，但比较光滑，没有肉坠。腹面的环节没有褶子，虽然毛也很多，但比背上要少。腿的外形虽然长得还不错，但与身体相比显得短小而脆弱；头是一个长着角的硬壳；大颚强健有力，切成斜边，在平切处有三四个锯齿。

它独特的运动方式使它成为一种特殊的生物，与众不同而且古怪，是我在昆虫世界里前所未见的。尽管有腿，但是短了点，幼虫行走时它几乎派不上用场。它是用背前进，始终是用背，从来不会用别的方法。它就这样地蠕动，依靠背上的毛做支撑，肚皮朝天地向前行动，腿在空中不停地乱舞。无论谁第一次看到这种倒立的体操运动，都会以为虫子受到了惊吓，仿佛在危险中竭尽全力地挣扎。无论我让它趴下还是仰躺，都没有用，它还是固执地再转身用背向前行进。这是它在平地上行走的方式，而且只有这种方式。

这种用背走路的方式是如此与众不同，最不专业的眼睛都能轻而易举地分辨出花金龟的幼虫。在老柳树的树洞里，腐烂的木头形成了腐殖土，挖这些腐殖土，在烂树桩下或者在土堆里寻找，就会有几只胖胖的小虫子落到你的手上。它们用背向前行进，毫无疑问，你发现的就是花金龟的幼虫。

倒行是相当快的，速度并不亚于同样肥胖但用腿行走的幼虫。在光滑的平面上，它甚至还要占优势，用腿行走常常会不停地打滑，而它背上密集的毛却增加了支撑点。在刨平的木板上，在一张纸上，甚至在一块玻璃片上，我都看到幼虫像在土地上一样移动自如。一分钟内，它在我的小桌上爬了两分米。在一张钟的纸罩上，它也走了两分米。在筛过的平整的土面上行走，它依然是同样的速度；即使在一块玻璃片上，行走的距离也只减少了一半，光滑的表面只影响了这种奇怪运动的一半速度。

现在我把花金龟幼虫和沙地土蜂的猎物晨害鳃金龟幼虫放在一起比较。普通的鳃金龟幼虫和它们也差不多。胖乎乎的小虫子，肚子奇大，头上罩着一个红褐色的厚壳，黑色的大颚强健有力，那是挖掘和切割树根的有力武器；粗壮的脚上长着钩形的爪；长长大大的肚子呈深褐色。虫子被放在桌子上后，是侧躺着的，它拼命挣扎，但无法前进，既不能平躺也不能俯卧。它平常的姿势是紧缩身子弯成弓形，我从来没有看到过它完全伸直身子，大大的肚子挡住了它。如果把它放在一层新鲜的沙土上，大腹便便的虫子就更加动弹不得，它只得弯成鱼钩一样侧躺。

为了在地上挖洞并且钻进去，它用头部当铁镐，两个大颚就是镐头。腿也会打打下手，但效率不高。就这样，它挖出了一口浅浅的井，然后借助身上竖立的短硬的毛蠕动，并撑住井壁，在沙土上移动并往里钻，非常艰难。除了在此处意义不大的几个细节之外，这便是害鳃金龟幼虫的素描。把这张图放大四倍以上，我就可以得到花园土蜂的大猎物葡萄蛀犀金龟的素描。同样的轮廓，同样夸张的肚子，同样弯成弓形，同样不能用脚行走。显刻禾犀金龟的幼虫也是这样，它也同葡萄蛀犀金龟和花金龟的幼虫共栖在地下。

第四章 土蜂的问题

把事实都摆出来后，就该进行归类。我们已经知道鞘翅目昆虫的狩猎者，例如节腹泥蜂，是专门捕食象虫和吉丁的[①]，也就是说，是专门捕食神经器官比较集中的昆虫，与土蜂的猎物相似。这些掠食者，在光天化日之下活动，因此没有在地下的竞争者会遇到的那些困难。它们可以自由行动，并用眼睛指挥行动；然而，它们的外科手术还是会遇到一些棘手的问题。

一只鞘翅目昆虫牺牲品，全身上下都披着一层刀枪不入的盔甲，只有关节才有可能被螫针蜇到。脚上的关节完全不符合要求，针戳上去只会造成局部的瘙痒，根本就不可能驯服猎物，而且过分刺激它会勃然大怒。在颈部关节戳上一针也是不可取的，会使脑部神经受损，导致猎物腐烂和死亡。因此，能够蜇刺的，只剩下胸腹之间的关节。

必须刺中那里，一针命中要害，制止猎物会对养育子女造成危险的所有运动。要使麻醉成功，要求控制运动的神经节，至少三个胸节的神经节连在一起并且集中于此点。于是，象虫和吉丁这两种全副武装的昆虫便成了首选。

但是，如果猎物的皮肤太软，阻隔不了螫针，那么集中的神经系统就绝非必要，因为手术师熟稔牺牲者的解剖构造，清清楚楚地知道神经中枢位于什么地方，它可以一个接一个地，从第一个到最

① 见卷一第三、四章。——校注

后一个全都刺伤。砂泥蜂就是这样对待它的猎物幼虫，飞蝗泥蜂也是如此对待蝗虫、距螽和蟋蟀的[①]。

土蜂猎物的皮肤也是柔软的，不论什么位置螫针都可以穿透。幼虫麻醉师用螫针不断地刺的战术会在这里重演吗？不，因为在地下活动的不便，不允许这样复杂的手术。现在唯一可行的是麻醉披有盔甲的昆虫，螫针只能刺一下，将外科手术缩减到最小规模，这是地下手术所迫使的。因此，对于在地下寻找并麻醉家族食物的土蜂来说，猎物就必须是一接近神经中心就非常容易受伤的昆虫，正如节腹泥蜂的象虫和吉丁。这也是金龟子的幼虫成为它们食物的理由。

在找到合适而有限的食物之前，在找到那精确的一点，几乎就是通过数学计算出的一点，螫针可以在插入瞬间造成持久麻木的那一点之前，在知道如何进食而不会造成丰盛的猎物腐烂之前，总之，在同时具备这三种成功要素之前，土蜂在做些什么呢？

它们犹豫，搜寻，尝试，达尔文学派会这么回答。漫长的盲目探索之后，它们终于找到了最好的方法，并将从此世代相传下去。目的和手段的巧妙配合，最初是从一个偶然的结果中得来的。

偶然？多方便的借口！当我听到别人援引它来解释像土蜂的本能这样复杂事物的起源时，我只好耸耸肩。你会说，一开始时，昆虫在摸索，它的取向并没有确定。为了给幼虫喂食，它根据狩猎者的力量和孩子的胃口，向所有猎物征收贡品；它的后代试试这个，试试那个，胡乱地试来试去，直到过了无数个世纪，它的种族终于找到了最好的选择，于是习惯固定下来，变成了本能。

好吧，我们姑且接受古代土蜂的猎物与现代的不同吧。如果这

① 见卷一第六、七、十、十五章。——校注

个家族曾以另一种食物为食并欣欣向荣，后代应当没有理由改弦更张。昆虫不会因为吃厌了一种食物，而随意将其更换。既然已经顺利繁衍，喜欢的食物就会成为家常便饭，而本能也会是与今天不同的另一种样子。如果相反，起初的食物不适应它，家族就会陷入窘境，任何在未来改善的尝试都是不可能的，受到不正确启发的母亲，将不会留下子孙后代。

为了避开自相矛盾的僵局，理论上可以这样作答：土蜂的祖先是一种没有定型的生物，它们的习性、外形都变化不定，会随着环境、地域、气候条件而改变，然后分成各种小的种族，每一种都有一些如今成为特征的属性。这个祖先便是进化论的解围之神，只要遇到过于棘手的问题，就马上会有一个祖先来救驾。这个祖先是一个想象中的生物，模糊不清的精神玩偶。这是想用另一个更黑的黑暗来照亮黑暗，用一堆乌云来遮住阳光。比起站得住脚的理由，祖先找起来更方便。那么，我们试着看看土蜂的祖先吧。

它做些什么呢？既然什么都能做，它就什么都做一点。在它的系谱里，有的对挖掘沙土和腐殖土感兴趣。它们会在那里遇上养育家人的美食，比如，花金龟、蛀犀金龟和害鳃金龟的幼虫。一步步地，这些还没有最终定型的土蜂，具有了在地下工作所要求的强健体魄；一步步地，它懂得了如何聪明地刺杀胖胖的邻居；一步步地，它掌握了怎样进食而不将猎物杀死的技艺；一步步地，由于有了丰盛食物的帮助，它变成了我们今天熟悉的强壮的土蜂。跨越这一点，整个种族和它们的本能也就成形了。

这便是一步步的步骤，最缓慢且最不能令人相信的步骤，而土蜂必须从第一步开始步步成功，才能形成种族。我们就不再坚持说那些无法跨越的阻力，我们就接受在这么多不利的条件中，出现了一些有利的条件，而且，随着这种危险的养育技艺日臻成熟，这些有利的条件一代一代地越来越多。指向同一个方向的细微变化相加起来，形成了一个固定的整体，于是，古代的祖先最终变成了当今的土蜂。

一个模糊的措辞，玩弄时间的奥秘和生物的未知，一种源于我们懒惰的理论建立了起来，尽管它遭到辛勤的研究者的摒弃，尽管它的结论是怀疑大于肯定。但是，如果我们远远不满足模糊不清的概述，不将流行当作日常准则，而是坚持不懈地尽力探索真理，事情就会面目一新；并且，我们会发现，事情并不像短视的我们看的那么简单。归纳的确是一项具有很高价值的工作，只有归纳才能带来科学。但我们还是要避免那种在基础不牢靠、适应范围不广的条件下建立的一般化。

当缺乏基础时，最大的一般化者，就是孩子。对他来说，长着羽毛的就是鸟，爬行的就是蛇，不论大还是小。一无所知，他就做最高级的一般化，他因为没有能力看到复杂之处而把事物简单化。此后，他会知道麻雀不是灰雀、朱顶雀不是翠雀，随着观察能力得到更好的锻炼，他便会一天天地把事物个性化。首先他看到的只是相似，现在他看到了相异，但总免不了做一些不合适的归类。

成年后，他就会犯一些类似于我的园丁所犯的动物学上的错误，这种错误几乎必定会发生。法维埃，这个目不识丁的老兵，这也怪不得他，他数数都只是数个大概，生活中对数字的需要比对阅读来得多。在周游四方后，他的思路开阔了，见多识广，因此当我们谈及动物时，他会发表一些荒诞无稽的断言。对他来说，蝙蝠是一种有翅膀的老鼠，杜鹃是一种老实的鹰，蛞蝓是一种上了年纪失去了壳的蜗牛；夜鹰，他把它叫作披着羽化的癞蛤蟆，那是一种老的癞蛤蟆，它喜欢喝奶，披上羽毛是为了来到羊圈喝羊奶。法维埃是一个随心所欲、信马由缰的进化论者，什么也不能阻止他给动物联姻。他对一切都有定案：这个来源于那个。如果你问他为什么，他说，你看看它们多像啊。

当我们听到他说人类的祖先猿人被雌猴的体形所吸引时，我们能指责他的不恭吗？当有人认真地对我们说，科学现在已经完美地证明，人是从一种冥顽不化的猕猴变来的时，我们可以抛弃关于披着羽化的癞蛤蟆的进化论吗？在我看来，关于进化的这两种说法，法维埃的似乎更可以接受。我有一位画家朋友，是大作曲家费利西安·戴维[①]的兄弟，有一天他向我说起他对人体结构的看法。他对我说："是的，我的好朋友，人具有猪的内部器官，以及猴子的外表。"当猕猴不再时髦的时候，我把画家的俏皮话赠予那些希望人从野猪变过来的人。在戴维看来，亲缘关系在于内部器官的相似：人具有猪的内部器官。

创造祖先的人只看到器官的相似，不顾及才能上的区别。只须参照骨骼、皮毛、翅脉、触角，就可以在想象中绘制出我们体系中所要求的系谱树，因为最概括地讲起来，动物都是通过一根消化管形成的。根据这个共同的因素，路向各个流浪的分支敞开。一部机器的价值不在于它的齿轮是什么样子，而是在于其成品的性质。一个马车夫客栈里烤肉叉用的旋转铁和布雷盖[②]马表用的齿轮，咬合方式几乎一样。那么我们就要把这两种机械放在一起吗？我们会忘记一个是用来在炉火上翻动四分之一只烤羊，另一个是将时间以秒计

---

① 费利西安·戴维（1810—1876），法国作曲家。——校注

② 布雷盖（1747—1823）：18世纪末至19世纪初法国第一流钟表制造家，他发明的擒纵机构成为现代机械表的基础，并是第一个制造扁平表的人。——译注

位的吗?

同样，动物的器官是由更上层的能力所控制，尤其是精神上的能力，这是最高等的特征。黑猩猩和可怕的大猩猩与我们在结构上非常相似，这是显而易见的，现在我们去考察一下它们的能力吧。多么巨大的差别，多么巨大的鸿沟啊！我们不必提升到帕斯卡①所说的脆弱的芦竹人，这个芦竹人只是因为脆弱才被压倒，但他高于压倒他的世界；至少我们可以看到，除了人类，还有什么动物为自己制造了工具，使力量和灵敏度百倍增长，并懂得如何取火，而火是进步的最初元素。掌握工具和火，这两种能力，虽然很简单，但比脊椎骨和臼齿数目能更好地成为人类的特征。

你们对我们说，人一开始是弱小的野兽，用四条腿走路，后来两条后腿直立起来，体毛也褪去了，你们还得意地向我们演示浓密的体毛是如何消失的。也许更合适的并不在于建立一个体系，来阐述哪些毛失去了、哪些毛留下来了；而是建立一种体系，说明原来的野兽是如何获得了工具和火。能力比毛更重要，你们忽视了，是因为存在着难于逾越的障碍。看一看进化论的大师是如何踌躇不前的，当他生拉硬拽地把本能拉进他的模式中时，他变得语无伦次。这并不像编造体毛颜色、尾巴长短、耳朵是下垂还是竖起的那么方便。大师知道，这就是他的致命弱点。本能背离了他，并使他的理论分崩离析。

再看看土蜂给我们的启示，这个问题拐弯抹角地牵涉到我们自己的起源。根据达尔文主义者的看法，我们已经接受了一个未知的土蜂祖先，它历经一次次的实验，把金龟子的幼虫当作自己的食

① 帕斯卡（1623—1662）：法国数学家、物理学家、哲学家、作家，曾有过“人是思想的芦竹”的说法。——译注

物。这个祖先，随着环境的变化而改变，就会分成许多分支，其中一支挖掘腐殖土，在土堆的房客中选择了花金龟作为猎物，它便变成了双带土蜂；而另一支也挖掘土堆，但是所选择的是蛀犀金龟，便留下了花园土蜂作为后代；而第三支则在沙土上生活并发现了害鳃金龟，它们便是沙地土蜂的祖先。除了这三支，毫无疑问还要加上别的，整个土蜂的类群才会完整。它们的习性在我看来大体类似，便不再赘述。

从一种共同的祖先，演化出至少三种我熟悉的物种。为了从出发点跨越到终点，三种土蜂都要战胜一些困难，这些困难单独看就很大，而且当其他困难得不到很好的解决时，克服其中的一个也于事无补。这样，难度就愈发增大，成功需要一系列的条件，而实现每个条件的机会几乎都接近于零，如果只看概率，全部要实现，在数学上纯属荒谬。

首先，古代土蜂为什么单单选择那些神经系统集中、在昆虫界如此特殊而有限的幼虫作为食物？它需要什么样的运气，才能得到这种猎物，这种因为易受伤而显得最为合适的猎物？唯一的机会所面对的是昆虫界无数的种类，正选只有一个，错选则有无数个。

我继续论证下去。金龟子幼虫第一次在地下被捕捉，被攻击者反抗，以自己的方式防卫，全身蜷缩起来，只留下一处螫针蜇过并无大碍的地方。因此，土蜂新手必须选择这唯一的点插入带毒的武器，这一点很窄并隐藏在猎物身体的皱褶处。如果它弄错了，也许就会完蛋，大虫子被毒针激怒之后，必然要将它碎尸刀下。如果它逃过危险，至少也不会留下后代，因为缺少必需的食粮。大虫子是它和它种族的救星，第一次出击它就必须刺中大虫子的脑神经，可它只有半毫米长。如果没有什么指引，螫针要刺入那里，需要什么样的运气啊！唯一的机会面对的是牺牲者体表无数的点，只有一个是正选，错选却是无数个。

我们再继续下去，就算针戳到了位，大虫子被麻醉得不能动弹，现在该在什么地方产卵呢？背面、腹面、侧面、胸部、腹部？不同的选择，结果将完全不同。小虫子要在卵固定的那一点穿透食物的皮肤，伤口一旦打开，它就不顾一切地深入进去。要是进攻点选错了，小虫子就会冒很快刺伤牺牲者主要器官的危险，而它要吃精细的新鲜食物，就必须直到最后都不损坏主要器官。当我们把小虫子从母亲选的那一点挪开后，我们就能想到，要养育多么困难。猎物迅速腐烂，随后土蜂幼虫也会死去。

我无法精确地说明产卵选点的动机，我只看到了大致的理由，却疏漏了细节，因为我对解剖学和动物生理学最微妙的问题并不在行。我完全确切了解的是，产卵的选点是不可改变的。在从土堆里取出的众多牺牲者中，卵都是固定在腹面，在那个因为消化物而呈现褐色斑点的地方，没有一个例外。

假如没有什么引导，母亲要有何等的运气才能将它的卵附着在这一点，而且始终是这一点呢？因为这一点对于成功地养育孩子最有利。可是这一点真是太小了，在整个猎物身体上只占了两三平方毫米的大小。

这就够了吗？还没有。虫子孵出来后，从指定的点上钻透花金龟幼虫的肚子，把颈部钻进猎物内脏里，挖掘进食。如果它随意乱咬，只凭一时之好和腹中饥饿的驱使来选择进食的地方，那么毫无疑问它会被腐烂的食物毒死；猎物能存有生息的器官一旦受损，就将迅速死去。因此，土蜂幼虫必须以一种谨慎的技术进食这份美餐，这一点先于那一点，然后再是别的点，始终井然有序，直到最后一口。于是，花金龟幼虫的生命终结，而土蜂幼虫的进食也告一段落。如果虫子是个新手，如果特殊的本能不能引导它的大颚伸入猎物腹中，它要有什么运气才能吃完这么危险的食物？这种运气使它能像一只饿狼将羊羔贪婪地拖到一边，精细地剖开它，把它撕成一片一片，再狼吞虎咽。

这四个成功的条件必须同时实现，否则养育就不能完成；而每个条件实现的机会都几近于零。如果土蜂还不会将针戳入这个唯一的致命点，就不会捕获一只神经系统集中的幼虫，比方花金龟的幼虫。如果它不懂得在何处固定虫卵，就不会对刺伤牺牲者的艺术了如指掌。找到了合适的地点后，如果虫子不会一边吃猎物一边使之鲜活，那么什么也进行不下去。四个条件不是全都具备，就是一项都没有。

谁能估算一下，这种维系土蜂或其祖先命运的最终的概率是多少？这种复杂的概率，其因数是四种可能性极其微小的事情，或者说就是四种不可能的事。如果这种巧合是一种偶然的结果，那么现在的土蜂从何而来？我们还是继续往下推论吧！

从另一方面讲，达尔文主义者也会与土蜂及其猎物产生矛盾，在我为写这段故事而挖掘的土堆里，生活着三种金龟子幼虫：花金龟、蛀犀金龟、害鳃金龟。它们的内部结构差不多是一样的，吃的食物也相同，都是腐烂的蔬菜。它们习性一致，在常常更新的地道中生存。茧都是在土质里，呈大大的卵形。环境、食物、活动方式、内部结构，一切都差不多，但是其中的一种——花金龟的幼虫，和它的同类们相比，在某个方面却与众不同，它以背部行进，这在金龟子类，甚至在昆虫界里都是独一无二的。

如果说结构上只有一点小小的区别，分类者自然会毫不犹豫地不予理睬；但是一只有足，而且是足很健全的昆虫，腹部朝天地翻过来行走，并且永远只保持这一种前进姿势，的确该被研究一下。虫子是如何掌握这种奇怪的前进方式的，为什么它要刻意与其他昆虫不同呢？

对于这样的问题，时髦的科学总有一套预先准备好的答案：适应环境。花金龟幼虫生活在土堆里坍塌的地道中，就像通烟囱的工人用背、腰、膝做支撑，钻进烟囱狭窄的管道里一样，它蜷缩起来，贴着地道的壁面，支撑点一面是它的腹面，一面是它强健的背，通过这两个有力的杠杆，它才得以前进。腿的用途非常有限，几乎为零，于是退化变得无力，而且很可能像所有无用的器官那样消失；背部则相反，作为主要动力来源，它不断强化，布满强壮的褶子，并竖起一些钩子或毛；逐渐地，为了适应环境，虫子因为不行走而丧失了行走的能力，改以背部匍匐前进，这样也许能更好地适应地下的通道。

这还算说得过去，但是请你们告诉我，为什么在腐殖土内的蛀犀金龟、沙土里的害鳃金龟、植物土里的松树鳃金龟的幼虫，就没有掌握这种用背行走的能力呢？在通道里，它们也像花金龟幼虫那样，仿照通烟囱工人的方法，前进时用背为支柱，但并不仰面朝天。它们忽略了去适应环境的要求吗？如果进化和环境是仰面行走的原因，那么我至少可以负责任地说，其他各种金龟子也必须如此；既然它们的组织构造是如此相近，生活习性也应几近一致。

我对理论不太尊敬，这些理论对相同的情况出现两种不同的结果，无法自圆其说。这些理论令我发笑，它们近乎童言稚语。比方说，为什么老虎皮上有黑纹？这也是环境使然，一个进化论者说道。在竹林中阳光被竹叶的影子分割，动物为了更好地隐蔽自己，便采用了环境的色彩。光线为野兽提供了皮毛，阴影提供了条纹。

就是这样，不接受这种解释的人就是难缠，我就是一个难缠的人。如果这是茶余饭后的闲聊，我也心甘情愿地接受。但是，可叹！可叹！可叹！这不是玩笑，它很正式、严肃，就像是科学里的王牌。图塞内尔向博物学者提出了一个阴险的问题："为什么鸭子在屁股上有卷毛？"据我所知，没有人能回答这个恶意的提问，那时还没有进化论。而今天人们立刻清楚了，就像老虎的皮毛一样清楚，一样是有理由的。

稚言够多的了。花金龟幼虫用背行走，是因为它始终是这样行走。环境不能造就昆虫，是昆虫生来就与环境适合。对于这种简单的哲学，虽然是老生常谈，但我还是要加上苏格拉底[①]的一句哲言：

> 我知道得最清楚的东西，那就是我一无所知。

---

① 苏格拉底（前469—前399）：古希腊三大哲人之首，他和柏拉图、亚里士多德共同奠定了西方文化的哲学基础。——译注

第五章 各种寄生虫类

八九月的时节，我去寻找一个斜坡上被太阳强烈照射的沟渠。如果看到一个斜坡被骄阳炙烤，一个安静的角落闷热难当，我就在那里歇脚，那里有丰富的收获物等着我采摘。这个小小的塞内加尔[1]是膜翅目昆虫的国度，有的把象虫、蝗虫、蜘蛛收仓入库，作为一家老小的口粮；有的储存各种蝇虫、蜜蜂、螳螂和幼虫；另一些虫子则囤积蜜，装蜜的工具有皮袋，有黏土罐，还有棉袋和垫着薄垫圈的瓮。

这些勤劳的民族和平地砌砖、结网、织布、咀嚼、收获、狩猎、储存，但其间混杂有一些寄生虫类。它们四处游荡，从这一家到那一家，在门外监视，观察在别人身上繁衍自己家族的合适机会。

事实上，昆虫界和人类世界里都存在着悲惨的斗争！劳动者筋疲力尽地为自己的家人积累粮食，只要它一死，不劳而获者便跑来争夺财富。一个积累者，有时有五六个甚至更多的外人觊觎着争夺它的遗产，这比偷窃还要糟，而且很残忍。劳动者的家庭被如此精心呵护，房子也建了，粮食也存了，却在年轻一代成长时被外人侵吞。幼虫被关在一个封闭的小房间里，丝质的外壳作为保护，它吃完粮食后，陷入深沉的昏睡中，进行着未来变态所必需的身体重组。为了让幼虫羽化为蜜蜂，为了这种需要绝对休息的全面改造，母亲采用了一切安全手段。

---

① 塞内加尔：非洲最西端的国家，非常炎热。——译注

但是，这些安全手段被破解了，敌人个个都有精妙的战术和战略，它们将会进入密封的城堡。在沉睡的幼虫身旁，一只卵通过钻头钻了进来；或者，在没有同样的工具的情况下，一只不起眼的小虫，就像一个生气蓬勃的原子，匍匐前进，溜到沉睡者面前；于是后者便再也不会醒来，成了野蛮造访者丰盛的食物。在牺牲者的小屋和茧里，入侵者建自己的窝，织自己的茧。第二年，这个吃掉房主的强盗，便代替宅主，从土里出来。

1½

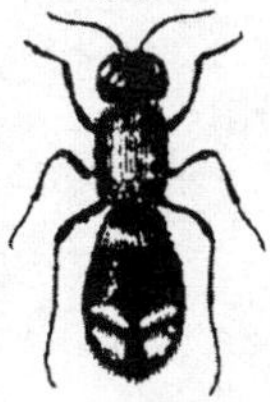

蚁蜂

看这个家伙，身上交织着黑白红三色，外表如同一只多毛的胖蚂蚁。它步行在斜坡上，来到最隐蔽的角落，用触角尖轻叩土地。这是一只蚁蜂，是那些嗷嗷待哺的幼虫的灾星。雌蜂没有翅膀，但是作为膜翅目昆虫，它有一支厉害的螫针。在新手的眼中，它很容易被误认为是一种大蚂蚁，但它那炫目的丑角服般的体色，使它显得与众不同。雄蜂有大大的翅膀，体态更为优雅，在沙土层上方几寸处，不停地飞来飞去。同一条路线上，它会飞上几个小时，就像土蜂一样，监视着从沙土中出来的雌蜂。如果我监视的时候有耐心，就会看到母亲在奔跑一段之后，会在某处停下来，掏掏挖挖，最终开出一道地下通道；但入口在哪儿无从得知，它的火眼金睛可以明察我们肉眼无法看到的东西。它进入地下小屋，在里面待上一段时间，然后再度出现，将碎土堆回原处，关上房门。卵就这样被罪恶地产了下来。蚁蜂的卵产在别人的茧里，就在沉睡着的幼虫旁边，它的新生儿将以这只幼虫为食。

这里还有其他一些闪着金属般光芒的虫子，身上带着金色、翠绿色、蓝色、紫色。青蜂是昆虫里的蜂鸟，是另一种将沉睡的幼虫扼杀在茧里的杀戮者。在耀目的外衣下，它们却是刺杀幼儿的残忍杀手。其中的一种，肉色青蜂，体色一半翠绿一半胭脂红。它大胆地进入到了铁色泥蜂的地下室里，当泥蜂母亲还在房里一天天地喂养幼虫的时候，对于这个不会钻探的恶棍来说，这是发现门敞开的唯一机会。只要母亲不在，房门就会被关上，穿着王袍的强盗就无法进入；于是这个家伙便在此时进入巨人的家里。它一直溜进深宫，而不担心铁色泥蜂的螯针和大颚。屋子里有人又怎么样呢？要么就是无所畏惧，要么就已经吓得呆若木鸡，而铁色泥蜂母亲居然听之任之。

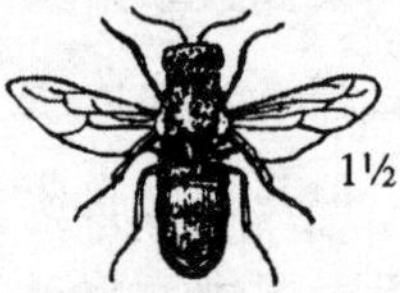

1½

肉色青蜂

铁色泥蜂

受害者的无动于衷与侵略者的大胆真是反差强烈。我见过条蜂在自家门口，一边打点行装，一边给毛足蜂让出自由空间。毛足蜂将自己的家取代了可怜虫的家，占据了满是蜜的小屋！那场景看上去就像是两个朋友在门槛处相遇，一个进去，另一个出来。

一切没有阻挠地在铁色泥蜂的地道里进行着，好像是注定的。第二天，我打开铁色泥蜂这个捕猎虻的猎手的茧，发现里面又多了一个红丝状的茧，形状像个顶针，开口被一个水平的盖子堵着。在这个有丝质外壳保护的房间里，生活着肉色青蜂。至于铁色泥蜂的幼虫，它曾几何时还在纺丝，并给茧里镶嵌沙土；可现在却完全消失了，只剩下一层破皮。消失了，怎么回事？原来是青蜂的幼虫把它给吃了。

还有一种色彩斑斓的恶棍，它胸部青色，腹部金色夹杂着薄塔夫绸[①]的青铜色，尾部还有一道天蓝色的带子，命名家称它为蚁小蜂。阿美德黑胡蜂在悬崖上建了一座由许多蜂房构成的穹顶屋，屋上还嵌着一些小石子。当储存的幼虫被吃光，隐居者给自己的卧室铺上丝毯时，我看到青蜂在这个不可侵犯的城堡里安下了营地。一些难以察觉的缝隙，水泥接合处的一些缺漏，使它可以将产卵管深入探测，并产下卵来。总是在第二年5月末，黑胡蜂的小窝里又有了一个形状似顶针的茧。从这个茧里出来的是蚁小蜂，而黑胡蜂的幼虫则什么都没有留下，蚁小蜂用它填饱了肚子。

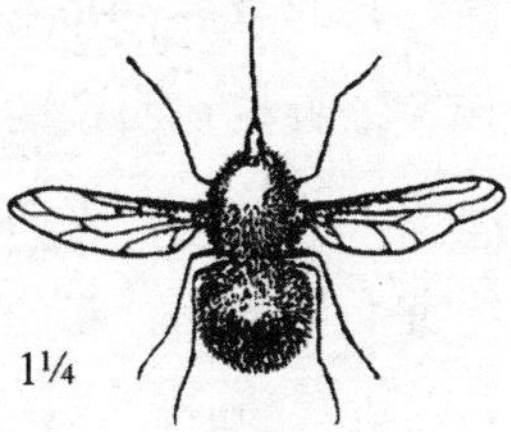

蜂虻

双翅目昆虫大部分属于强盗，尽管看上去弱不禁风，有时脆弱得令收集者不敢用手指去抓，害怕把它们捏碎，但它们非常可怕。有一些穿着极细的丝绒，一碰就掉；这是一些绒毛团，就像雪花落地之前那样轻柔，人们叫它们蜂虻。这么细小的结构却有着不可想象的抢劫能力。看这个家伙，它在地上安静地原地滑翔，翅膀振动得极快，让人误以为它正在休息。蜂虻就像被一根无形的线悬在那里，你动一步，它会立即消失；你往远方四处寻找，猜测它会尽力飞往何处；不在这儿，也不在那儿，它在哪儿呢？就在你的身旁，看看起点，蜂虻还在那儿，安静地原地滑翔。对于空中的观察者来说，它重回原地和离开一样那么突然。它正勘察着地面，等待良机摧毁别人的家，产自己的卵。它要给家人什么呢？蜜库，储存猎物，变态前沉睡的幼虫？我还不知道，我只知道，它纤细的小腿，迅速剥落的丝绒外套，是不允许它进行地下挖掘的。好地点

① 塔夫绸：一种有光泽的平纹绸。——校注

一旦确定，它就动如脱兔般地用腹部贴着地，将卵产在那里，再很快起飞。我怀疑，如果考虑到前面讲述过的理由，从蜂虻卵里出来的小虫应该要冒着风险，自己艰辛地来到附近母亲指定的食物跟前。母亲那么弱小，不能做得更多，新生儿要自己溜进食堂。

我对弥寄蝇的行动更清楚，它是一种孱弱的灰色小蝇虫，在阳光下蜷缩在沙土上，耐心地守在一个窝旁，等待干坏事的时机。等到铁色泥蜂带着虻、大头泥蜂带着蜜蜂、节腹泥蜂带着象虫、步甲蜂带着蝗虫捕猎归来，寄生虫便马上出现，围着狩猎者打转，始终跟在它的身后，并不会被它躲藏、转圈的谨慎战术所迷惑。就在狩猎者带着猎物回家的那一刻，它扑向即将消失到地下的猎物，敏捷地产下卵。一眨眼的工夫，这一切便完成了，在跨越门槛之前，猎物身上便布上了新的客人。这客人将以并非为它准备的食物为食，并在饥饿的时候杀死房主的儿子。

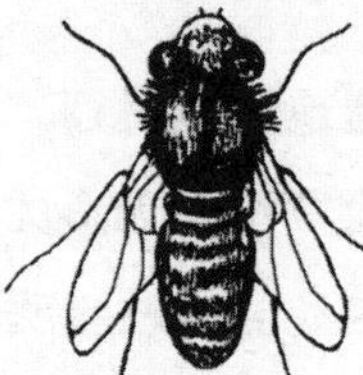
3

弥寄蝇

另一个在炙热沙地上休息的昆虫，也属于双翅目，是一种卵蜂虻。它的翅膀很大，平张开来，一半有黑边，一半透明。它像邻属蜂虻一样穿着丝绒外套，如果说轻软的外套一样精细，但颜色却不同。卵蜂虻在希腊语中是“炭疽”的意思，这是一个有趣的命名，让人想到这种双翅目昆虫恐怖的体色：炭黑的体色加上银白的液浆饰物。卵蜂虻膜翅目昆虫的寄生虫，如盾斑蜂和毛足蜂，它们的服装就像是隆重的丧服，我从来没有见过如此强烈的黑白对比。

今天，人们可以很自信地解释一切，把狮鬣说成是非洲沙漠染色的结果，老虎的深色条纹则源于印度竹林里的阴影带，其他神奇的东西都可以从未知的黑暗中一下子澄清。我希望别人对我说说毛足蜂、盾斑蜂、卵蜂虻，说说它们如此特殊的穿着打扮。

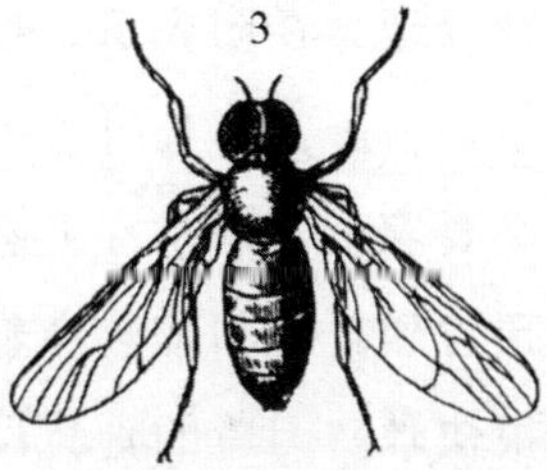

卵蜂虻

“拟态”这个词匆匆忙忙地被创造出来，它是指动物适应环境和模仿周围事物的能力，至少从颜色上看是如此。人们说，这样对迷惑敌人或者在接近猎物，而使其不被发觉非常有用。

隐蔽是种族繁衍的源泉，每个种族都要在生存竞争中去芜存菁，它们就会保存最具拟态性的一类，而让其他类别消失，以便逐步将一种起初只是偶然获得的东西，变成固定的习性。

云雀变成土色，是为了在休耕田里啄食时，避免成为食肉鸟类的目标；普通蜥蜴是草绿色，是为了和隐蔽处四周的树叶相混淆；菜青虫显示青菜的颜色，是为了防止鸟类的啄食。别的动物也是如此。

在我年轻时，这些比较使我兴致盎然，我对这种科学已经烂熟于心。我和朋友们晚上在草场里说起德拉克[1]这个魔鬼，为了提起人来更有把握，他和岩石、树干、柴火堆混为一体，以此来迷惑人。在起初的天真信仰之后，怀疑论开始令我的想象冻结。除了上面的三个例子外，我又加上一个，为什么灰鹡和云雀一样在犁沟里觅食，但它却是白色的胸、黑色的颈呢？这套行头使人很远就能将它和土地的颜色分辨开来，它为什么漫不经心地不用拟态呢？可怜的小家伙，它可是需要拟态的，和它在休耕田野里觅食的同伴一样。

为什么普罗旺斯的眼状斑蜥蜴和普通蜥蜴一样是绿色，但它避

① 德拉克为传说中的魔鬼。——译注

开绿地，在阳光下，在崎岖不平的、光秃秃的岩石上觅食，这里可是连苔藓都不长呀！为了捕食，它在树林里和篱笆里的同类觉得有必要隐蔽，于是穿上绣着珍珠的衣裳。可是，为什么岩石上的宿主顶着烈日，却依然穿着青绿色的衣服？这样会使它在白色的岩石上很快暴露无遗的呀！没有拟态的金龟子捕猎者会变得迟钝，它的种族会因此趋向衰亡吗？因为经常看到，我可以证明，它的数目绝对可以保证它的种族繁荣。

为什么大戟幼虫选择最耀眼的红、白、黑三色，这是与常去的绿色树林最不和谐的颜色，并且对比极为强烈地分布在身上？对它来说，像菜青虫那样模仿植物的绿色没什么必要吗？它没有敌人吗？啊！有的，不论是人还是动物，谁没有敌人呢？

类似的为什么可以无休止地进行下去。如果时间允许，我可以做一个游戏，对于每一种拟态的例子，都找一堆反例来驳斥。因此，这种100个例子里有99个特例的法则算什么呢？啊，可怜的我们！一些人荒谬的解释令我们上了当。我们在茫茫的无知中看到了真理的幽灵，一道阴影，一个骗局；解释一个小东西也就罢了，但我们却以为掌握了对宇宙的解释，我们不迭地喊道："法则，这是法则！"其间，无数与之不协调的事实，在这个法则门口大叫，但寻觅不到自己的位置。

毛足蜂

低鸣条蜂

在这个过于狭窄的法则门口，青蜂一族也在叫喊。它们鲜艳的体色，可与印度戈尔孔达城[1]里的财宝媲美，与它们经常出没的地方那灰暗的色彩，反差实在太大。为了欺骗它们的暴君雨燕、燕子、石鹏和其他鸟类，它们确实与沙土和土坡极不协调，它们就像宝石一样熠熠发光，仿佛是灰暗脉石中的一个天然金块。有人说，绿色蝈蝈儿为了防卫敌人，和居住的草地保持同色。膜翅目是昆虫的大类，精于作战，却听凭笨蝗虫比它们更为先进！它不但不像对方那样与环境协调，而且固执地披红挂绿，让任何吃昆虫的动物远远便可望到；特别是在残垣下晒太阳的灰蜥蜴，正兴致勃勃地监视着它呢。它依然是鲜红、翠绿、青绿，和周围的灰色形成鲜明的对比，而它的种族并没有因此而衰败。

不只是被吃者才会拟态，聪明的色彩拟态是要骗被吃者。看看丛林里的老虎，看看在绿树枝中的修女螳螂吧，想要诱使寄主上当时，机智的模仿是必须的。寄生蝇似乎也能够证明。它们是灰色的，而且就待在灰色土地上，等待载有猎物的捕猎者到来。但是，它们遮遮掩掩是没用的，大头泥蜂和其他的蜂在落地之前，便居高临下地看见了它们，就算它们穿着灰外衣，也能远远地被认出来。因此，泥蜂在沙土上方谨慎地滑翔，通过猛然的冲刺，迷惑这些奸诈的虫子。它们很清楚寄生蝇要干什么，便兜来绕去，甚至离开必然要被骚扰的地方。不，绝对不，寄生蝇尽管是土色，但为了达到目的，并不比同样环境中其他不是灰色的寄生虫有更多的机会。看看鲜艳的青蜂、毛足蜂和盾斑蜂，它们都是黑底白毛。

人们还说，为了更好地欺骗，寄生虫采取和寄主一样的姿势和协调的色彩。这样从表面看，它就像一个无害的邻居、同类的劳动

---

① 戈尔孔达城：印度安得拉邦海得拉巴市的一个古城堡和废墟，历史上附近丘陵曾以产钻石著称。——校注

者，比如依靠熊蜂维生的拟熊蜂。可是请问，肉色青蜂和铁色泥蜂像吗？毛足蜂和条蜂像吗？但条蜂却在门槛旁收拾，让客人走进自己的家门。服饰的对立是非常明显的，毛足蜂的隆重丧服和条蜂的红棕色外衣一点都不相同。绿色夹着胭脂红的青蜂也和铁色泥蜂黑黄的体色大相径庭。还有小青蜂，从身体大小上看，比起大个子的虻的狩猎者来，还真是小不点。

把寄生虫的成功归于一种与寄主或多或少的相似，这是多么奇怪的想法。确切地说，实际情况恰恰相反，除了群居的膜翅目昆虫之外，模仿并且在一起劳动是必然不会成功的，因为，就像人类一样，最大的敌人就是最亲密的朋友。啊！壁蜂、条蜂是不会冒失地把头探进邻居的门口的！即使不小心如此，它们也会在强烈的反击下，很快逃之夭夭。也许它的访问并无丝毫恶意，但肩膀脱臼、腿脚残疾，会是这种简单访问的代价。同类间个个老死不相往来，个个只为自己。但是，如果换成寄生虫，则另当别论。不论它打扮多么奇异，穿得像教堂卫士，不论它是朱红色鞘翅、装饰着蓝色玫瑰花的喇叭虫，还是黑腹上一道红带的双齿芫菁，蜜蜂们对它们的造访并不介意。如果实在太挤，便用翅膀赶它一下。它们之间不会有认真的打斗，不会有激烈的拼杀，打架只是同类中才会有的现象。因此，如果拟态，它还会受到条蜂和石蜂的欢迎吗？只要和昆虫们待上几个小时，你就可以毫无内疚地对这些天真的理论付诸一笑。

2

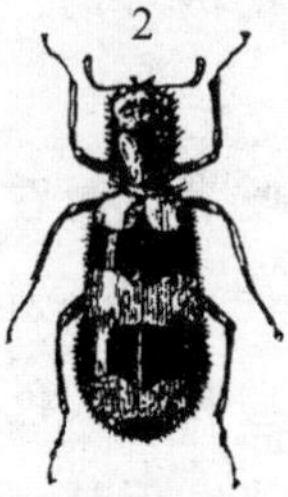

双齿芫菁

总之，我认为，拟态是一种稚语。用不礼貌的说法，我会说，这是一种蠢话，这个词最贴切地表达了我的想法。在可能的范围里，会出现无穷多的方法。确实，到处都会有动物在体形上与环境协调的情况，这是毋庸置疑的。将这些情况排除在事实之外，是很奇怪的，什么都是有可能的。但是与这些明显的协调相反，在相同环境下也有不协调的情况，而且为数众多，频率如此之高，从逻辑上讲，可以作为基础推导出法则。这里有一个例子说是，那里有1000个例子说不是，我们该听哪个证词呢？为谨慎起见，都不去听，什么体系都不建立。我们不去管事情的如何和为什么，只将法则看作思维中看问题的一种方式，一种很模糊的方式，被凑合地用于我们事业上的需要。我设想那些法则只是事实中小小的一个角落，它们常常只是充满了许多无谓的想象。这就是拟态，它向我们解释绿色蝈蝈儿用绿叶建造住宅，但面对负泥虫却只能静静地走过，它同样在绿叶上生活，却是珊瑚红的体色。

这不仅仅是一种过分的表述，而且是一种粗俗的圈套，新手会轻易上钩，资深的专家也会掉入陷阱。我该向新手说些什么呢？我们的一名昆虫学专家屈尊来参观我的实验室。我给他看了一系列寄生虫类，其中一个穿黑黄色外套的家伙，引起了他的注意。

“这个，”他说，“这肯定是胡蜂的寄生虫。”

他的肯定让我惊讶，于是我插话道：“您怎么认出来的？”

“请看，这就是胡蜂的体色，黑黄相间，拟态很明显。”

“确实很像，但这个穿着黑黄衣服的家伙，是高墙石蜂的寄生虫，石蜂的形态颜色与胡蜂毫无共同之处，它是褶翅小蜂，没有哪一只会进入胡蜂的巢。”

“那么，拟态是怎么回事？”

“拟态是一种幻觉，我们最好把它忘掉。”

这种在他眼里不正常的例子，数目众多，具有说服力，令渊博的访问者心悦诚服，他承认他起初的确信是基于一种可笑的基础。

我将对初学者们提出忠告：如果你们以拟态作为向导，想以此知道一种昆虫的习性，那么在成功一次之前，会先走错路1000次；当拟态证明这是黑的时，你一定要首先弄清它不会偶然变成白色。

我们来看看更重要的主题，将昆虫的穿着抛在一边，来看看寄生现象。按照词源学，寄生者就是吃别人的食粮、以别人的储备维生的人。昆虫学常常会偏离这个词的真正含义，因此它把青蜂、蚁蜂、卵蜂虻和褶翅小蜂称为寄生虫时，这些虫子并非用别人储备的粮食，而是用食用这些储粮的幼虫喂养家人——它们真正的寄主。当弥寄蝇成功地在铁色泥蜂储存的猎物身上产卵时，供食者的家就被真正的寄生虫占据了，这里的词义是严格的。在仅仅为家中孩子准备的虻堆旁，现在又多了霸道的客人，数目众多，个个都是饿殍，毫不客气地朝虻堆里乱戳。它们占据了并非为它们准备的餐桌，和真正的主人面对面地进食。主人很快便会被饿死，而闯入者却吃得肚肥肠圆。

当毛足蜂用它的卵代替条蜂的卵时，它也是一个名副其实的、住在入侵者家中的寄生虫。蜜堆是母亲辛苦劳动的成果，还没有给孩子吃过，另一个便过来享用，并且毫无竞争对手。弥寄蝇和毛足蜂，它们是名副其实的寄生虫，是享受他人劳动成果的家伙。

我们也可以这样称呼青蜂和蚁蜂吗？不可以。土蜂的习性我们现在已经知道，的确，它们不是寄生虫，谁也不能指责它们偷吃别人的食物。它们辛勤地工作，在地下寻找能养家糊口的蛴螬。它们和最有名的猎手，如泥蜂、飞蝗泥蜂、砂泥蜂一样捕猎，只不过不把猎物带到特设的洞里，而是将其放在原处，放在土堆里。它们是没有家的偷猎者，让孩子就在原地进食猎物。

蚁蜂、青蜂、褶翅小蜂、卵蜂虻和许多别的虫子，它们在生活方式上与土蜂有何不同？在我看来，没有什么不同。看吧，的确是这样。母亲不同的才能决定了不同的手法，寄生虫的幼虫不论尚未孵化还是已经出生，都和养活它们的寄主放在一起。因为寄生虫大部分没有螯针，所以寄主的身上没有伤口；但是活的寄主已经陷入麻木，因此毫无抵抗能力地落到要吃它的寄生虫手里。

寄生虫就像土蜂一样，按照规则窥伺寄主，不费力气地得到它，再就地让孩子们进食；只是寄主已无力反抗，就不需要用螯针戳入。寻找并发现一个没有反抗能力的、已被麻痹的猎物，作为自己储存的食物，比起勇敢地用大颚戳花金龟和蛀犀金龟幼虫的功绩当然要小，但是对于一个杀死无辜野兔的人，一个并非坚定地等待野猪跑来、打不过时再插入猎刀捅破它肚子的人，人们什么时候拒绝过给予他狩猎者的称号？如果说攻击没有危险，偷猎本身也不存在困难，这不过是二流偷猎者的功夫。被觊觎的猎物是看不到的，它在强大的城堡里，茧受到房子的保护。为了确定它生活的地点，为了把卵产在其侧部或者至少在附近，母亲所做的，难道算不上是英勇的行为？基于这些考虑，我大胆地将青蜂、蚁蜂和它们的对手列为食利者，而把弥寄蝇、毛足蜂、盾斑蜂、芫菁归入寄生虫类，后者的确是以别人储存的食物维生。

看过上面的例证，能说寄生现象是不名誉的吗？的确，在人类世界中，吃别人的东西无论如何都是偷懒，但动物担当得起我们从自己生活里得出的愤怒吗？我们人类的寄生虫，没有羞耻之心的寄生虫，吃他们同类的食物，但动物界永远没有这种情况。这就把问题的面貌改换了。除了人类，我还不知道有其他寄生虫吃自己同胞储存的粮食，哪怕是一例。我要承认，动物界偶尔也有各种抢劫同类成果的情况；但并不能据此得出结论。重要的是，我要正式否认，动物会以它的同类维生。我查阅了我的回忆录和笔记，在我漫长的昆虫学生涯中，没有一个昆虫寄生同类的特例。

当棚檐石蜂成千上万地同在一个庞大的村落工作时，它们个个都有家，虽然一派繁忙，但神圣的家里除了房主，谁也不能动里面的一点点蜜。邻居之间相互尊重，似乎是一种默契。如果有冒失鬼走错了家门，到了不属于它的地盘，房主就会粗鲁地训斥它，让它守秩序。但是如果蜜库是某个亡者或者迷路不归者的遗产，那么只会有一个邻居将其占为己有。财产丢失了，便利用他人的，这是为了经济。别的膜翅目昆虫也是这样，在它们当中，从来没有懒惰的成虫妄想吃别人的成果，没有什么昆虫是自己种类的寄生虫。

因此寄生是什么，需要在不同种动物中寻找吗？概括地说，生活就是一种广义的抢掠。自然进行着自我吞噬，物质从一个胃转到另一个胃中，保持着生机。在生存的宴会中，每个生物都轮流地成为食客和菜肴，今天吃，明天被吃。活着的都以活着的或曾经活着的为生，一切都是寄生现象。人是大的寄生虫，强占一切可以吃的东西，他窃取羔羊喝的奶，抢劫蜜蜂的蜜，就像毛足蜂抢条蜂孩子的食物那样，两种情况极其类似。这是我们才智的错吗？不是，这是残酷的生活法则，这一个的生存要求那一个的死亡。

在这种吃者与被吃者、抢劫者与被抢劫者不共戴天的斗争中，毛足蜂并不该比我们有更多的坏名声。它毁了条蜂，但与我们相比，那又算得了什么，我们可毁了无数的东西啊！它的寄生并不比我们的阴险，它要哺育下一代，可没有收获的工具，又不懂收获的艺术，便利用其他生物储备的粮食，这是才能和工具的最好分配。在饿殍之间残酷的斗争中，它做了它力所能及的，这是它天赋的能力。

第六章 寄生理论

毛足蜂根据它的本能，做它力所能及之事；我没有对它大加指责，只能这样说罢了。但是，有人说它既无用又偷懒，毁弃了它起初作为劳动者所拥有的劳动工具。它乐于无事可做，喜欢通过损人利己来供养家室；逐渐地，它这个种族便视劳动为一种可怕的东西。收获的工具越来越少使用，就会像无用的器官那样退化、消失；这样整个种族就会异化，最终，毛足蜂从一开始的诚实的工匠，变成了懒惰的寄生虫。我现在说的是一种寄生理论，非常简单，很令人感兴趣，而且值得讨论，下面我就展开来说说吧。

某个母亲在劳动之后，急着产卵，就近发现了同类的巢，便把自己的卵托付在这里。对于办事拖拉的昆虫来说，没有时间建巢和收获，强占别人的成果便成了一种需要，而这也是为了救它的家人。这样它就不必再耗费时间辛苦地工作，只须专心致志地产卵，并且让后代也同样继承母亲的懒惰。随着世代繁衍，这种特性一代一代加强。因为生活的竞争需要用这样简捷的方式，为传宗接代的成功提供最好的条件。同时，劳动的器官既然不用，就会废弃、消失；而为了适应新的环境，身体形态和色彩的某些细节都会多多少少有所变化。寄生一族便这样最终确定下来。

然而，如果将这个族系一直溯源上去，有些方面并没有人们想象中变化得那么多。寄生虫保存了不止一种祖辈劳动的特征，因此，拟熊蜂与熊蜂非常相似，前者便是后者的寄生虫和变种；暗蜂保持了祖先黄斑蜂的外貌特征，尖腹蜂也会让人想到切叶蜂。

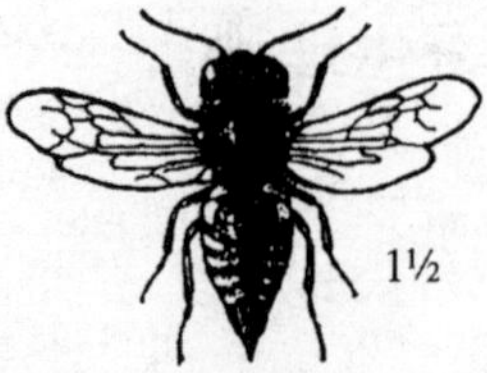
1½

尖腹蜂

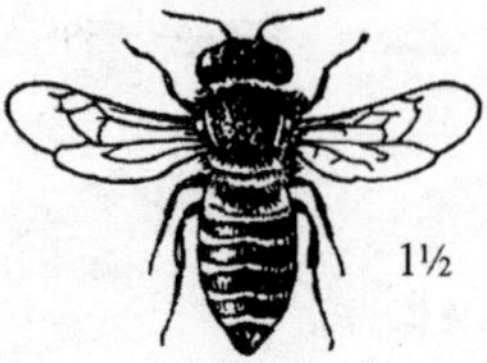
1½

切叶蜂

进化论有许多俯首可拾的例子，不仅有外观上的一致，而且在最细微特征上也相似。我和任何人都一样确信，这种相似没有大小之分，我更倾向于以最细微特征的相似作为理论的基础。我被说服了吗？不论有理没理，我的思维方式并不满足于结构上的细微相似，一条唇须不会激起我的热情，一簇毛也不会使我觉得是无可指摘的论据。我宁可直接向昆虫提问，让它们说说它们的爱好、生活方式和能力。听到它们的证词，我就会看到寄生理论会变成什么样子。

在让虫子说话之前，为什么我不说出萦绕在心头的话呢？首先我不喜欢“懒惰”的说法，这种所谓的对昆虫繁荣有利的懒惰。我过去始终相信，现在还坚持相信，只有劳动才能使现在强大，使未来得到保证，不论是动物还是人。劳动，才是生命；工作，才能前进。一个种族的能量与它们劳动的总和成正比。

不，我一点也不喜欢科学上鼓吹的懒惰。我已经听到了许多动物学上的胡言乱语，比方说：人是猩猩变的，有责任心的人是蠢货，良心是对天真者的诱饵，天才是神经质，爱国是沙文主义，灵魂是细胞能量的产物，上帝则是童话中的人物。吹起战歌，拔出军刀，人只是为了互相残杀而存在的；芝加哥贩卖腌猪肉商人的保险箱就是我们的理想！够了，这样的东西够多的了！进化论现在还不足以摧毁劳动这个神圣的法则，我自然不能让它对我们废弃的精神家园负责；它没有足够强健的肩膀来支撑这个即将坍塌的建筑，它只会尽力加速它的坍塌。

不，我再说一次，我不喜欢这种暴行，它把一切在我们可怜的生活中具有尊严的东西全部否定，将我们的生活笼罩在物质那令人窒息的丧钟下。啊！不要禁止我思考，即使这是一个梦想，我也要思考人性、良心、责任和劳动的尊严。假如动物为了它和它的种族，觉得什么也不做，剥削别人最好，为什么人类作为它们演化的后代，却显得最为谨慎？母亲为了后代的繁荣而懒惰的准则应当发人深省。我觉得自己已经说得够多，现在我让动物来说话，它们的话更加有说服力。

寄生习性的根源的确是对懒惰的喜好吗？寄生虫变成现在这样，是因为它觉得什么都不做最好吗？休息对它是这么重要，它宁可放弃古老的习惯吗？自从我观察膜翅目昆虫用别人的财产来供养它的家庭以来，我还没有从它身上看出什么能表明它的懒惰。相反，寄生虫过着一种艰难的生活，比劳动者更为艰辛。

我跟随它来到一个曝晒在烈日下的斜坡，它是多么忙啊！它那么辛劳地在酷热的地面上奔走，无休止地寻找，而它的探察常常是无功而返！在遇到一个合适的巢之前，它要上百次钻进无价值的洞里，钻到还没有食物的通道里。然后，尽管寄主心甘情愿，但寄生虫并不一定在寄宿处受到热烈欢迎。不，它的工作并非一帆风顺。寻找产卵地需要耗时耗力，与劳动者建巢储蜜比起来，力气花得只多不少。后者的工作有规律，并且一直在持续进行，它的产卵有着最好的保证条件；而前者的活常常徒劳无功，指望运气，依靠一系列的偶然条件才能产下自己的卵。只要看看尖腹蜂，它在寻找切叶蜂的巢时，为了知道占据别人的巢会不会有困难，而显得犹豫万分，我们就能够理解它。如果它真想让后代的生活更加方便、更加繁荣，它就的确有些考虑欠周。它不要休息，而要艰难的工作；它不要子孙满堂，却要一个数量不断缩减的家族。

对于这些模糊的概说，我再加上一些精确的事例。暗蜂是高墙石蜂的寄生虫。当石蜂筑完巢时，寄生虫便突然出现，长时间在蜂巢的外部挖掘。孱弱的它，试图把卵殖入这个水泥城堡里。蜂巢关得严严实实，外层涂着一层粗灰泥浆，至少有1厘米厚，而且每个蜂房的入口还封了厚厚一层砂浆。它想钻探蜂房里的蜜，就要穿透和岩石一样厚的墙壁。

1½
暗蜂

高墙石蜂

寄生虫勇敢地开始工作，懒王开始干起累活儿。它一小块一小块地钻探外壳，挖出一个恰好能让它通过的井来；它在蜂巢的外壳上，一下一下地啃噬，直到觊觎的食物出现。挖掘是一种缓慢而艰难的工作，虚弱的暗蜂累得筋疲力尽；砂浆外壳几乎就像天然水泥一样坚硬，我用刀尖都只能费力地将它勉强切开，寄生虫用那小小的镊子，要多么耐心地工作才能成功啊！

我并不确切知道暗蜂挖通道所需的时间，因为我从来没有机会，或者说我从来没有耐心，从头到尾地看完它的工作；我只知道，高墙石蜂比起它的寄生虫不知粗壮了多少倍，但我目睹它用了一个下午的时间，都毁坏不了一个前一天用砂浆封住的蜂房盖，我只好在白天快过去时，帮它一把，才使它达到了目标。石蜂筑巢用的砂浆，硬度可与一块石头相比。然而暗蜂不仅仅要穿透蜜库的盖子，还要穿透整个蜂巢的外壳。它需要多少时间才能完成这样的工作啊，对于工作者来说，工程实在是太浩大了！

暗蜂的努力终于得到了回报，蜜露出来了。暗蜂溜进去，在食物的表面，在石蜂卵的旁边，产下自己数量不定的卵。对于所有的新生儿，包括外来的和石蜂自己的孩子，食物都是共同享用的。

被侵犯的房子不能就这样向外界的偷食者敞开，寄生虫还必须将挖开的通道堵死。于是，暗蜂从破坏者又变成了建设者。它在蜂巢的下方，采集了一点我们种植薰衣草和百里香的红土，这种红土来自多石子的高原。它用唾液将土混合成砂浆，准备好以后，它就像一个真正的泥水匠那样，非常细心地、有艺术性地把通道的入口堵住。不过，它做的封盖在石蜂的蜂巢上显得颇为凸出。石蜂很少用蜂巢下的红土，它在附近的大道上寻找水泥，大道上的路面布满了碎石。显然，这种选择是考虑到其化学特征与建筑牢固性的关系。大道上的碎石与唾液混合之后，会具有红黏土达不到的硬度。由于材料的关系，石蜂的巢始终呈灰白色。在这个灰白色的底上，出现了一个红点，有几毫米宽，这明显是暗蜂探访后留下的痕迹。打开红点下的蜂房，我们能发现无数的寄生虫。铁红色的斑点是石蜂的家遭到侵犯无可否认的标志，至少在我家附近是这样。

可以说暗蜂一开始是热诚的挖道工，它用大颚来迎击岩石；随后它又变成了黏土搅拌工和用砂浆修复天花板的泥水匠。它的职业也是非常艰辛的。然而，在做寄生虫之前，它又在干什么呢？根据它的体形，进化论使我们确信，它过去是黄斑蜂，从绒毛植物干枯的茎上采摘松软的绒絮加工成棉囊，然后用腹面的花粉刷将花上的花粉收集在囊里。或者，这个出身棉布工的家伙，就在一只死蜗牛的螺壳上建造几层树脂隔墙。这便是它们祖先的职业。

什么！为了避开耗时费力的工作，为了过舒适的日子，为了有空闲时间建造自己的家，古代的织布工或者说古代的树脂采集工，会来咬噬坚硬的水泥，舔花蜜的它会决定来啃凝灰岩！可怜的家伙在用大颚碰石头时，被这苦活弄得筋疲力尽。为了打开一个蜂房，它花的时间可比加工一个棉囊再装满花粉的时间要多得多。如果它是想进步，为它和它家人的利益着想，才放弃过去纤巧的工作，那么我得承认，它真是大错特错了。这种错误就像是碰惯了高级织物的手离开丝绒，到大路上敲打石头一样。

不，动物不会如此愚蠢，心甘情愿地加重生活的负担；如果按照懒惰的说法，它就不会去从事一种更为艰辛的工作；如果它弄错了一次，也不会让子孙后代继续执迷不悟地犯这种代价昂贵的错误。不，暗蜂不会放弃棉布工的精巧艺术，而去敲打墙壁，捣碎水泥。这种工作比起在花上采集的快乐，真是一点吸引力都没有。根据懒惰的理论，它就不会从黄斑蜂转变过来。它应该过去和现在一样，它过去就是这种特殊的有耐心的劳动者，固执地干苦活的工人。

你们会说，过去，忙着产卵的母亲，第一次闯入同类的巢里产下自己的卵，发现这种不正当的方法非常有利于种族的繁衍，因为这既省精力又省时间。新技术的烙印如此之深，不断开枝散叶的后代将其继承下来，最终使寄生成为习性。棚檐石蜂和三叉壁蜂将会告诉我们，该如何对待这个假设。

我让一群石蜂定居在朝南的一个门廊的墙上。在大约一人高的地方，易于观察的位置，吊着冬天从附近屋顶搬过来的瓦，瓦片上聚积着庞大的蜂巢和蜂群。五六年来，一到5月，我就聚精会神地观看石蜂如何工作。在我对它们做的观察日记中，我选出了与主题有关的内容。

当我使石蜂背井离乡，以此来研究它们重寻自己蜂巢的能力时，我发现，如果离开时间太久，它们回来后就会发现自己的蜂房已经门户紧闭。一些邻居将其利用，完成了建造和储粮的工作以后，将自己的卵产在里面。丢弃的财富被别人利用了。看到自己的家被侵犯，远道归来的石蜂很快就恢复平静，在自家附近随便找一个蜂巢，开始破坏蜂巢的封口；而别的虫子也听之任之，它们也许忙于干自己手头的活儿，没有时间和破坏劳动成果的家伙打架。盖子打开了，带着一种以偷制偷的疯狂，石蜂开始筑一点巢，储一点粮，仿佛要重寻中断了的工作脉络。它毁掉了里面的卵，将自己的卵放进去，并把蜂房关闭起来。这里倒是有值得深入研究的特殊习性。

上午11点，石蜂的工作干得最为热火朝天。这时，我将10只石蜂分别涂上不同的颜色，以示区别。它们正忙着建巢或吐蜜，我把相对应的蜂房也同样标上标志。等到涂上颜色的记号一干，我便抓起那10只石蜂，将它们分开放在纸袋里。所有的石蜂都被关在盒子里直到第二天，24个小时的监禁之后，我把它们放了出来。它们不在的时候，它们的蜂房或者隐没在一层新建筑下，或者，如果依然存在，也被关闭起来，已被别人据为己有了。

10只石蜂，除了一个例外，都很快回到了原来的瓦片处。尽管囚禁给它们制造了麻烦，它们还是按照自己的记忆继续干下去。它们重新来到自己建造蜂房的地方，那个珍贵的蜂房现在已被侵占。它们小心地挖掘蜂房的外壳。如果原来的蜂房隐没在新建筑中，它便挖掘最邻近的一个。如果房子尚存，里面已经有了别的卵，而且大门被牢牢地关了起来，面对这种悲惨的命运，它们便以牙还牙地开始报复，以卵还卵，以屋还屋。你偷了我的住宅，我就偷你的。它并不多加犹豫，寻找一个中意的蜂房，强行打开它的盖子。如果原来的住宅还可以进去，那它就回到自己的家里；但更常见的是，它将别人的住宅据为己有，有时这住宅离原来的家还很远。

它们耐心地咬噬砂浆外壳。只有所有蜂房全部筑好后，石蜂才涂上粗糙的灰泥层，因此，它们只需要毁坏蜂房的砂浆外壳。这是艰苦而缓慢的工作，但与它们大颚的力量相比还算相称。它们弄碎了水泥大门，整个撬门工作是极为安静地完成的，它的邻居们没有一个会来干涉，来阻止这一目的可耻的行为，而且当中很可能就有当事人。石蜂是如此喜欢它现在的居所，它已经忘记了它昨天的家。对它来说，现在就是全部，过去不具有任何意义，未来就不用说了。瓦上的居民平静地任这个破门而入者为所欲为，没有谁会跑过来保卫本来很可能是它自己的家。啊！如果蜂房仍在建造中，事情又会是什么样子啊！但是，那已经属于昨天、前天，没有谁再想得起来。

好了，盖子被毁了，可以方便地进入了。有时，石蜂斜躺在蜂房上，头就像在沉思一样半耷着。它走了，然后又犹豫不决地回来。最终它打定了主意，它抓住蜜上面的卵，将它抛到路上，一点礼貌都没有，石蜂容不得自己的窝有污点。我不止一次看到这种恶行，我承认我甚至好多次引诱它这样去做。为了产自己的卵，石蜂变成了一个没有同情心的恶棍。它不关心别人的卵，尽管那是它的同类的。

之后，我看见它们有的正在储藏食物，在食粮已经装得满满的蜂房里吐出花蜜，刷落花粉；有的修补，用镘刀抹上一点砂浆，修补缺口。尽管食物和房子都已臻于完美，石蜂还是从它24小时前中断的地方重新干起。最后，卵产了下来，开口也被填上。在那些囚徒当中，有一个不如别的耐心，它等不及外壳缓慢地风干，便决定根据弱肉强食的法则来硬抢。它将一个储存了一半粮食的蜂房的房东赶出去，然后在房门口守了好长时间，当它自我感觉已成了房子的主人时，便开始储藏食物。我一直盯着那个旧屋主，我看到它占据了一个关闭的蜂房，它的行为举止从各方面看，都像那些被长期关禁闭的石蜂。

我的这种经验实在太多，从这么多重复的事例中，想不得出一个结论都难。差不多每一年，我都会看到这个现象重演，而且总是成功。我只想补充一点，那些因我略施小计而不得不去弥补流逝时光的石蜂，有的脾气非常好，我看见它们重新建巢，仿佛什么异常的事都不曾发生过。有的没有那么大的决心，便去另一片瓦上定居，仿佛为了躲避强盗的世界；其他的则带着砂浆团，热情高涨地完成它们自家蜂房的盖子，尽管里面关着外人的卵；然而最常见的情况还是撬锁。

还有一个细节也有一些价值，不必亲自介入，只要把石蜂关起来一段时间，我就能看到我刚才描述的那种暴行。如果细心地观察石蜂的工作，有一个奇迹会让你省去许多麻烦。有一只石蜂突然出现，原因你并不知道，但它撬开一个门，并在抢占的蜂房里产卵。通过它的行为，我判断罪犯是个迟到者，因为有事远离了工地，或者被一阵风吹到了远处。等它回来时，因为缺席了一段时间，它发现自己的位置已经被占据，自己的房子已经被别人所用。它就像那些被关在纸袋里的石蜂一样，撬开别人的门来弥补自己的损失。

最后，我想知道的是，在强占了别人的家之后，石蜂如何行动呢？它们刚刚破门而入，粗暴地赶走里面的卵，用自己的卵取而代之。罩子已经重新罩上，一切又变得井然有序。石蜂会继续它的强盗行径，再用自己的卵取代别的卵吗？绝对不会。报复，这种属于神独享的快乐，石蜂可能也有，但它把一个蜂房强行撬开之后便告中止。当自己操心的卵有地方安置时，一切怒火都会熄灭。此后，那些囚徒，还有那些因故迟到者，和他人混杂在一起，重新开始正常的工作。它们老实地建房、储粮，不再去想干坏事。不到新的灾难降临，过去都会被彻底地遗忘。

我再回过头来说说寄生虫吧。一位母亲偶然成为别的巢的主人，它利用旧巢来产自己的卵。这简捷的方法，对于母亲来说如此方便，对它的种族来说如此有利，影响如此深远，以致后代都接受了母亲的懒惰。一步步地，劳动者便成了寄生虫。

真是奇妙，说得如此头头是道，而且顺理成章，因为我们的设想只要写在纸上就可以了。但是，请参考一下事实，在论证可能性之前，请了解一下现实是什么。棚檐石蜂告诉了我们一些特例。撬开别人房屋的盖子，把卵扔出门去，并用自己的取而代之，是它们永远的习性。我没有必要通过介入来迫使它撬锁，它自己会在长时间缺席后那么干，它认为自己有权这样做。自从它的种族用水泥筑巢，它便了解一报还一报的法则。对于进化论来说，需要多少个世纪才能使它养成强取的积习。此外，强占对于母亲来说是无与伦比的方便，不必用大颚在坚硬的路上刮水泥，不必搅砂浆，不必砌墙，不必无数次地往返采集花粉。一切食宿都准备好了，再也没有比这更好的机会，可以让自己享享福了。没有人来反对，其他那些劳动者是那么善良，它们对蜂房被强占完全无动于衷。它也不必担心会有什么打斗和争吵，让自己耽于懒惰，再也没有比这更好的了。

于是后代的生长便会有最优越的条件，选择的地方是最温暖、最干净的，而且母亲可以将花在其他事上的时间，用来全心全意地照顾卵。如果强占别人财产的印象是如此强烈，可以代代遗传，那么石蜂干坏事的时候，那种印象是多么深刻啊！那些优越的条件在记忆中历历在目，母亲要做的只是为自己和后代找一种最好的安居方法。来吧，可怜的石蜂！放弃使你劳累不堪的工作，遵照进化论者的意见，既然你有办法，就变成寄生虫吧！

但是它们没有，小仇报完后，石蜂又重新开始筑巢，收获者重新以一种百折不挠的热情来劳动。它忘却了一时发怒犯下的罪过，防止它的后代染上懒惰的恶习。它知道得很清楚，劳动才是生活，劳动是这个世上最大的快乐。为了摆脱疲劳，它筑巢以来，有无数的蜂房都没有去撬；它面对那么多的好机会，绝对的好机会，它都没有加以利用。什么都不能说服它，它生来就是为了工作，它会继续劳累的工作。它没有产生一个分支，衍生出破门而入的蜂房入侵者。暗蜂倒有点像这样，但谁敢承认它和石蜂之间有亲缘关系呢？两者之间没有任何相像之处。我需要一种棚檐石蜂的分支，它依靠撬开天花板的技艺为生。在看到它之前，那种古代的劳动者放弃自己的职业而变成懒惰的寄生虫的理论，只会让我付诸一笑。

由于同样的理由，我还要说一种三叉壁蜂的分支，也是会毁坏隔墙的变种。我在下面将要说明，我是以何种方式使一群这样的壁蜂，在我的工作桌上和玻璃管里筑巢的，我就是这样看到了偷盗者的工作。在三四个星期里，每只壁蜂都很谨慎地待在自己的管子里，管里布满了它辛辛苦苦用土质隔墙分开的卧室。胸部的不同颜色使我能将它们区分开来。每个水晶通道都只是一只壁蜂的财产，别人不可以进入，不可以筑巢，也不可以储存食物。如果有个冒失鬼，在喧闹的蜂城里忘了自己的家，到邻居门

三叉壁蜂

前看一眼，房主马上会让它走开。这样的鲁莽行为是无法得到原谅的。居者有其屋，而且是每人一屋。

直到工作结束，一切都非常正常。这时，管口被一个厚土盖封上，差不多所有的蜂群都消失了。留在原地的还有二十来只衣衫褴褛者，由于一个月的辛苦工作，它们的毛掉了很多。这些落后者还没有产完卵。空着的管子还多的是，因为我特意拿掉了一部分筑满巢的管子，代之以新的空管子。只有很少的一部分壁蜂决定占据这些新家，尽管它们与原来的家根本没有不同；而且，它们只在那里建了少量的蜂房，常常只有一些隔墙的雏形。

它们需要别的东西，那就是别人的巢。它们来到那些住着邻居的管子边，钻探管口的软塞。撬盖子并没有多大的困难，软塞它不像石蜂的水泥那样坚硬，只是一个干泥盖。打开入口后，房子连食物带卵都露了出来。壁蜂用粗壮的大颚抓起卵，将卵剖开，把它扔到远处。更糟的是，它就在原地把卵给吃了。我必须看上好几次这种恐怖的场面，才能对此深信不疑。更令我惊讶的是，被吃的卵很可能就是罪犯自己的。一心一意想着现在这个家的需要，壁蜂已忘记了它以前的家。

杀子之后，恶棍开始储粮。无论是什么样的蜂儿，都要退回到过去的活动中去，重新连接被中断的事情的脉络。然后，它产下自己的卵，小心地重建毁掉的盖子。破坏可能还会更多，对于这些落后者来说，一个居所还不够，它需要两个、三个、四个。为了有最多的筑巢空间，壁蜂把所有挡在前面的房间都清除掉。隔墙被推倒，卵被吃掉或者扔掉，食物被清除到外面，甚至常常被搬到远处。壁蜂身上常常粘着房屋拆除后的灰泥、花粉和破碎的卵，它进行强盗行径时的模样令人难以辨认。霸占了一处地方之后，一切又恢复正常，食物被搬进来，以取代扔到路上的粮食；卵被生下来，每份食物上各有一个；隔墙被重新建起来，将整个蜂巢出口堵塞的塞子也翻修一新。恶行发生得如此频繁，我不得不介入，确保我希望不受打扰的蜂巢的安全。

还没有什么能解释这种强盗行径，这种像精神传染病人、躁狂症患者的行为。如果场地匮缺也罢了，但管子就在旁边，空空的，非常适于产卵。壁蜂不想要它们，它宁愿做强盗。这是经过一段疲于奔命的活动，它开始变懒，开始讨厌工作了吗？不是，因为当它把一群蜂房扫除之后，它又重新开始正常的工作。劳累并没有减轻，而是加重了。为了继续产卵，它最好是选一个空的管子。可是，壁蜂却有它自己的想法。它的行为动机令我不解。它身上有毁坏别人的财产这种坏品质吗？谁知道呢？人身上倒肯定是有的。

在天然的小房间里，我毫不怀疑，壁蜂的所作所为和在透明管子里一样。工作接近尾声的时候，它就抢夺别人的家。它如果就在第一个房间里，不清空它继续到下一个房间去，就可以利用现成的食物，并且省去最费时的那一部分工作。抢劫有大量的时间养成习惯，并且传到下一代身上。因此，我想壁蜂就会产生这样一个变种，吃它前辈的卵，来为自己的卵安家。

这个变种，我无法证明，但我可以说，它正在形成。通过我刚才说的那种抢劫，一种未来的寄生虫就要诞生了。进化论过去得到了确证，在未来也会得到确证，但它对现在说得最少。进化现象出现了，进化现象即将出现，最烦人的是它现在没有出现。在时间的三个阶段中，一个项失去了，而这个项是我们最直接关心的，也是唯一能超越虚构的荒诞的。进化对现在的缄默令我不快，就像在一个乡村的教堂里看到那幅著名的红海的画一样。艺术家在画布上画了一道鲜红的色带，如此而已。

“是的，这就是红海，”神父端详了杰作之后，在付钱之前说道，“这就是红海，但是希伯来人在哪儿？”

“他们已经消失了。”画家说道。

“埃及人呢？”

“他们属于未来。”

一些进化现象已经过去，另一些进化现象即将到来。为什么不给我们看看正在进行的进化呢？是否过去的真实和未来的真实，要排除现在的真实呢？我不明白。

这种石蜂和壁蜂的变种，它们自从种族起源开始，就满怀激情地抢劫同类，并且热情地制造一种寄生虫，一种喜欢什么也不做的寄生虫。它们的目标实现了吗？没有。未来将会实现吗？人们会证明这一点。至于现在，不行。今天的壁蜂和石蜂，与它们过去一样毁掉水泥或泥浆。那么它们需要多少个世纪才能变成寄生虫呢？太长了，我怀疑，这不能不让我们气馁。

7月，我劈开三齿壁蜂用来筑巢的树莓枝。在一连串的蜂房里，已经有了壁蜂的茧和刚刚吃完食物的幼虫，还有一些附着壁蜂卵、仍原封未动的食物。卵是两端呈圆形的圆柱体，白色，透明，长0.4～0.5毫米。卵斜躺着，一端靠着食物，另一端竖起来离蜜有一段距离。在频繁地造访后，我有了十来次有意思的发现。在壁蜂卵自由的那一端，固定着另一个卵。那个卵与壁蜂卵一样白色、透明，但形状完全不同，比壁蜂卵要小得多、细得多，一端较钝，另一端像锥子，长2毫米，宽0.5毫米。毫无疑问，这是一个寄生虫的卵，它那奇特的安家方式使我不得不注意它。

它比壁蜂卵要早孵化。刚一出生，小小的幼虫就开始使对手的卵干枯，它占据着蜂房的高处，远离蜂蜜。消灭工作是非常迅速的，我看到壁蜂的卵开始有了麻烦，它失去了光彩，变得松软而皱缩。24小时内，它就只剩下个空壳，一张皱皮。此时，一切竞争都排除了，寄生虫成了此处的主人。毁掉了卵的小幼虫很活跃，它挖掘一样危险的东西，希望尽快摆脱它；它抬起头选择并增加攻击点；现在，它平躺在蜜的表面，不再移动；但随着消化管道的回流，它吃掉了壁蜂储存的粮食。两个星期之内，食物便吃光了，而茧也织起来了。茧呈卵形，相当坚实，像树脂一样呈深褐色，很容易与壁蜂灰白的圆柱体茧区别开来。这种茧里的蛹羽化期是在4月和5月。谜最终被解开了，壁蜂的寄生虫是寡毛土蜂。

然而，这个所谓的膜翅目昆虫应该归于哪一类呢？它实际上是真正的寄生虫，是以他人的食物维生的消费者。它的外观和结构使它成为暗蜂的近邻，即使是对昆虫学没有什么研究的人看起来也是如此。此外，对于特征的比较如此谨慎的分类学学者，也都同意把寡毛土蜂放到土蜂后面、蚁蜂前面。土蜂以猎物为食，蚁蜂也是。而壁蜂的寄生虫，如果它真的是从一个祖先进化而来的，那它原来应该是个食肉者，而它现在却变成了食蜜者。狼变成了羊，它成了吃蜜的虫子。从橡树的橡栎里不会长出苹果树来，富兰克林[①]曾经说过。在这里，对甜食的兴趣却是从对肉的喜爱演化而来的。如此错误论断的理论，应该找不到一个能支撑的平衡点。

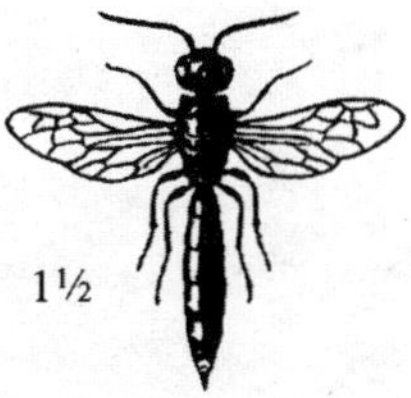

寡毛土蜂

① 富兰克林（1706—1790）：美国18世纪名列华盛顿后的最著名人物，参与起草《独立宣言》。——译注

如果我愿意继续说出我的怀疑，我可以写出一卷书出来，现在就说这么多吧。人这个永不知足的提问者，将寻根溯源的习性代代相传，答案也接踵而至，今天说是真的，明天说是假的，而伊西斯神[1]始终蒙着面纱。

① 伊西斯神：古埃及主要女神之一。词义为众王之母。主司众生之事，也是丧仪主神，能治病，能起死回生。——译注

第七章 石蜂的苦难

在对高墙石蜂的详尽介绍中，我一直把它看成是强占别人财产的剥削者，以及掠夺劳动者遗产的强盗，因此我很难正视高墙石蜂的苦难。在卵石上筑巢的石蜂，完全称得上是辛勤的劳动者。整个5月，我都会看到几支黑压压的队伍，在骄阳下，用大颚挖掘附近道路上的砂浆。它们如此热情高涨，即使行人的脚也不能使它们离开；由于沉浸在收获水泥的喜悦中，不止一只会被踩死。

那些最硬最干的地方，还保持着修路工用碾碾压过的密实，这是上选的矿脉；采集起来因此也比较艰难，必须一粒一粒地把沙刮下来。刮下来的沙粒就地用唾液搅拌成灰浆，然后石蜂带着充足的原料离开。它充满激情，沿着笔直的路，朝几百步远的卵石走去。新鲜的砂浆很快就被用掉了，要么是为了搭起一个圆塔一样的建筑，要么是为了在隔墙里嵌进砾石，使整个建筑更加坚固。之后寻找水泥的旅程又开始，直到建筑达到规程的要求。在此之前，它一刻都不休息，上百次地返回开采工地，始终去同一个地方，那个它认为质量最佳的地方。

现在要储存蜜和花粉了。如果附近有开着花的岩黄芪，那片玫瑰色的花海，便是石蜂最喜欢的采蜜地点，它每次去那里都要飞越半公里长的路途。蜜囊里蜜满得溢了出来，肚子上也全沾着花粉，回到蜂房之后，它慢慢地将房子装满，随后马上又回到采蜜的地点。整整一天，它也不显得疲倦，只要有足够的阳光，它就会满怀热情地采蜜。天色一晚，如果住宅还没有关起来，石蜂便躲进蜂房里过夜。它低着头，腹部的末端露在外面。这种习惯是棚檐石蜂所没有的。卵石石蜂的休息是一种近似于工作的休息，它这样躺着是为了堵住储蜜仓库的入口，防止黄昏或者夜晚时，有强盗抢劫它的财宝。

为了计算出石蜂建一个蜂房和储粮总共飞了大概多少距离，我先计算从蜂巢到开采砂浆工地的路程，再算出蜂巢到岩黄芪的距离；我还以极大的耐心，先记下一条路上旅程的次数，再记另一条路；然后把已完成的工作与石蜂即将要做的工作进行比较，补全所有数据。我这样计算出的整个往返路程为15公里。当然，这个数字只是个大概，要得到确切的数字，需要我力不能及地努力。

这个距离可能在大多数情况下比实际情况要小，它只是用来加深我对石蜂工作的看法。整个蜂巢共计约有15个蜂房，此外，整个居所最终还要罩上一层厚达一指宽的水泥。这道工序比工程的其他部分要粗糙，但花费的材料更多，大约需要整个工程一半的材料；为了建好这层穹顶，卵石石蜂在高原上要来回跑400公里，这差不多是法国最南端到最北端的一半距离。也许正是这个原因，石蜂在精疲力竭之后，找一个隐蔽处独自休息，然后死去。勇敢者可能在说：“我工作了，我尽了我的职责。”

是的，石蜂的确累了。为了家人的未来，它毫无保留地耗尽了它的生命，它那只有五六个星期的生命。现在它心满意足地死去，因为在亲爱的家里，一切都上了轨道，充足精细的储粮，阻挡冬天风雪的庇护所，防止敌人入侵的城墙，一切都备办妥当。一切都上了轨道，至少在它看来是如此。但是，唉，可怜的母亲犯了多大的错误啊！命运是那么的残酷，可恶的命运，它毁掉了劳动者，养活了不劳而获者；愚蠢粗暴的法则使得劳动者的辛苦，是为了懒惰者的成功。我们做了些什么，我们和动物，要在上天无情的漠视中，被悲惨的命运之磨碾得粉碎！啊，如果任凭黑暗的思想信马由缰，石蜂的不幸就会给我带来这个可怕而悲惨的问题！我们还是远离没有答案的提问，只做个简简单单的历史学家吧。

使温和辛勤的石蜂遭受损失的家伙共有十来种，我不是全都认得。每种强盗都很狡猾，都有自己损人利己的办法和扫荡的战术，使得石蜂的任何工作都逃脱不了被毁灭的命运。它们有的夺取粮食，有的偷吃幼虫，还有的强占房屋。什么都被侵犯，居所，粮食，还没有断奶的小幼虫。

偷粮食的有暗蜂和束带双齿蜂。前面我已经说过，石蜂不在时，暗蜂是如何钻探蜂巢的穹顶，然后一个蜂房接一个蜂房地产下自己的卵；此后，它又是如何用红土来修补缺口，让人很快就能认出寄生虫存在的痕迹。暗蜂比石蜂的身材要小得多，一个蜂房里的食物就足够养育它的几只幼虫。暗蜂母亲在一个还没有受到任何侵扰的石蜂卵旁，产下一堆卵，我看到的数目在2～12之间。

一开始事情倒没有这么糟，客人遨游在广阔的空间里，它就像兄弟一样进食、消化。接下来，主人兄弟的日子就不那么好过了，食物在减少，最终变得稀少乃至消失，而它至多只长了四分之一。其他那些家伙在餐桌上的动作极快，它们在主人发育到正常大小之前便已吃光了食物。被抢劫的虫子因断粮而死去，而暗蜂幼虫吃饱了之后，便开始织茧。褐色的茧，小小的，挺结实。为了充分地利用拥挤的居室里狭小的空间，茧一个紧贴着一个，连成一团。如果稍后我再看看蜂房，就会发现在隔墙和茧团之间，有一个干枯的小尸体，这便是石蜂妈妈精心呵护的幼虫。那样辛勤工作的结果就是这种悲惨的结局。可是，当我发现蜂房原来既是襁褓又是坟墓时，却常常看不到小虫子的尸体。我想象暗蜂在产下自己的卵之前，已经毁掉了石蜂的卵，把它吃了，就像壁蜂那样。我还想象，垂死的小虫子也许对织网者在这么狭窄的斗室里工作有所妨碍，便被劈得粉碎，给茧让位。已经有了这么多黑暗的事实，我不想不小心再加上另一件，我宁愿接受小虫子是被饿死的，只是没有被我发现。

1½

束带双齿蜂

现在我再说说束带双齿蜂的事迹。这是一个冒失的造访者，它大胆地挖掘棚檐石蜂的蜂城和卵石石蜂的穹顶塔。无数的居民来来去去，嗡嗡作响，也不会把它吓倒。在我家门廊墙上悬着的瓦上，我看到了它。它身着红色的披肩，踌躇满志地在蜂巢的凸起部分走来走去。它的阴险计划并没有引起蜂群的注意，劳动者没有一个去赶走它，只要它不是靠得太近，让它们觉得烦，被它碰到的劳动者至多只表现出一点不耐烦。劳动者没有激动，没有遇到死敌时会有的激烈追捕。它们上千只全副武装地在那儿，却没有一只去迎击恶人，没有一只去抓强盗，就像没有危险一样。

强盗参观工地，在石蜂群中穿梭，等待时机。只要房主不在，我就会看到它钻进一个蜂房，很快就嘴里沾满了蜜出来。它精明老到地从一个仓库到另一个仓库，征收一口一口的蜜。这是为了养活它自己而收的什一税[1]，还是为将来的幼虫做的储备？我不敢确定。我发现它总是在尝过一定数目之后，便在一个居所里驻扎下来，腹部朝里，头朝开口。除非我弄错了，否则这该是产卵的时刻。

寄生虫走了以后，我访问了住宅，在食物的表面没有发现任何

① 什一税：欧洲基督教会向信徒征收的一种宗教捐税，现已废除。——校注

不正常的东西。房主回来之后，尽管它的眼力非常敏锐，也没有看到什么。它继续储存粮食，没有表现出丝毫担忧。如果粮食上有其他的卵，是逃不过它的眼睛的。我知道石蜂储粮时必须保持极端的清洁，我曾经将一个小小的其他虫的卵，用稻草包裹放进蜂房，结果被它毫不留情地扔出了巢外。因此，通过我的见证，以及更具说服力的石蜂的见证证明，束带双齿蜂的卵如果产了下来，也没有产在粮食的表面。

我怀疑，但没有确认，我要谴责我的不负责任，我怀疑卵是埋在了花粉堆里。我看到束带双齿蜂从蜂房里出来时，嘴上沾满黄粉，它也许刚刚探测过地点的状况，为它的卵准备一个小小的隐藏地。我起初以为它只是偷食，但这可能才是最重要的行为。卵就这样被隐藏起来，连石蜂的火眼金睛也躲过了，因为卵如果露在外面，无疑是要死掉的，很快就会被房主扔到路上。当寡毛土蜂在刺莓上的壁蜂卵上产卵时，它是偷偷摸摸进行的，在一口深井的黑暗处，一点点儿阳光都照不进去。壁蜂母亲带着黏合剂建外壳挡板时，是看不到闯入者的后代，也意识不到危险的；但双齿蜂是在光天化日之下产卵，因此需要较为高超的安家方式。

此外，对于束带双齿蜂来说，这是唯一的好机会。如果等到石蜂产卵的时候，那就太迟了；双齿蜂还不知道如何像暗蜂那样破门而入。卵一产下来，棚檐石蜂便走出居所，回来时大颚携带着坚硬的砂浆，要把大门封起来。它一遍就做到了完全封闭，因为材料的运用很有条理。此后，它远行时带回来的材料，也都只用来加固封盖。从镘刀抹第一下起，对于束带双齿蜂来说，房子就是进不去的了。因此，它必须在石蜂产卵之前，产下自己的卵；而且必须将卵隐藏起来，不让石蜂有所警觉。

在卵石石蜂的蜂巢里困难没有这么大。石蜂产下卵之后，会有一段时间顾不上产下的卵，它得去找封闭房门的水泥。就算它的大颚里已经有了一些材料，也不够把门完全封闭起来，因为入口实在太宽。因此，它还需要其他的材料，才能将大门完全封闭。当石蜂母亲不在的时候，束带双齿蜂便有时间干坏事。但一切似乎都表明，它在卵石上和在瓦上一样，也是事先把卵藏在食物里面。

那么，和束带双齿蜂关在一间蜂房里的石蜂卵，会变成什么样子呢？我任何时候把蜂巢打开都没有用，我始终没有发现什么痕迹，无论是石蜂卵，还是石蜂幼虫。无论是在蜜上还是茧里的幼虫或成虫，都是一只束带双齿蜂。它的竞争者消失得没留下蛛丝马迹。于是，我的脑子涌出一个疑问，这个疑问似乎相当肯定，因为事实使然。孵化得更早一些的寄生虫幼虫，从它隐蔽的蜜里出来，用大颚咬石蜂的卵，就像寡毛土蜂幼虫咬壁蜂的卵一样，方法虽然毒辣，但效率很高。我们不必赘述这些新生儿残酷的行为，我们此后还要遇上更残酷的事。生活中的强盗行为充满着恐怖，人们不敢过多地追问。一个不起眼的小生命，一个看都看不清楚的小虫子，在乳臭未干的时候，就通过本能知道该消灭打扰它的东西。

石蜂的卵被消灭了，对于束带双齿蜂来说是必须的吗？绝对不是。在棚檐石蜂的蜂房里，食物绝对充足，在卵石石蜂的蜂房里毫无疑问也是如此。它差不多只须吃三分之一，或者一半，剩余的粮食就放在那儿，毫无用处。除毁掉石蜂卵之外，因为浪费了粮食，束带双齿蜂又多了一条罪状。若是缺乏食物，相互残杀尚可以原谅，因为饥饿可以作为一切恶行的借口，但这里的食物大大超过所需要的，既然食物已经过多，那么束带双齿蜂毁掉对手的卵，是出于什么动机呢？它为什么不让它的同室者利用剩下的食物，自己抽身出去呢？不，石蜂的后代依然会愚蠢地死于那些无用、发霉的食物的！如果我从寄生理论的坡滑下去，我就可能变成另一个叔本华[1]，说出一些胡言乱语来。

这便是两类卵石石蜂寄生虫的概述。这两种家伙是真正的寄生虫，是以别人储藏的食物为生的消费者。然而，它们的恶行还并不足以给石蜂带来最大的苦难。虽然一个吃它的幼虫，另一个使幼虫在卵里便死去，还有给劳动者一家带来更悲惨结局的呢！当食物吃光以后，胖得流油、活像个球似的石蜂幼虫织完茧，在茧里像昏死一般睡上一觉，为未来的生活做准备。这时，那些恶棍便跑到巢里来，蜂巢的防御工事在它们的精细战术下，根本算不得什么。很快，在昏睡的石蜂幼虫身旁，出现了一只刚刚出生的小虫，它安安全全地吃着那多汁的食物。这些攻击嗜睡者的恶棍，总共有三类：卵蜂虻、褶翅小蜂，还有一个小小的佩剑蜂。它们的故事我将在以后讲述，此处我只是顺便说说这三种歼灭者。

食物被强占，卵被毁掉，刚出生的小虫子饿死了，老熟幼虫被吞掉了。完了吗？还没有，它们还要继续强盗行径，就像在自己家里一样。它们现在开始觊觎居所了。

当石蜂在卵石上建新家的时候，它会让那些随处安家的家伙离得远远的，它的力量和警惕让那些想把它的建筑占为己有的家伙畏惧。当它不在的时候，如果有些胆大者来参观建筑，屋主就会很快出现，很不友好地把它们赶走。因此当房屋是新建的时，屋主不必害怕什么。然而，卵石上的石蜂也会利用旧的房屋产卵，只要它还不是破烂不堪。当工程开始时，邻居之间相互争夺，从它们的拼劲

① 叔本华（1788—1860）：德国哲学家，唯意志论者。——校注

中也能看出旧屋的价值。它们面对着面，有时大颚相互纠缠，一起腾在空中，再一起落下来，砸到地面，翻来滚去，再重新飞起。整整几个小时，它们为了留下来的房产展开大战。

斑点切叶蜂

一个现成的巢，只要整修一下就能用的遗产，对于石蜂来说是非常珍贵、非常重要的。我怀疑，因为现成的住宅常常被整修，并住上新的居民，所以石蜂不到老屋缺少时是不会建新屋的。因此，外人占据穹屋里的蜂房，对它们来说就是严重的抢劫。

然而，有好几种膜翅目昆虫，辛苦地采蜜，竖立隔墙，制造食物，却不太会为自己准备一间斗室。对于石蜂来说，老房子由于门厅的宽敞，而成为上佳的住宅，它要做的事就是抢先占据这些房子，因为第一个占据，就具有法律的效力。一旦安了家，石蜂就不许人家来打扰它；同样，它也不会去打扰抢先占据老房子的外人。被剥夺继承权的石蜂不会去打扰蜂巢里的吉卜赛人，而到另一个卵石上建新家。

在不劳而获的房客当中，我要提到青壁蜂和切叶蜂。它们和石蜂一样在5月工作，两种蜂都小到可以在石蜂的一个蜂房里筑上5～8个蜂房。

壁蜂把这个空间分成一些非常不规则的小间，根据地形用斜的、平的或弯的隔墙相互隔开。建这些小居室是不需要什么艺术的，建筑师的唯一工作就是精打细算地利用现有资源。隔墙的材料是一种绿色胶黏剂，出自一种植物，壁蜂嚼一种植物的叶片就可以得到它。同样的绿浆也可以用来做厚塞子，关闭整个蜂巢的。但是，壁蜂并非只用绿浆做厚塞子，为了使房子更加坚固，它将许多砾石放进植物做的水泥里。这些材料很容易采集到，母亲因为担心房屋不够牢固，便大量地使用。在石蜂巢相当光滑的圆顶上，它们建了一层砾石的凸檐，粗糙的凸起和绿色砂浆，让人很快就能认出壁蜂的杰作。随后，因为空气的作用，特别是在塞子的外部，绿色的胶黏剂变成了褐色，就像落叶的颜色，这时就很难辨认得出是用什么原料做的。

其他一些壁蜂似乎也喜欢卵石的老巢。我的记录中有摩氏壁蜂和蓝壁蜂，它们也是住在同样的房子里，而不是勤劳的房客。

选择在石蜂穹屋里安家的强盗，我认识的还有斑点切叶蜂，它在每个蜂房里都堆上半打甚至更多的蜜罐，罐子是用野蔷薇叶片织成的圆垫做成的；还有一种黄斑蜂，我不知道它的种类，只看到它用白棉絮做的袋子。

拉氏壁蜂

棚檐石蜂给两种壁蜂提供免费住宅，它们是三叉壁蜂和拉氏壁蜂，这两种蜂常常形影不离。三叉壁蜂喜欢去群居的蜂窝处，比如棚檐石蜂和毛脚条蜂的窝。拉氏壁蜂差不多总是在石蜂的蜂巢里与三叉壁蜂相伴。

蜂城真正的建造者和剥削他人的家伙一起工作，一起形成蜂群，和谐地生活在一起。两种蜜蜂都和平地自顾自地工作，就像是一种默契，两种蜂儿各有各的本分。壁蜂难道没有利用石蜂的宽厚，只谨慎地利用被遗弃的走道和蜂房，还是确实强占了那些真正的房主也会使用的居所呢？我倾向于强占，因为我常常看见棚檐石蜂清扫旧蜂房，就像它在卵石上的同类那样去利用它。无论如何，这个小小的世界里没有争吵，一些建新房子，一些修老房子。

相反，卵石石蜂的房客，各种壁蜂，只占据了房主的穹屋，但房主不善交际的脾气造成了疏远。看到旧巢被别人侵占，这个旧巢便不再适合它了。它宁愿在别处寻找一个可以独自工作的居所，而不愿将一个家一分为二。它为别人自愿放弃一个好的房屋，没有对侵略者表示反抗。这表明壁蜂在它们侵犯的对象身上，享有极高的豁免权。棚檐石蜂和两种租赁房屋者之间形成了和平共处的蜂群，显示了一种更为正式的豁免权。从来不想征服不属于自己的东西，也不保卫不属于自己的，壁蜂和石蜂之间永不争斗。小偷和失主以最好的邻居关系生活在一起。壁蜂就像在自己的家一样，而石蜂也不会去威胁它。如果可怕的寄生虫混在劳动者当中，而不引起任何不安，那么，对失去以前的房屋，石蜂就应该同样冷漠。如果要我调解旧屋主的不安和无情的竞争，我会很为难。壁蜂生来就是住在石蜂的家里，它受到的就是和平的欢迎。我狭窄的视线看不到更远的地方。

我说了那些抢劫粮食和幼虫的家伙，还有那些破坏住宅向石蜂征税的家伙，就没有别的了吗？完全不是。旧巢是坟墓，那里有一些蜜蜂，变成成虫后，不能穿透水泥打开出口，只有在蜂房内干死；还有死了的幼虫，变成了黑色易碎的圆柱体；未碰过的粮食堆积如初，不论新鲜还是腐臭，卵在上面都不可能生存；还有茧壳的碎片，一些残蜕，是虫子变态后留下的痕迹。

如果我从瓦上把棚檐石蜂的巢拿下来，有的巢厚达两厘米，在薄薄的外层上没有发现活的生命，留下来的都是上几辈的坟墓，都是些可怕的无生命体的堆积，干枯、腐臭。在这个古城的地下室里，有一些没有解放的蜜蜂，一些还没有变态的幼虫，过去的蜜已经变酸，未吃过的食物已成了泥土。

那些吃死尸的家伙，三种鞘翅目昆虫——喇叭虫、蛛甲、圆皮蠹，专吃这些残留物。圆皮蠹吃尸首；喇叭虫那黑头玫瑰色身体的幼虫，则穿透这些过期的蜜罐头。喇叭虫的成虫穿着绿边鲜红色的衣服，在石蜂的工作季节就常到这些土质蛋糕上来，慢慢地在工地里转悠，舔一点从罐里渗出的蜜。尽管它衣着耀眼，和劳动者土灰的模样不协调，石蜂也顺其自然，仿佛它们是维持卫生的清洁工人。

6

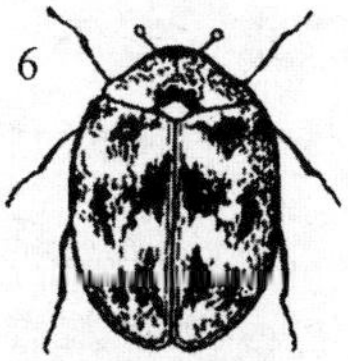

小圆皮蠹

随着时间的流逝，石蜂的大宅最终成了废墟。经历风吹雨打，卵石上的穹屋脱落破碎，修复它的代价太大，而且无法像起初一样牢固。有屋顶掩蔽的保护得好一些，但棚檐里的蜂城还是会破裂。一代代往上叠加的楼层，使建筑物的重量和厚度以令人担忧的比例递增。瓦的湿气渗入了最老的那一层，根基开始遭到破坏，而且对下一次修补构成威胁。现在，到了该永不回头离开这座破屋的时候了。

于是，在坍塌而无法挡风避雨的房屋里，无论是在卵石上还是在瓦上，都会有一群波希米亚人[①]匍匐前来。那些变成了断壁残垣、不成形的破房子里，都会有一群占领者，因为哪怕只有一丝希望，石蜂都要坚持工作到最后一刻。在老蜂房残骸的死胡同里，一些蜘蛛织起白缎的顶篷，在顶篷后监视过往的猎物。在它们用土石和黏土加固的角落里，有一些小的食利者吃小蜘蛛，如蛛蜂、短翅泥蜂；有时还会有织毯蜂，它们也是废墟里的房客。

我还没有说灌木石蜂，我的沉默并非忘却，而是缺少有关它的寄生虫的事实。为了认识里面的居民，我打开了许多蜂巢。到现在

① 波希米亚是捷克西部的历史地区。波希米亚人常用来借指流浪民族。——校注

为止，只有一个被外族侵犯。这个蜂巢和核桃差不多厚，固定在一棵石榴树枝上。里面有八间居室，七间居住着石蜂，第八间才是被一个称得上蜂群祸害的小蜂占据。除了这个并不重要的情况，我什么也没有再看到过。这些摇曳在枝头上的蜂巢里，没有束带双齿蜂，没有暗蜂、卵蜂虻、褶翅小蜂等其他两种石蜂的可怕入侵者，也从来没有壁蜂、切叶蜂、黄斑蜂这些老房子的房客。

缺少后面这些房客很容易解释：灌木石蜂的建筑因为根基不牢，是不长久的。当树叶凋落时，冬天的寒风会轻易弄断树枝，那时它就像一根稻草一样，由于负重太多非常脆弱。为了防止危险，去年的住宅不会再翻新给下一代用，同一个巢不会用两次。这样，利用老蜂房的壁蜂和它的同类便被排除了。

这一点被澄清后，第二点也不会模糊不清，只要蜂房设备齐全，我找不到任何理由来解释，食物抢夺者和吃幼虫的家伙们不会来这里。但是，树枝的摇曳不定，使得束带双齿蜂和其他蜂儿对空中建筑不屑一顾。由于没有更好的解释，我只得这样说。

如果我的想象不是天马行空，就必须承认灌木石蜂把巢建在空中是很独特的。请看，另外两种蜂儿是多么可怜地成了别人的牺牲品。如果我统计一片瓦上的蜂群数目，常常会发现束带双齿蜂和石蜂几乎一样多。寄生虫把一半居民都消灭了。为了完成扫荡，常常还有一些吃幼虫的家伙，比如褶翅小蜂和它的同类俾格米小蜂，再将另一半蜂民杀戮。我还时常看到变形卵蜂虻从棚檐石蜂的巢里出来，它的幼虫袭击石蜂的房客三叉壁蜂。

虽然在石头上很孤单，似乎可以让一些妨碍本族繁荣的祸害走开，但卵石石蜂并未少受磨难。我的记录上这种例子不胜枚举：一个居所里的九个蜂房，三个被卵蜂虻侵吞，两个被褶翅小蜂劫掠，两个被暗蜂抢夺，一个被俾格米小蜂强占，第九个才是石蜂的。仿佛四个坏蛋协力进行大屠杀似的，除了位于蜂城中央的那个逃过此劫，整个石蜂家庭都消失了。在从卵石上取下的蜂巢中，我曾经发现，所有的巢都被其他作恶多端的蜂侵占，而且常常是好几种蜂一起作恶。一个丝毫未损的蜂巢，我几乎从来就没有发现过。在这些可悲的数据后面，我的脑海里萦绕着一个悲观的想法：一些人的财富是建立在另一些人的贫困上。

第八章 卵蜂虻

我认识卵蜂虻是在1855年。那时我在卡班特拉，芫菁的故事使我正探寻着条蜂喜爱的高坡。卵蜂虻的蛹很独特，它们强壮得可以为毫无力气的成虫打开一道出口。这些蛹前面有复杂的犁铧，后面有三齿叉，背上吊着几排铁钩，可以切开壁蜂的虫茧，穿透土坡坚硬的地表，我感到它们是值得开采的矿脉。我当时对其语焉不详，现在则有重新提起的迫切需要。这个奇怪的双翅目昆虫，需要一章的文字来详细说明。因为生活上总是举步维艰，我那珍贵的研究便很可惜地中断了。30年过去了，我有了一点空闲，可以在我的村舍里，带着一种未老的热情，重新开始过去的计划，就像灰烬下面复燃的炭一样。卵蜂虻告诉了我它的秘密，现在我想公之于众。我多想告诉在这条路上鼓励过我的所有人，特别是朗德那些可敬的师长！但是他们已驾鹤西去，许多人先走了一步；拖沓的学生只能在怀念故人的同时，描述这个身着丧服的昆虫的故事。

7月，我猛烈地敲动着卵石两侧，将高墙石蜂的巢与它们的支撑物分离。随着震动，穹屋整个从卵石口松脱下来。在巢的底部，蜂房的隔墙就是石头表面，因此，蜂房毫无遮掩地大大敞开，一览无余，非常有利于观察。不需要借助侵蚀，这种方法对操作者而言很费力，对穹屋里的居民也非常危险，所有的蜂房就这样尽收眼底。蜂房里一个个的丝质茧，琥珀色，小小的，半透明，就像一层洋葱皮。我用剪刀剖开精细的外壳，一个蜂房又一个蜂房，一个巢又一个巢，只要运气不错，再加点耐心，我就可以发现一些寄宿了两种幼虫的茧，一只多少已经枯干，另一只鲜活浑圆。我还常常发现，在一只枯干的幼虫附近，围着一家子小虫，正焦虑地动个不停。

从第一次观察开始，我就发现了茧壳下的这幕悲剧。干枯的幼虫是石蜂的。自6月起，吃完蜜饼，它便织起丝布；在变态前那段麻木的准备阶段，它便在丝袋内昏睡。胖胖的它对于攻击者来说，形同一个没有设防的肉球。于是，在隐蔽的斗室里，尽管砂浆围墙和没有开口的帐篷形成了重重障碍，看似难以逾越，但还是来了一些食肉幼虫，来饱餐沉睡者。这些食肉者有三种，常常分布在同一个巢里相互毗邻的蜂房内。它们不同的外形告诉我们，敌人有许多种，最终的变态会让我们知道这三种入侵者的姓名和特性。我先陈述事实，再迅速导向结论。当幼虫杀手单独在石蜂幼虫身旁时，它要么是三面卵蜂虻，要么是褶翅小蜂。如果常常是一大群小虫，二十几个甚至更多，围在牺牲者身边，我们看到的就是赤铜短尾小蜂。每种入侵者都有自己的故事，我就从卵蜂虻开始说吧。

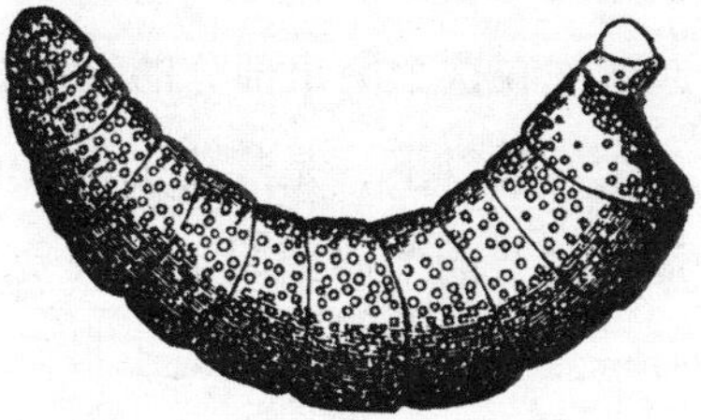
三面卵蜂虻的二龄幼虫

首先，它的幼虫吃完牺牲者，便独占了石蜂的茧。这是一只光秃秃的虫子，光滑，无足，无目，灰白色，奶油状，节间膜浑圆，休息时身体弯曲得很厉害，但跑起来很快便拉直了。用放大镜，能通过半透明的表皮看出脂肪层，因为脂肪层的颜色很特别。在它更小，只有几毫米长时，身上有不透明的奶油状白斑，还有一些半透明的略呈琥珀色的斑点。前者是发育时便有的脂肪块，后者则是提供养分的体液或血流经脂肪堆时所形成的。

包括头在内，我计算出它有13个环节，节与节之间以一条精细的沟为界，分隔得很清楚。头很小，像其他部位一样柔软，即使用放大镜看，也看不出口腔里有什么。它是一个白色的球体，大小像一根别针头，后方连接着稍宽一点的赘肉，节间膜不很明显，整个形成了一个上方微凸的凸起，因为两段之间难以辨清，一开始会让人把它们都当成虫子的头，实际上它同时包括了头和前胸。

中胸的直径要长出两三倍，它前部平坦，一道以短而窄的窦构成的深裂，将它与胸头凸起分开。在它的前面，有两个灰褐色的气门，彼此贴得较近。后胸的直径又长一些，且往上隆起。经过变化不大的过渡后，出现了一个高耸的凸出部分，坡度很大；而头脑凸起就嵌在这个突出部分的端部。

后胸以下，是规则的圆柱体，但是最后两三节的宽度渐减。在最后两节的节间膜附近，我费力地辨认出两个非常小的气门斑点，有一点呈褐色。它们属于最后一个体节。整个身体有四个呼吸孔，两个在前，两个在后，双翅目昆虫都是如此。幼虫老熟后的体长是15～20毫米，宽5～6毫米。

卵蜂虻幼虫的胸部凸起和头部窄小已经很奇怪了，它的进食方式更是与众不同。我首先注意到，它没有任何行走工具，甚至连原基都没有，虫子应该是绝对移动不了的。如果我惊扰了它的休息，它便借助身体的收缩，时而弯曲，时而伸直，在原地动得很欢，但无法前进，它扭来扭去却走不动。以后我会看到，毫无活动力会导致什么样的大问题。

目前，有一件最出乎意料的事引起了我的注意，卵蜂虻幼虫离开并再次进食石蜂幼虫的动作极为敏捷。食肉幼虫的用餐情形，我看过成百上千次，现在突然发现了一种新的进食方式，与我先前所知的毫无关联，我感到自己处在一个往昔经历已经迷失的世界里。请回想一下，一只以猎物为生的幼虫究竟如何进食，例如土蜂幼虫如何吃它的猎物蛴螬。它在牺牲者的体侧开一个洞，虫子的头颈深深扎入伤口，以便在内脏中尽力寻觅。它从来不会从正在吮吸的肚子中退回来，从来不会中断进食，稍事休息。进食的虫子始终向前，咀嚼，吞噬，消化，直到猎物只剩下一张枯皮。从一个点开始进食后，只要食物还有，它就不会挪动。为了让它的头从伤口处伸出来，用稻草挠它都不一定有用，必须使用暴力。被用力拔出来抛弃在一边后，虫子长时间踌躇，伸长身体用嘴寻找，但并不试图重开另一道口子，它必须找到刚刚放弃的那个进攻点。如果找到了，它便钻进去重新进食；但此后的发育便大受影响，因为现在进食猎物的点可能是其他不合适的地方，因此猎物开始腐烂。

然而，卵蜂虻的幼虫根本不会剖腹取食，也不会抱着一个入口不放。我只要用刷子尖轻轻一挠它，它立即就会出来。在停止进食的那一点上，我用放大镜也找不出任何伤口、任何血迹，如果皮肤被穿透，应该总会留下些许痕迹。重新感到安全后，虫子再度埋头于猎物身上，无论是哪一点，随意一点均可；我的好奇无法使它迷惑，它处变不惊，毫不用力，也没有任何可以察觉的动作。我如果换一处地方用刷子挠，它还是同样迅速地撤退，然后很快再贴上去，动作一样那么敏捷。

进食、离开、再进食，如此方便，一会儿这里，一会儿那里，在牺牲者被耗干的那一点上始终不留伤痕。这仅仅说明，卵蜂虻的嘴里没有大颚钩，来植入并撕裂皮肤。如果有这种能割破皮肉的镊子，我必须试好几下才能把它拽出来或者重新植入；此外，它每次咬的点都会留下伤痕。然而，完全没有这样的情况。在放大镜下谨慎地检查，我看到猎物的皮肤都是完好无损的。虫子将嘴贴在猎物身上或者抽出来时都很轻松，这只能解释为接触点只有一个。因此，卵蜂虻不是像其他食肉幼虫那样咀嚼食物；它不是在吃，而是在吮吸。

这种进食方式需要一种特殊的口器，再继续探讨之前我要先将它弄清楚。在头部的中央，我用高倍放大镜终于发现了一个琥珀般的红褐色小点，仅此而已。为了进一步仔细观察，我向显微镜请教。我用剪刀剪下这块神秘的头端，用水滴洗净，再放在显微镜下。嘴呈现为一个红斑点，大小和颜色都显得微不足道，好像一个气孔。这是一个小小的锥形火山口，在琥珀般红褐色的壁上，有规则的同心细纹。在漏斗深处是一根食管，前半截红褐色，后部迅速扩大成锥体。上颚钩、上颚，弄碎食物的口器，都没有丝毫的痕迹，一切都简化成一个火山口，并覆盖一层角质外壳，磨成琥珀色以及一些同心条纹。要我找一种方式来称呼这个我不曾见过的消化口，我只能想到"吸盘"这个词。它的攻击就是一种简单的接吻，但那是一种多么恶毒的接吻啊！

了解了幼虫身上的器官后，我现在来看看它的工作过程。为了方便观察，我把卵蜂虻幼虫和石蜂幼虫从蜂房搬进玻璃管，这样我可以用许许多多的试管，从头到尾地观察细节，观察这种我将要描述的进餐方式。

被吃的虫子圆得冒油，在它的身上任一点，食客用它的吸盘吸上去，时刻准备着有外物侵扰时，便立即中断接吻，时刻准备着重回宁静后，再轻而易举地重新进食，羊羔吃上奶便离不开了。乳儿乳娘贴在一起三四天后，起初丰满、表皮有一层健康光彩的乳娘，开始变得枯干，身体塌陷，皮肤起皱，失去了新鲜的活力，身上的肉和血被当作乳汁使它明显憔悴。一个星期之后，耗干变得极为迅速，乳娘干枯起皱，就像一个软绵绵的物体负载不了自己的重量。如果我将它挪动位置，它会塌下来而变得扁平，如同一个半满的羊皮袋摊了开来。但是卵蜂虻的吻继续耗干它，它很快就变成一张不断缩小的干肉皮，但吸盘还要吸取它最后的油脂。12～15天后，石蜂幼虫便只剩一个白色的小粒，和大头针头差不多大小。

这个小粒，是耗尽最后一滴油的干肉条，是被掏空了一切的乳娘的皮。我把枯瘦的遗体放入水中，然后用一根非常细长的玻璃管子，给它吹气，使它沉下去。皮肤摊开膨胀，恢复为幼虫的形状，但没有任何出气的口子。它于是变得完好无损，不会被钻探了。如果气体一跑，它在水下就很快显露出原形。因此，在卵蜂虻的吸盘下，油是通过膜渗出来的，乳娘身上的养分通过内渗被注入乳儿的体内。对这种将嘴放在没有乳头的乳房上吸奶的方式，我能说什么呢？这里就有个可供比较的事实，无需出口，石蜂幼虫的乳液也进入了卵蜂虻幼虫的胃里。

这是内渗吗？难道不会是大气压力才使乳娘的体液渗入卵蜂虻火山口似的嘴里，就像章鱼的吸盘那样吸干？这一切都有可能，但我要避免遽下结论，让不熟悉这种奇特进食方式的人发言。我认为，对于生理学来说，这是尚待研究的领域，体液的流体力学可以由此获取新的资料；此外，这个领域还可以使其他相关领域得到丰富的收获。时日苦短，我不得不只提出问题，而不去寻求解答。

第二个问题是这样的，作为卵蜂虻幼虫食物的石蜂幼虫没有任何伤口；卵蜂虻母亲是一种虚弱的双翅目昆虫，没有任何可以进犯家族猎物的武器，此外它完全不能进入石蜂的城堡，一片绒毛是抵不过岩石的。卵蜂虻幼虫未来的乳娘不像捕食性膜翅目昆虫的食物那样，是被用螫针麻痹的；它既没有被大颚咬，也没有被足抓，更没有任何挫伤，它根本没遭到什么不测，总之它是很正常的。然后，乳儿出现了，我将会看到它是怎么到的。它倏忽而至，在放大镜下也几乎看不出是怎么回事；准备工作做完之后，它便开始安家。它这个小不点，来到庞大的乳娘身上，它要将乳娘吃得只剩一张皮。乳娘没有事先被麻醉，生命机能一切正常，但也听之任之，让自己干枯，极端麻木，无动于衷。它那被侵犯的肌肉没有颤动过一次，连一次反抗的颤抖都没有。只有尸体才会对伤口如此无所谓。

啊！这是因为小虫子极为阴险地选择了攻击的时间。如果它早一点来，当石蜂幼虫在吃蜜时，一切就肯定对它不利。感觉到自己在被饿鬼亲吻而流血时，被攻击者就会扭动尾部，大颚乱剪，以示反抗。阵地守不住，进犯者就会一命呜呼。但是，现在一切危险都消失了。石蜂幼虫关在丝帐里，在变态过程中一直沉睡不醒。它这样并不是死去，但也算不上活着。这是一种中间状态，接近种子和卵所蕴藏的那种生命力。因此，就食客而言，任何螯针的刺激，或是卵蜂虻的吸盘，都可以非常安全地使用，而不会使乳娘丰满的乳房干涸。

这种因为变态的麻木而导致的缺乏抵抗，是必然的。从卵里孵化出来的乳娘是如此虚弱，而卵蜂虻母亲本身无法使牺牲者丧失自卫能力，因此，我认为，没有麻醉的石蜂幼虫是在蛹期遭到了袭击。我们很快将看到其他的例子。

石蜂幼虫一动不动，但仍然活着，奶油似的体色和皮肤的光彩是健康的标志。如果真正死了，24个小时不到，它就会变成褐色，很快就会流出腐液。然而，现在却很奇妙，卵蜂虻幼虫进食的15天内，石蜂幼虫奶油似的体色——这是死神没有侵袭的确切标记——仍然没有变化；只有在最后时刻，当它不再剩下什么的时候，才转化为表示腐烂的褐色，而且褐色也不会始终存在。一般，皮肉鲜活的样子会一直保存到最后只剩下一块皮的时候，皮团呈白色，没有任何变质物质的肮脏，证明生命一直持续到身体削减为零。

我现在看到一个动物倾倒到另一个动物体内，从石蜂幼虫转移到卵蜂虻幼虫；只要转移不完全，只要牺牲者没有完全转移成进食者，毁坏了的身体就都会同毁灭进行斗争。这是什么样的生命，就像烛火只在油耗尽时才熄灭一样？只剩下一点物质作为生命的机能，一个动物如何能够与腐败的结局斗争？生命的力量在这里不是消失于平衡遭到扰乱，而是消失于一切机制都不存在，幼虫死去只因为它在物质上已经一无所有了。

它是像植物那样，在碎片中存续着生命，难以散播生命吗？根本不可能，虫子是一种更精妙的有机体，不同部分之间紧密联系，一部分的死去必然带来其他部分的灭亡。如果我自己给幼虫划一道伤口，使它挫伤，它的整个身体很快就会变成褐色并且腐烂。它死去，腐烂，只因为一针；而它只要没有完全被卵蜂虻幼虫的吸盘吸空，就能继续生存，多少保持着组织的鲜活。一个不起眼的东西能将它杀死，一种残忍的杀戮却不会。不，我不明白，这个问题只有留待后人来回答。

我所能够看到的就是这些，因此怀疑也仅限于此，而且只能极端谨慎地提出我的疑问。沉睡的幼虫并没有达到确定的静力平衡；它就像一些为建房子而堆积的原始材料，它期待着变成蜂儿的过程。为了加工这些构成未来昆虫的砾石，空气这个生命体最初的劳动者，通过一个气管网路在其中流通。为了使气管成为有机体，为了引导它们的分布，动物的神经器官，向它们提供分支。神经和气管，这是最基本的，其余的都是进行变态的备用材料。尽管这些材料没有被使用，尽管没有获取最终的平衡，但材料会逐渐减少；

生命尽管在凋零，但仍继续下去，只要呼吸和神经系统存在。这有点像灯，不论油是满还是枯，只要灯芯还浸在里面，都继续提供光亮。在卵蜂虻的吸盘下，通过没有被穿透的石蜂幼虫皮肤，只有液体渗出，这些都是储存的可塑材料；而从呼吸器官和神经器官没有出来任何东西。两种基本功能没有受损，生命就维持到直至完全耗尽。相反，如果是我弄伤了石蜂幼虫，就会给神经网或呼吸网带来麻烦，在受伤的那个地方，会出现病变，然后整个身体都会腐烂。

关于吃花金龟幼虫的土蜂幼虫，我已经强调过这种精妙的进食艺术，它吃猎物，但直到最后一口才将它杀死。卵蜂虻幼虫也和它的竞争者一样，需要饭菜保持新鲜。它需要吃新鲜的肉，连续半个月从同一个牺牲者身上取出不会变质的食物。它的进食方法达到了艺术的最高境界；它不吃牺牲者，它通过吸盘的渗透一点点地吮吸。这种方法使任何可能的危险都被排除在外。无论在哪一点吸，它都可以放弃这一点，在另一点重新进食，不必担心饭菜会腐烂。其他蜂类的牺牲者身上都有一个确定的位置，可以被大颚损伤深入；如果离开这一点，失去了正确的方向，就会出现困境。而它这个幸运者，只要挑自己觉得好的地方进食即可；它想离开就离开，想再进食就重新开始。

如果我没有弄错，我想我已经看到了这种特权的必要性。肉食性掘地虫的卵牢牢地固定于牺牲者身上某一点，根据猎物特性的不同，这一点确实大不相同。对于同一种猎物来说，这一点是固定的；此外，比较苛刻的条件是，卵总是以头部附着在这一点上。然而，食蜜蜂则相反，例如，壁蜂的卵则以尾部固定在蜜饼上。刚刚孵化的新生儿不用自己选择，不必冒风险去选择那个不会导致猎物迅速死亡的点，它需要噬咬它刚刚出生的地方。母亲凭着本能，已经做了危险的选择；它将卵附着在有利的地点，借此告诉那些没有经验的小虫子，该如何进行下面的步骤。成虫的技巧决定了幼虫的进食规则。

对于卵蜂虻而言，情况则大不相同。卵没有附着在粮食上面，甚至也没有产在石蜂的蜂房里。这是因为母亲很虚弱，而且没有任何钻探或者穿孔工具，可以用来穿过砂浆围墙，刚刚孵化的虫子需要自己进入居所。现在，它已经面对那硕大的石蜂幼虫了。它行动自由，可以随意吮食猎物的任意一点，它的攻击点全凭搜寻的嘴任意接触决定。假设这张嘴里有切割工具——上颚或者下颚，假设双翅目幼虫有一种和其他食肉幼虫相同的进食方法，乳儿就会陷入死亡的威胁：它切开乳娘的腹部，没有规则地挖掘，不分主次地乱咬，迟早会使遭侵犯的虫子腐烂，就像我使它受伤后那样。

没有生下来就有的进攻点，幼虫会死于变质的食物，自由行动会杀了它。自由确实是高贵的特权，甚至对于一只不起眼的小虫子也是如此；但它也处处存在危险。卵蜂虻幼虫只有套上嘴套才能逃脱危险。它的嘴不是一把可以撕扯食物的钳子，而是一个耗尽而不损伤食物的吸盘。通过这个器官，它获得了安全，把噬咬变成亲吻，幼虫直到长大始终有新鲜的食物，尽管它不懂得在一个事先确定的点有步骤地进食。

我刚才的思考，逻辑是比较严密的：卵蜂虻幼虫可以自由地在乳娘身上随意寻找进食点，吃光粮食；但为了保护自己，它不能打开牺牲者的身体。我是如此确信进食者和被食者之间这种和谐的关系，我毫不犹豫地将其立为原则。因此，我要说，每当一只卵没有固定在作为食物的幼虫身上时，可以自由选择并改换进攻点的小虫子，就像是戴上了嘴套，改用吮吸的方式进食，而不会留下明显的伤痕。这种谨慎是为了保证食物状况良好。我的原则有很多例子作为根据，结论都是一致的。卵蜂虻之后，褶翅小蜂和它的同类也是这样说，我很快将听到它们的证词；中介者长尾姬蜂幼虫，它在干树莓里吃黑色短柄泥蜂幼虫；模样像苍蝇的半翅目异类螨象幼虫吃的是隧蜂幼虫。所有的虫子，双翅目、膜翅目、鞘翅目，都对它们的乳娘小心行事，避免撕裂食物的皮肤，保证羊皮袋到最后都有不变质的汁液。

食物的卫生并不是唯一必要的条件，我发现另一个条件也很重要：乳娘的身体必须在吸盘作用下能成为液体，并通过无损的皮肤渗透。流汁在接近变态时才会出现。美狄亚想使珀利阿斯年轻，就在一个沸腾的锅炉里放入忒萨利亚老国王被分割的残肢，因为一个新生命不经过事先的溶解是产生不了的[①]。为了重建需要毁灭；对死者的解析是合成另一个生命的路径。虫子要变成蜂儿时，体内的物质就开始分解，成为流体。通过现在的重熔才能变成未来的成虫，就像废旧的青铜被扔进坩炉熔成流体，才能在模子里使金属锻炼成另一种样子。就像这样，虫子变成流体，简单的消化器官现在遭到了抛弃；在成为流体之后，才有了成虫——蜂、蝶、蛾、金龟子，才有了动物的最高等形态。

我在显微镜下打开一只沉睡状态的石蜂幼虫。它差不多完全是一种液浆，上面浮着无数油粒和一点尿酸。尿酸是氧化组织的废物。一种液体，没有形状和名称，加上支气管、神经网和皮肤下一小层肌肉纤维，便是整个的虫子。这样的状态让人想到，当卵蜂

① 希腊神话中的忒萨利亚国王珀利阿斯，曾指派侄子伊阿宋去夺取金羊毛。据说在伊阿宋带回金羊毛时，他的妻子、巫女美狄亚向珀利阿斯进行报复，她劝说珀利阿斯的女儿们把她们的父亲剁成碎块煮熟，误以为这会使他恢复青春。——译注

虻的吸盘开始工作时，油层就通过皮肤开始渗透。在完全不同的状态下，当幼虫在活跃期或者已经变成成虫时，坚硬的组织会阻止外渗，卵蜂虻幼虫的进食就会变得困难，甚至不可能。事实上，我发现在大部分情况下，卵蜂虻在沉睡的幼虫身上安家；有时但是很少，是在蛹上安家。我从未在正吃着蜜的幼虫身上发现过它，也从没在整个秋冬都困在居所里、近乎成虫的虫子身上发现过它。我还要说明的是，其他耗干牺牲者却不使其受伤的进食者，都是在牺牲者沉睡不醒时进行死亡工作的，因为此时牺牲者的肌肉已变成流体。它们将病人掏空，使之成为一个生命分散的流脂皮囊；但据我所知，没有一只达到了卵蜂虻幼虫杀戮时的完美技术。

在从蜂房出来的艺术上，也没有谁能与卵蜂虻相比。它们化为蛹后，便有了挖掘和拆毁的工具。结实的大颚可以挖土，打碎土墙，甚至将石蜂坚硬的水泥化为粉末。卵蜂虻最终的形状是那么与众不同：它的嘴是一个软而短的喇叭，很适合舔花蜜；纤细的腿是如此虚弱，甚至无法移动沙粒，那会使它关节弯曲变形；硬邦邦的大翅膀，不能收缩起来，无法通过狭窄的通道；精细的长毛绒外衣，只要吹口气就纷纷掉落，自然受不了经过通道时的猛烈摩擦。它本身无法进入石蜂的蜂房并在里面产卵，当重见天日披上婚纱的时辰到来时，它也无法从蜂房里出来。幼虫没有能力为未来建造逃生之路。这个小小的奶油圆柱体，所有的工具就是一个长着小角和细微小点的吸盘，它比成虫还要弱小，成虫至少还可以飞呀走的。石蜂的居所对于它来说，就如同花岗岩的洞穴，它怎么出来？如果没有其他东西介入，这两种形态的束手无策，都会使问题变得难解。

蛹是介于幼虫和成虫之间的状态，一般是生长机制里最弱的，类似襁褓里的木乃伊，一动不动地等待着再生。它柔软的肌肉呈黏

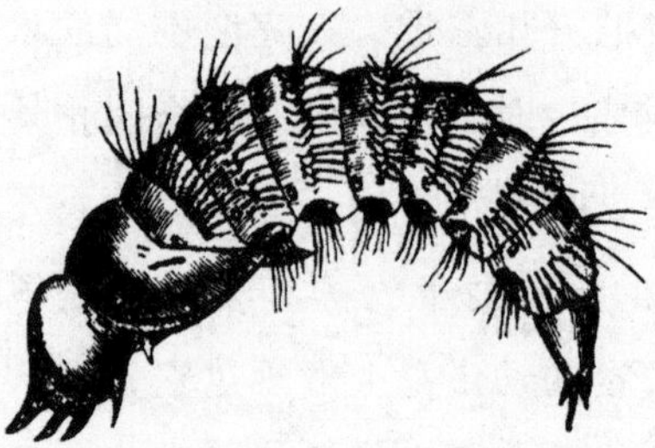

三面卵蜂虻的蛹

稠状，足像水晶一样透明，固定在各自的位置上，在体侧摊开，让人担心稍许一动，就会使正在完成的精细工作前功尽弃。为了使受伤的病人在外科医生的绷带下恢复，需要绝对的静止，否则它们就会残疾甚至死去。

然而，通过一种我们生命概念之外的生命活力，卵蜂虻的蛹正在完成一种巨大的工程。它要辛苦、费力、疲于奔命地打通城墙，打开出口。沉重的工作压在胚胎的身上，新生的皮肉也得不到怜悯；而成虫却可以晒太阳休息。角色倒置的结果，使得蛹的身上有掘井工人的工具。这种奇怪复杂的工具，在幼虫身上看不出痕迹，在成虫身上也找不到残留。一套工具包括了犁铧、钻头、钩、叉，以及其他在我们工业里没有的工具，连名称在我们的字典里也查不到。我只有竭尽所能地来描述这个奇特的钻探机体。

至多用15天，卵蜂虻幼虫便吃完了石蜂的幼虫。这时石蜂幼虫只剩下一张皮，蜷缩成白色的粒状。7月还没有完，就很难在乳娘身上找到乳儿了。从此时起到第二年的5月，什么新的事都不会发生。卵蜂虻维持着幼虫的形态，没有任何改变，一动不动地在石蜂的蜂房里，待在粒状的尸首边休息。当5月的好日子到来之际，虫子起皱，蜕皮，蛹出现了，整个身体穿上了一层红色的角质皮。

圆圆大大的头，通过间膜与胸部分开，呈冠状向前凸起，顶部六个硬尖的黑点形成一个凹面向下的半圆周形。尖凸从弓形的顶到底逐渐变短，那模样让人想到纪念章上罗马帝国末期皇帝的辐射状皇冠。这个六点形犁铧是挖掘的主要工具。工具下端的中线上，还有两个紧贴在一起的小黑点，便组成了完整的工具。

胸部光滑，宽阔的翅膀在身体下折成带状，直到腹部中部。腹部有9个体节，从第二节开始的四节，背面中央都有一条拱形角质的细带子，是一种深黄褐色钩子，一个个平行排列，凸起部分嵌在皮肤里，末端伸出硬而黑的刺。通过中间的一道沟，整条带子形成一个双排脊柱块。我数了，一个体节有25个双齿钩，在4个体节里就共计有200个尖凸。

这种锉刀的用处是明显的，它使蛹在工作时能够在通道壁上找到支撑点。有许多点可供支撑，苦难的囚徒便可以更为有力地用冠状钻子撞击障碍物。此外，为了使钻头不易折回，长长硬硬指向后面的毛在齿带里很稀少。而在其他体节里，无论在腹面还是在背面，毛都较多。在侧面，毛更为浓密，就像发丝一样。

第六节有同样的带子，但是小一些，仅仅有一排柱齿，还非常稀疏。第七节上就更加稀少，到了第八节，就只剩下几个褐色的小凸起。从第六节起，体节的长度变短，腹部成为一个锥体，锥体的顶点在第九节，是另一种类型的工具。这是一个长了八个褐色尖凸的束棒，后两个尖凸比别的要长，脱颖而出，成为尾部的一对犁铧。

胸部每侧都有一个圆形的气孔伸向前方；腹部的前七节侧面也各有一个同样的气孔。休息时，蛹弯成弓形；行动时，它便突然伸直，体长15～20毫米，宽4～5毫米。

这便是虚弱的卵蜂虻穿过石蜂的水泥墙时奇特的钻探工具，其结构的精细难以用语言表达，我只能粗略地描述：身体前部，有一个冠状凸起，是叩击和挖掘的工具；后部，一个复杂的犁铧可以在一个地点固定住，让蛹的身体能够在即将被毁灭的障碍物受撞击时突然松弛；背面，四条带子或者说四个锉刀，用上百个钩钩住通道壁，保证虫子挖掘时能维持在原处。整个身体上都长着长长黑黑的毛，指向后方，防止跌倒和后退。

别的卵蜂虻也有同样的结构，只是在小处略有不同。我只举一个例子，讲讲以三叉壁蜂维生的变形卵蜂虻。变形卵蜂虻的蛹与石蜂巢里的卵蜂虻蛹不同，它的盔甲没有那么结实。它的四条带子上各有15～17对钩子，而不是25对；此外，腹部的体节从第六个开始，就只有硬硬的毛，没有角质脊柱的痕迹。如果我对卵蜂虻家庭的生活史了解得更清楚，我想，昆虫学会从钩子数目的不同中获得启迪。我发现，同种之间数目是固定的，不同种之间数目差异很明显。但这不是我的研究范围，我只指出研究的课题，请分类学家关注，我自己不敢多加留意。

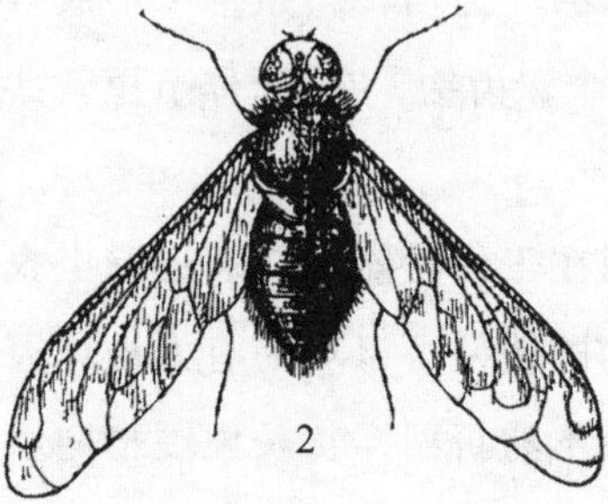

变形卵蜂虻

5月底，直到现在还是淡褐色的蛹，颜色开始变深，预示着又一次变态。头、胸和翅膀上的斜带变成了光亮的黑色；背上有两排凸起的那四个节出现了一条深色带子；接下去的两个节上出现了三个斑点，背部的甲胄开始变成褐色。在羽化的时候，昆虫的衣服就是这样变黑的。对于蛹来说，这是在出口通道工作的时候了。

我曾想看它工作时的模样，在自然状态下当然是不行的，但在玻璃瓶里却可以做到。我把它放在两块用高粱粒做成的厚壁之间，狭小的空间与它的住宅差不多大小，前后壁虽然不如石蜂的蜂房那样坚硬，但也是难以移动的。只是壁边过于光滑，锉刀带不能支撑，这虽是不利的因素，但并不妨事，一天时间内，蛹便穿透了两厘米厚的前壁。我看见它把双排犁铧固定在后壁上，自己弯成弓形，然后突然松弛开来，用前额撞击前面的塞子。在尖凸的撞击下，高粱粒渐渐碎开；但做起来很困难，需要一点一点地来。随后，卵蜂虻蛹改变方法，把钻孔的皇冠插进高粱粒里，然后以尾部为轴转动并浑身扭动。穿孔代替了十字镐，然后撞击重新开始，此间它会休息几次消除疲劳。最后洞总算打开了，蛹钻进去，但没有整个出来，头和胸在外面，肚子还留在通道里。

玻璃蜂房因为没有支撑点，的确困扰了我的虫子，它好像无法将所有的劲使出来。穿透高粱粒的洞很大而且不规则，是一个粗大的缺口而不是一条通道。卵蛹在石蜂巢的高墙上打通的通道，呈圆柱体，与蛹的身体的直径恰好吻合。因此我认为，在自然条件下，蛹不太用凿的方式，而倾向于摇钻。

解放通道的狭窄和规则对它来说是必须的，它就那样半出半进地待在那里，背上的锉刀还很牢靠地固定着，只有头和胸露在空气中，这是大解放前的最后谨慎。找个支撑点固定起来，对于卵蜂虻来说是必不可少的。这样才能使身体从角质外壳里出来，张开套子里的翅膀，拔出鞘里纤弱的脚。整个工作如此精细，如果不稳定就会乱套。

蛹因此以背上的锉刀固定在狭窄的出口通道上，这样才能保证羽化时稳定的平衡。一切准备就绪，现在就要开始伟大的行动了。一条横切的缝出现在前额，在冠状钻头上；第二条缝，不过是纵向的，将头分为两半，一直纵深到胸部。通过这道十字形开口，卵蜂虻突然出现，浑身湿淋淋的。它用颤抖的脚站定，抖干翅膀，努力地蜕下好久没有动过的蛹壳，将蛹壳留在住处的窗户上。蛹壳好长一段时间内都完好无损。此后五六个星期，可怕的卵蜂虻在百里香丛中的卵石上搜寻，加入花丛中的节日庆典。7月，我将重新发现它在蜂房的入口忙碌，它那时比先前出来时更加奇怪。

第九章 褶翅小蜂

7月，我把高墙石蜂的巢从卵石中取出来，进行研究，就像我刚刚在卵蜂虻的故事里所做的那样。石蜂的茧里有两类居民，一类吃，一类被吃。茧的数目很多，一个上午，可以收获好几打。我用力敲打石头，拆开穹屋，再把茧包进旧报纸里，装入箱子，尽快回家；再过一会儿，空气就会像俄摩拉城[①]的天空一样燃烧起来。

在家中的阴凉处进行研究最为理想。我刚刚知道，如果被吃的始终是可怜的石蜂，食客倒有两类。其中一种，只要看它那圆柱体的外形、奶白色的颜色、小而圆的头部，就知道是卵蜂虻的幼虫；另一种，从整体结构和形态看，应该是某种膜翅目昆虫的幼虫。石蜂的二号歼灭者实际上是一种褶翅小蜂。它是一种漂亮的虫子，黑黄相间的条纹，腹部凹陷但末端浑圆，像滑轮凹槽一样的背沟里有一把长长的剑，似马鬃般纤细。刺客拔剑出鞘，穿透砂浆，直接刺进它要放置卵的蜂房。在探讨它的产卵方式之前，我首先看看幼虫在被侵犯的居所里如何生活。

这只虫子全身没有毛，无足，无眼，没有经验的人会很容易将它与另几种采蜜的膜翅目昆虫的幼虫混淆。它最明显的特征就是一身哈喇味黄油的颜色，一层光亮的皮肤就像抹了油，每个体节因鼓出的肉球而线

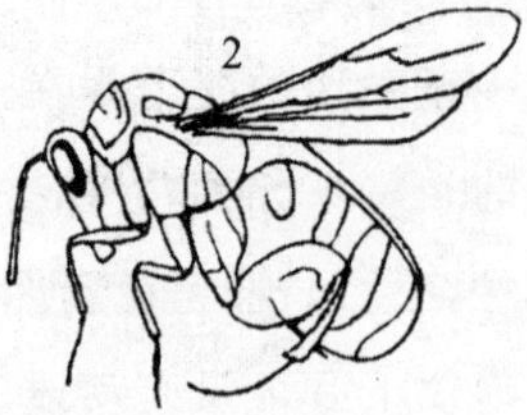

褶翅小蜂

① 俄摩拉城：传说中死海南端的五座古城之一，《圣经》中记载，俄摩拉和索多玛两座城的居民因为罪大恶极，一起被神毁灭。——校注

条鲜明，从侧面看，背部呈波浪状起伏。休息时，幼虫弓起身子，收缩起来。包括头部，它分成13节。头与身体其他部位相比，实在太小，在放大镜下也看不到任何口腔里的结构，至多只能看到一道红棕色的条纹，这还是借助显微镜才看到的。两只纤细的大颚，很短很尖；一个小小的圆形开口，左右各有一个小探针——这就是显微镜下看到的全部。相反，无需什么镜片，我都可以看清吃蜜的壁蜂、石蜂、切叶蜂或者是吃肉的土蜂、砂泥蜂、泥蜂的幼虫的口腔结构，尤其是大颚。它们个个都有着强健的钳子，适合抓牢、碾碎和切开食物。褶翅小蜂的幼虫那看不见的工具能干什么呢？只有它的进食方式能告诉我们答案。

就像它的榜样卵蜂虻幼虫一样，褶翅小蜂幼虫不吃石蜂的幼虫，不把它切碎成一块一块；它不切开它，也不将针插进去。为了保持食物的新鲜，它也是采用不到用餐完毕就不杀死对方的艺术。嘴勤劳地贴在牺牲者的皮肤上，杀手逐渐长大，乳娘却干瘪枯瘦，但始终保持着生命力来抵抗腐烂。死者身上只剩下一张皮，泡在水中会变软，吹气之后，又成了不漏气的皮球，这是它生命延续的证明；但没开口的皮囊还是失去了它所装的东西。这和卵蜂虻让我们看过的东西相似，区别在于褶翅小蜂幼虫显得对精妙的耗干术不很精通。卵蜂虻幼虫取食后留下的是白白净净的小粒，而长针幼虫留下的，却常常是食物变质后呈褐色的皮。看上去，最后的进食变得粗暴了，也无视肉体的死亡。因此，我可以肯定，褶翅小蜂幼虫不会像卵蜂虻幼虫那样，迅速地从食物中起身再重新进食。我用画笔尖骚扰它，让它松口；只要离开了食物，它就要犹豫好一会才会重新将嘴贴上去。它的附着不是像吸盘的亲吻那么简单，而是用钩子钩上去。

这一点我想应该用那对微型大颚来做解释。这两个小尖刺什么也咀嚼不了，但它们完全可以穿透皮肤，就像最细的针也能做到的那样。通过针孔，褶翅小蜂幼虫吮吸猎物的汁液。这些工具可以穿透油皮袋，油皮袋内部丝毫无损，但通过各处的小孔，慢慢地被掏空。卵蜂虻幼虫的吸盘现在被换成尖尖的探针，一个小得除了表皮什么都不可能伤害的东西。进攻的工具虽然更换了，但保持食物新鲜的谨慎进食依然得以实现。

有必要在讲过卵蜂虻的故事后，再讲述进食时猎物的组织自始至终一样坚实是不可能的吗？当石蜂幼虫一半成为液体，沉浸在蜕变的麻木中时，它被褶翅小蜂的幼虫掏空了。7月下旬和8月上旬，是观察这种进食的最佳时节，我一直观察了12～14天。此后，在石蜂蜂房里只能看到浑圆的褶翅小蜂幼虫，旁边是一张瘦瘦的脏脏的肉皮，那是乳娘留下的遗体。直到第二年的夏季，至少到6月末，情况都是这样。

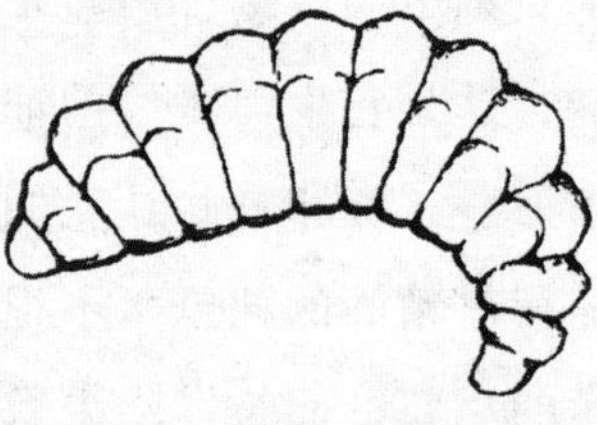
褶翅小蜂的二次蛹

蛹出现了，它没有什么不平常的东西要告诉我们；最后是成虫，它的羽化一直要到8月。与卵蜂虻奇特的方法完全不同，从石蜂的城堡里出来时，褶翅小蜂有强健的大颚，自己可以打碎蜂房的天花板，而无须费多大气力。它自由的时候，在5月工作的石蜂已消失了很久。卵石上所有的蜂巢都紧紧关闭，储粮被吃光了，幼虫睡在琥珀色的茧里。因为老巢只要不是太破，石蜂就一直用下去，褶翅小蜂出来的穹屋虽然已经有一年多的历史，但内部的其他居所被蜜蜂的子孙继续占据着。对它们这种蜂来说，不必远寻，就可以得到丰富的收获。只要把这些蜂房改造一下，就有了自己的家。此外，如果它乐于去远处勘探，漫山遍野的砂浆穹屋正等待着它。闲话少说，穿透高墙的产卵就要开始了。在参观这项奇特工作之前，我想先看看完成这项工作的探针。

在腹节的背面有一道凹沟，直达胸节；沟在又宽又圆的末端裂开一道窄缝，仿佛要把这块地方分成两段，看上去就像一个很细的滑轮轨道。休息时，产卵针或者说产卵管就藏在沟槽里，精细的机器就这样绕了腹节一整圈。在身体背面的中线上，有一道栗色的长鳞片，呈流线型，基部固定在腹部第一节，两侧伸入紧贴在体侧上的膜翅。它的功能是保护下层的软壁区，探针头就长在这里。这是一个螺厣，一层护甲，在不工作的时候保护细嫩的身体，但是要抽出工具使用时，它就由后往前摆动，然后再恢复原样。

我用剪刀挑开这层鳞甲，露出整个器官，然后用针尖取走产卵管。贴着背的部分毫无困难地被取了出来，但是夹在腹部末端滑轮轨道里的就有一种抗力，使我感到一种起初未曾想到的复杂。工具实际上由三块组成，一个中心，是产卵的丝状体，两个侧面则构成鞘。两侧相对坚实，凹陷成半管道状，连接起来就形成了一个完全的管道，丝状体就关在里面。这个双瓣鞘在背面不必粘在一起，但是，在腹面就不能分离，双瓣在腹壁上接合起来。于是，两个接近的保护层之间，有一个保护着丝状体的沟槽。至于丝状体，在鳞甲的保护下，可以轻易地从鞘里面拔出，直到基部都能自由地活动。

在放大镜下看，这是一根角质的圆硬丝，粗细介于头发与马鬃之间；两端有些粗糙，尖尖地削成长长的斜棱。要认清它真正的结构，得用显微镜。它完全不像起初看上去那么简单，后半部削成斜棱，由一系列截锥构成，一个个套在一起，最底部有些凸出。这样的结构类似一种齿很钝的刀。丝在显微镜下面，显现出四个长度不同的构件。较长的两块以有齿的斜棱结束。它们合成很窄的一道沟，与另两个较短的构件相连。两个短构件都以尖凸结束，但没有长齿，与最末端的锉刀相比，略向内退缩，两个构件合成一个半管道，套进另两个构件形成的半管道，形成一个完全的管道。此外，两个短构件会在沟里纵向移动，而且相互之间也会滑动，始终只呈纵向移动，从显微镜下看，它们的末端尖凸很少会在同一水平面上。

如果用剪刀截去放大镜下观察的活虫的产卵管，可以看到内部的半条沟伸长，凸出于外部的半条沟之外，反复伸缩的同时，从伤口渗出含蛋白质的液滴，这可能是来自后面将要提到的赋予卵特殊附器的液体。通过内沟在外沟里的竖直运动，以及内沟相互间的滑动，卵可以一路顺利地被送到产卵管的尽头，尽管没有肌肉收缩，因为在角质管道里这是不可能的。

只要在背面压腹节，第一个腹节就会脱落，仿佛这一点先前已被切开一半。在第一、二两个腹节之间，有一个大的缝隙，一个裂孔，在一道薄膜下，产卵管的根部高高地鼓起来。丝状体穿过昆虫身体，在身体下方露出来。它的出口是在腹部前段，而不是在末端。这种奇怪的位置是要减短产卵管的力臂，使它更接近支撑点，也就是腿，丝状体的源头；并通过这种方法，使困难的产卵变得方便，尽可能地节省体力。简而言之，褶翅小蜂休息时，产卵管绕了腹部一圈。从腹面的腹部前段出发，它从前到后地绕着腹节转，然后由后到前绕到背面，差不多与起点位于同一水平线上，长度共计14毫米，因此，也决定了探针在石蜂巢里的探测深度之内。

在结束对褶翅小蜂产卵器的描述前，我还要再说一句。我去掉褶翅小蜂的头、腿和翅膀，在垂死者身上穿入一根大头针，产卵管所在的缝壁上会有强烈的震动，仿佛肚子就要裂开，从中线分成两半，然后两半又重新黏合。线本身也这样痉挛般地颤动；它从鞘中拔出，然后收进去再拔出来，仿佛产卵机在完成使命之前不愿死去。产卵是虫子神圣的使命，只要一息尚存，它就要挣扎着产卵。

褶翅小蜂同样热情地钻探卵石石蜂和棚檐石蜂的巢。为了方便地观察产卵过程，观看产卵者如何重复它的艺术，我选择了棚檐石蜂。我将石蜂巢从附近的屋顶上取下，由于我的细心照料，数年来，一直吊在我家的门廊下。这些黏土筑成的蜂巢固定在瓦上，使我每个季节都能得到新的资料，这篇褶翅小蜂的故事也是得益于它们。

为了与我家发生的一切做比较，我观察了附近卵石上的场景。在毒辣的阳光下，我的热情并没有得到很好的回报。几个小时躺在地上，我近距离注视着昆虫的每个动作，而我的狗，在这么高的温度下已然疲倦，它中止了游戏，垂着尾巴露出舌头，回到家里躺在门厅清凉的石板上。啊，它是多么不屑于在石头前观察啊！我回家时几乎被烤了个半熟，皮肤像蟋蟀一样呈褐色。我看到我的那位同志，身体一起一伏，背靠在墙角，四条腿平伸着，喷出它这个过热的大锅炉的蒸汽。啊！布尔是该尽快回到阴凉的家。为什么人要知道那么多？为什么他没有动物高尚的哲学，而要过问那么多？我们为什么要对不能填饱肚子的东西感兴趣？学习有什么用？在实用的东西已经足够的时候，为什么还要去求真？我们是某种人所说的第三纪猩猩的后代，为什么却需要求知，而我的同伴布尔却越过了这个阶段呢？为什么……啊，这一切！但是！……我说到哪儿了？我得收回思想的缰绳了，脑袋被太阳晒昏了吗？快点言归正传吧！

7月的第一个星期，我发现了棚檐石蜂的巢有产卵现象出现。因为炎热，下午的三个小时，工作进展渐趋缓慢，整整一个月都是如此。我看到两片蜂群最密集的瓦上，有12只褶翅小蜂。虫子钻探着蜂巢，缓慢而笨拙。它用鞭节弯成直角的触角，触叩蜂巢的表面；然后，头微倾，一动不动，仿佛在思考并估量地方适合与否。它觊觎的幼虫住在这里还是别处？外部绝对没有任何迹象能提示它。这一层满布石子，凹凸不平，但外观都一样。蜂房就掩蔽在这层粗涂的灰泥层下，蜂群在筑巢的最后阶段总要做这个工作。如果我根据长期的经验来断定合适的地点，我会用放大镜一点一点地探测砂浆，叩击外表，以了解它的反应。不过，我还是放弃了这一举动，我相信大部分情况下都会失败，成功只会是偶然。

在我的判断和光学仪器都无能为力之处，褶翅小蜂却不会搞错，它通过触角的指引，进行选择。它现在抽出了长长的工具，探针一般从两条中足间开始运作。第一、二两节腹节的背面，出现了大的移位，在这种裂缝，探针根部出现肿泡，而针尖努力地朝凝灰岩里插入。肿泡内的抖动表明钻探者正在用力，因为用力过猛，每时每刻都让人担心那个肿泡会断裂。但它还是好好的，丝状体继续进入。

为了使探针深入，褶翅小蜂将腿吊得高高的，身体保持不动，辛劳的工作中它只会轻微晃动几下。我曾看见钻探者一刻钟便完成了工作。这是干得最迅捷的，它碰上的是最薄最没有抗力的那一层。我看见有的昆虫工人一次工作要花三个小时，对于观察者来说，这是漫长而需要耐心的三个小时，对于渴望能给它的卵找到食物和居室的昆虫来说，则是漫长而需要一动不动的三个小时。这岂不是比把一根头发插进石头里还要困难？对我们来说，即使手指很灵巧，也是不可能的；对于昆虫来说，虽然仅用肚子推动，却只较为费力罢了。

虽然穿透的地方坚硬，昆虫仍然百折不挠，确信能够成功；它也的确成功了，我还不能解释它是如何得以成功的。探针深入的物质并非多孔结构，它就像水泥墙一样坚硬、密实。我再怎样注意产卵针的运作也是白费心思，我看不到裂缝，或者可以使进入变得容易的洞。矿工是先用钻头打碎岩石再往前进，这种钻孔的方式在此处并不可行，探针的极端精细使之不能付诸实现。在我看来，这个脆弱的茎秆要有一条现成的路，一道可以使之进入的裂缝；但是这道裂缝，我永远无法看见。在产卵管的针尖下，有可能用一种溶解液使砂浆软化吗？不，因为我在针管进入点的周围，没有发现任何潮湿的痕迹。由于不能继续研究下去，我又想到裂缝，尽管我的观察不能在石蜂的巢上发现它，但在其他情况下，则很顺利。斑腹蜂将它的卵产在冠冕黄斑蜂幼虫旁，后者有时在芦竹里建巢。好几次，我都看见它将产卵管穿过一条管的断裂处植入。围墙不一样，一个是木质的，一个是砂浆，也许这一部分要归入未知的领域了。

在我家门廊墙壁上的瓦前，我勤勉工作了大半个7月，可以对产卵进行统计。随着昆虫活动的结束，探针拔出，我用铅笔画出工具拔出的地点，在旁边写上日期。这些资料应该在褶翅小蜂工作收尾时有用。

钻探工消失了，我便开始研究蜂巢。由于我用铅笔画过，巢变得黑黝黝的。第一个结果，我也料想到了，它使我耐心的等待得到了宽慰的回报。在每一个画黑的记号下面，在每一个我看见产卵管拔出的点下面，总是有一个蜂房，毫无例外。然而，蜂房是相互依墙而建，两个蜂房会有实心的间隔。此外，居所的分布很不规则，因为蜂群里每只蜂儿都是随意地工作，在居所间留下许多大小不一的空隙，最后还将整个巢涂上一层砂浆。这样的布局会造成中空的地方和实心的地方差不多一样大小，在外面根本看不出里面是实心的还是中空的。我绝对不可能判断，笔直挖下去，我究竟会遇上蜂房，还是会碰到墙壁。

但虫子不会弄错，我每次用铅笔做的记号便可以为证，它始终将探针插入蜂房里。它如何知晓下面是中空的还是实心的呢？它的信息器官毫无疑问是触角，由它们来叩触蜂巢。触角像两个极端精细的小棒子，轻叩蜂巢表面来探测里面的情况。它们感觉到了什么，这些神秘的器官？气味？不会；我过去始终怀疑，今天更是确信不疑，理由待会我将会提到。它们听到了声音吗？它们是高级的传声器，能辨别实体与中空的回声吗？这个想法吸引了我，如果拱顶的声响不同，触角是可以有不同的感觉的。我们不知道或许注定永远不知道触角究竟有什么功能，我们天生就没有类似的器官。虽然我们无法说清它感觉到了什么，但至少可以知道什么是它感觉不到的，而且不是通过嗅觉来辨别。

确实，我不无惊讶地注意到，大部分被褶翅小蜂探针造访过的蜂房，都没有它要找的关在茧里的石蜂幼虫。那些蜂房通常是在石蜂的老巢内，里面包括各式各样的垃圾：没有用过的蜜；死去的卵；坏掉的食物中，有的发霉，有的变成柏油质的残渣；死去的幼虫，成了僵硬的褐色圆柱体；干瘪的成虫，无力解放自己；从最后涂上的粗涂灰泥层上掉下的粉状残渣。这些残留物各有不同的特性，散发出各种不同的气味。具有稍微灵敏一点的嗅觉，就不会把酸、霉、变质、柏油质的残渣味相混淆；每个房间因其内容不同，都有一种特殊的味道，虽然我们不一定能有所感觉，但这种味道显然与褶翅小蜂要找的新鲜幼虫的气味截然不同。如果它无法辨别，就会把探针伸进所有的蜂房。气味在昆虫的搜寻中不起指示作用，这不就是明证？在研究毛刺砂泥蜂时，我就否定了触角有嗅觉的功能。今天褶翅小蜂用触角不停地勘探，但错误百出，更加坚定了我的否定的基石。

我想，砂浆岩蜂巢的钻探者，刚刚将我们从一种过时的生理学成见中解放了出来。仅仅这个结论就值得赞赏，但其可利用之处远未穷尽。我还是从另一个视角切入吧，所有的重要性都要到最后才会显露出来；我要陈述一个事实，这个事实在我仔细观察石蜂蜂巢时，是怎么也没料想到的。

同一个蜂巢在几天之内可以被褶翅小蜂钻探好几次，我涂黑了产卵针进入的那一点，又在旁边写上了日期。在许多被访问过的点中，我得到了确实可靠的资料。我看到虫子一天之内或者一段时间之后，两次、三次甚至四次重回老地方，将产卵管植入，仿佛此前没有发生过任何事一样。这是同一只小蜂重复造访曾经访问过但已经忘记的蜂房，还是不同的小蜂一只接一只地在一个被认为没人来过的蜂房产卵？我不知道，因为我忘了给蜂儿做记号，害怕惊扰它们。

除了我用铅笔做的与昆虫本身无关的记号之外，没有任何东西能指明产卵管在何处工作过。很可能发生过这样的事：同一只小蜂又回到已被它钻探过的地点，但它已记不得了，便在自以为是第一次来的蜂房上重新插入探针。几个星期一点一点儿地钻探，虫子还能认出巢的模样。即使它对地点有极强的记忆，我们也无法接受，对面积几平方米的蜂巢，尽管几个星期里一点点地钻探过，但它还能记得蜂巢的模样。即使它有记忆，这时也不管用了，外观不能给予它信息，它的产卵管随意地进入可能已经钻探过好几次的地方。

还有可能发生这样的事，这在我看来很平常：一个蜂房第二个钻探者紧随第一个而来，甚至还会有第三个、第四个。每一个都怀着第一占有者的热情，因为先行者没有留下任何经过的痕迹。同一个蜂房以各式各样的方法被许多卵占据，尽管它储备的石蜂幼虫只能供一只褶翅小蜂幼虫食用。

重复的钻探非常常见，我的瓦片上有二十来例，有些蜂房在我眼前就被造访过四次。如果我不注意，数字必然还会超出，但无法确定它的极限。现在有一个问题出现了，后果很严重：每次探针深入蜂房时，都产卵了吗？我没有看到任何否定的可能。因为角质的缘故，产卵管的感觉应该很迟钝。在我看来，小蜂只通过长长的产卵管末的硬毛得知蜂房里有什么，不是太可靠的。里面空荡荡的就会缺少弹力，或许这便是这个感觉不灵敏的器官唯一能提供的信息。钻探岩石的探针无法告诉矿工洞里面有什么，这便是褶翅小蜂的硬毛所带来的结果。

被叩触的蜂房里有发霉的蜜、残渣、干枯的幼虫，还是正合它心意的幼虫？是否里面已经有了卵？至少，关于最后一点，答案是不会错的。通过一根毛的媒介，虫子不可能知道这一精细的区别：有还是没有卵，在那么大的围墙里都是沧海一粟。就算承认产卵管末梢有触觉，在陌生的大房间里发现一颗微粒的确切地点，困难还是难以逾越。我毫不犹豫地认为，产卵管不能使虫子知道蜂房里有什么，是否适合卵生存，或者说只能让它知道个大概。每一次钻探，只要遇上空的地方，它就可能产下它的卵。卵有时会遇上干净的食物，有时会遇上无用的残渣。

产卵中出现的失误，需要比产卵管的角质特性更有力的证据来证明；重要的是要确认，在产卵管伸进几次的蜂房里，除了石蜂幼虫之外，是否真的有好几个占据者。褶翅小蜂完成钻探之后，我又等了几天，给幼虫一些时间长大，这样我的观察就会容易些。最后我把瓦片放到我的小桌上，仔细地研究这些秘密。但是，等着我的是令人心碎的失望。我亲眼看见被两次、三次甚至四次穿透的蜂房，只有一只褶翅小蜂的幼虫，只有一只在吃石蜂的幼虫。其余那些同样也被探测了好几次的蜂房里，只有一些变质的残渣，没有一只褶翅小蜂。啊！请赐予我耐心吧，让我有勇气从头开始，除去迷雾！

我又从头开始。褶翅小蜂的幼虫，我已经很熟悉，我能认出它来，不可能出错；不论在卵石石蜂还是棚檐石蜂的巢里。整个农闲季节，我都加快着步伐；我从瓦上和石头上取下那两种石蜂的建筑，将它们塞进口袋，装满箱子，还堆进法维埃的背包；我的收获物足够将我所有的书桌堆满。当天气太冷，北风呼啸时，我撕开茧精细的外壳，了解里面的居民。大部分蜂房里都是石蜂的成虫，其余有些是卵蜂虻的幼虫，还有为数众多的褶翅小蜂幼虫，但褶翅小蜂永远都是单独出现，不会有例外。当人们像我一样，知道一个蜂房常常会被钻探数次时，就会对此难以理解。

气候宜人的季节[①]到来时，我再次目击褶翅小蜂重复地在同样的蜂房里钻探，我再度发现，在被钻探过几次的蜂房里只有一只幼虫，令我更添困惑。我是否应该被迫接受，事实上，产卵管知道蜂房里是否已经有了卵，如果有了就不再产卵？我是否要承认，这个粗硬的毛上有一种特殊的触角，或者说，有一种神力使它碰都不用碰就知道里面有没有卵？但这些都是无稽之谈。我确实疏忽了什么，问题的所有模糊不清之处，都是因为我信息掌握得不全。耐心啊，观察者所必备的高贵品质，再给予我帮助吧，我要再一次从头开始。

直到现在，我的研究都是在产卵之后，这时幼虫已生长一段时间了。谁知道，起初的时候，会发生什么事情？我只有询问卵本身，才

① 指春末、夏季和初秋。——校注

能掌握幼虫拒绝给予我的秘密。于是我在7月初重做研究，此时褶翅小蜂正忙着造访那两种石蜂的巢。卵石为我提供了大量高墙石蜂的建筑，在散布在乡村的羊圈顶棚下，我用剪刀剪开棚檐石蜂的建筑。我不会把蜂巢整个破坏，它们在我的实验中已经饱受磨难；它们告诉了我很多，它们可以再教会我更多。几乎处处可见的蜂群的异族，成为我的猎物。当天，我就带着只有在实验室才会有的谨慎和细心，一只手拿着放大镜，另一只拿着镊子，观察我的收获物。起初结果不尽如人意，我只看到了我已经见过的东西。又远行了几天之后，我看到砂浆土块产生了变化；慢慢地，幸运之神向我微笑了。

道理总归是有道理的，探测一下是不会看出蜂房里有没有卵的。这里有一个棚檐石蜂的茧，里面有一个与石蜂幼虫在一起的卵。但它是一种多么奇怪的卵啊！我从来没有见过这样的东西！这是褶翅小蜂的卵吗？我吃惊不小。两个星期之后，它才变成我熟悉的那种幼虫。这些只有一个卵的茧和我预想的一样多，甚至超出了我的预想，我那些小小的玻璃容器都不够装了。

此外，还有一些更为珍贵的多卵茧，我发现了很多双卵的，还有三卵、四卵的，最多的达到了五个。在濒临绝望之际突然成功，我喜不自禁；然而还有更高兴的呢，有一个卵在一个瘪瘪的茧里，里面只有腐烂干枯的幼虫。我的猜疑都对了：腐烂物堆旁也有卵。

这是高墙石蜂的巢，建筑较规则，观察起来也较方便，只要将它们与支撑的卵石分开就一览无余，因此提供给了我许多信息。棚檐石蜂的巢则要动用锤子，才能访问那些无序堆积的蜂房。这些不适合做精细研究的蜂房，在锤子的撞击下已经受到了损坏。现在情况清楚了，褶翅小蜂的卵面临着很特殊的危险。它很可能把卵放进一些干瘪而且没有可用食物的蜂房里；可能将好几个卵放进同一个蜂房里，尽管房里只有一只卵的口粮。不管是一只蜂钻探同一个地点好几次，还是不同的蜂不知道前面的蜂钻探过就产卵，这种多卵现象很常见，几乎和正常产卵一样多。我遇见最多的是五只卵，但无法看出数目会有什么极限。当探测者数目众多时，谁能说，这种聚会能到哪一步？我会在另一章里讲述，尽管宾客众多，但一只卵的口粮是限定的。最后我描述一下卵的模样。

卵是白色的，不透明，像长长的椭圆形，一端呈颈形或者丝状，有点粗糙不平，一般弯得很厉害。卵的整个模样像很长的蛇颈南瓜。将柄包括在内，卵的长度大约有3毫米。知道虫子的进食方式之后，我就不必再说卵不在乳娘的内部了。然而，在认识褶翅小蜂的习性之前，我会认为带长探针的膜翅目昆虫，都将卵产于牺牲者的体侧，就像姬蜂那样。我指出这个错误，是要让会同样犯错的人知道。

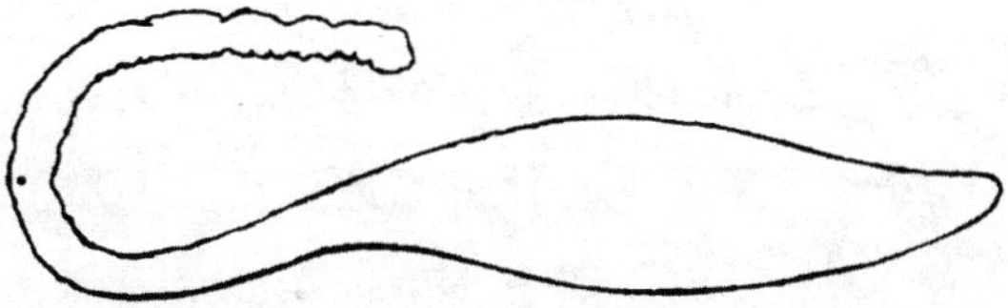

褶翅小蜂的卵

褶翅小蜂的卵没有产在石蜂幼虫身上，而是通过弯曲的柄悬在茧的丝壁上。如果我撞开蜂巢时足够小心，不扰乱布局，我取出茧将它打开，就会看到褶翅小蜂的卵在丝帐顶上摇晃。但是这很难做到，因此常常在撞击使蜂巢从卵石上分离时，我发现卵都不在悬挂点，而是躺在幼虫身旁，但没有与幼虫贴在一起。褶翅小蜂的钻探没有超出茧；卵通过钩形的柄，就停留在丝质物的顶端。

第十章 另一种钻探者

这个家伙叫什么？我连在文章的标题里都不敢提它的名字。它叫赤铜短尾小蜂[①]。试着瞧一瞧，再读出来：赤—铜—短—尾—小—蜂。你的嘴巴会撑得满满的，还以为它是某种绝迹了的史前动物呢！读这个词的时候，人们想到的是古生代的巨兽，像乳齿象、猛犸象、大懒兽什么的。实际上，我们被专业术语骗了，这只不过是种不起眼的昆虫，比一般的家蚊还小。

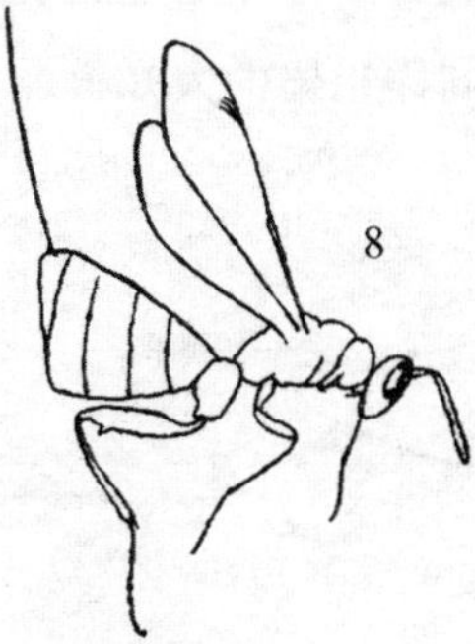

赤铜短尾小蜂

有些人就是这样，喜欢在科学领域使用响亮的字眼，就算只是指一种小飞虫，也要把你吓倒。给动物命名的受人崇敬的学者们，你们的命名尽管音节繁缛、艰涩生僻，我还是心甘情愿地引用，不敢妄为；但它们脱离小圈子，呈现在公众面前，对听起来不舒服的词，公众永远不会表现出敬意。我希望像平常人那样说话，使所有人都听得懂，并且相信，科学并不是必须有独眼巨人[②]的谜语，于是，我避开过于生僻的专业称谓，尤其是在它动辄就要写一大串的时候，我抛弃了赤铜短尾小蜂这个名字。

这种相当孱弱的虫子，近似于在秋末阳光下飞舞的小虫。它穿

---

① 赤铜短尾小蜂，法文为Monodontomerus cupreus，读起来晦涩拗口。——译注

② 独眼巨人：希腊神话中只有一只眼的巨人库克罗普斯，荷马将他描写成不知耕耘、不敬神灵的巨人。——校注

着赤铜色的外套，鼓着一对珊瑚红的眼睛。它佩带一把露在外面的宝剑，那实际上是它产卵管上的剑鞘。宝剑在腹部末梢斜立起来，而不像褶翅小蜂的那样横卧在背部的槽沟里。剑鞘里面是产卵管丝状体的后半部分，前半部在小家伙体内一直延伸到腹腔。简而言之，它的工具和褶翅小蜂是一样的，所不同的是工具的后半部分像剑一样竖起来。

这个屁股上佩剑的小剑客也喜欢骚扰石蜂，而且同样令人心生畏惧。它和褶翅小蜂同时讨伐石蜂的蜂巢。我看见它和褶翅小蜂一起，用触角一点一点地开拓地盘；我看见它和褶翅小蜂一起，勇敢地将短剑插入凝灰岩中。它比后者工作更投入，也许也更加不畏艰险。有人凑过来观察，它毫不留心；褶翅小蜂溜了，它依旧坚守岗位。它是如此自信，径直闯入我的实验室，在我的小桌上与我争夺我用来观察蜂群繁衍情况的蜂巢。它在我的放大镜下，在我的镊子尖旁活动。它有什么好害怕的？人们会拿它怎样，它这个小不点，这样的小不点？它自以为很安全，我用手把蜂巢拿起来，移走，放下，再拿起来，这个小虫子仍然无动于衷，在放大镜下继续着安居工程。

这些胆大者的一员，造访了高墙石蜂的蜂巢。蜂巢里的大部分蜂房，被一种叫暗蜂的寄生虫茧占据。出于好奇，我将蜂房剖开一半，里面的一切都一览无余。这个新发现令它很高兴，连续四天，我都看到小家伙从一个蜂房跑到另一个蜂房，选择合适的茧，完全按照技术规则，将它的产卵管深插进去。我因它而了解到，视觉虽然对于搜索来说是不可或缺的，但并不能决定探测时的举动是否适当。这个虫子勘探的不是石蜂蜂巢的石质外壳，而是茧的丝状表层。勘探者从未遇到过类似的情况，它的同类也不例外。正常情况下，任何茧都有一个保护层包在外面。但这并没什么妨碍，尽管外表大相径庭，小虫子也毫不迟疑。它有一种对我们而言，是不解之谜的特殊感官。这种感官告诉它，在隔层下面，有它要搜索的对象。味觉早已与此无关，现在视觉也被排除在外了。

钻探石蜂的寄生虫暗蜂的茧，一点也不令我惊讶，因为我知道这放肆的来访者，在为它的整个家族准备食物时，什么种类都无所谓。在大小、性质都差别极大的各类蜂房里，我都见到过它，比如条蜂、壁蜂、石蜂和黄斑蜂。在我桌上被勘探的暗蜂只是又一个牺牲品，仅此而已。我的兴趣并不在此，而是在于我能在最好的条件下观察虫子的活动。

触角陡然弯成直角，仿佛是两根断裂的小棍，只有顶端触探着茧。就是在这个处于末梢的器官里，存在那个能在远距离感受眼所不能见、鼻所不能闻、耳所不能听的感官。如果勘探点合适，虫子便将足高高吊起，给自己留下充足的活动空间。它把腹部末端稍稍拉向前，接着整个的产卵管，包括接种线和剑鞘，在以后面四条腿形成的四边形中部，直直地插进茧里，这样的位置非常有利于取得最佳的效果。有时，产卵管，而且总是整个产卵管，贴在茧上，用尖端搜寻，摸索，继而钻探丝倏地从剑鞘中拔出。剑鞘随之沿着身体的中轴向后收回，而钻探丝努力地向内穿入。过程是艰难的，我看到虫子试了二十来次，持续不懈，但还是穿透不了暗蜂那厚厚的外壳。如果钻探无法深入下去，钻探丝就会收回到剑鞘里，虫子则重新开始探测茧，用触角一点一点地进行叩探，就这样一次次地钻探，直到成功。

卵是纤小的纺锤体，像象牙那样白白亮亮，长约3.2毫米。它没有褶翅小蜂卵上那种长长弯弯的肉柄，也不像它们那样悬挂在茧的顶部，而是没有秩序地堆积在提供养料的幼虫周围。总之，就算在一个蜂房里，只有一位母亲，卵也总是数量众多。褶翅小蜂因为身材与膜翅目昆虫牺牲品相比还略大些，它在每个蜂房里找到的食物，便只够一个幼虫享用，因此，如果它在一处产了几个卵，那就是它弄错了，并非预先的打算；在食物只够供一只幼虫享用时，它会尽量避免产好几个卵。然而，它的竞争对手却不必如此地节制。一只石蜂幼虫，就可以养活小家伙的二十几个子孙。只够给大虫子的一只幼虫吃的食物，能让它们一起过着饱足的生活。这个从事钻探的小家伙因此建立的，始终是有粮同享的大家庭。粮食虽然对一两打小虫子来说都绰绰有余，但一家子一分，也就没有了。

我想清点一下一家子的数目，看看做母亲的是否估计过食物的数量，并根据食物丰盛程度有比例地产卵。在我的记录上，曾有一个面具条蜂的蜂房里有54只幼虫的例子。这是一个无可企及的数字，也许有两位母亲在这个过度繁荣的地方产了卵。在高墙石蜂的巢里，我一个个蜂房地看过来，幼虫的数目在4～26只之间不等；而在棚檐石蜂的蜂房里，是5～36只；在提供给我最翔实资料的三叉壁蜂蜂房里，数目是7～25只；在蓝壁蜂的蜂房里，5～6只；在暗蜂的蜂房里，4～12只。

面具条蜂

第一种和最后两种看上去能反映出，食物的丰盛程度和进食者的数目之间存在着比例。当母亲遇上面具条蜂胖嘟嘟的幼虫时，它会一下子产下50枚卵；而遇上暗蜂和蓝壁蜂，食物本身有限，它就只产下半打了事。能根据食物供给状况产卵，对它来说的确是了不起的事，更何况虫子是在非常艰难的条件下判断蜂房里有些什么的。因为有天花板挡着，蜂房里有些什么是看不到的，小家伙只能通过蜂巢的外部获取信息，而蜂巢可是一种蜂一个模样。因此，它可能具有特殊的辨别力，能根据居所的大小确定蜂巢的类别。我不愿做出这样的假定，倒不是直觉上感到不可能，而是三叉壁蜂和两种石蜂告诉我的。

在这三种蜂儿居所里，我看到了嗷嗷待哺的幼虫数目变化如此之大，让人必须放弃任何比例之说。母亲并不怎么操心家人的食物过多还是不足，它只管随心所欲地产卵，抑或根据产卵期卵巢内成熟卵子的多少决定产卵数目。如果食物超量，一家子就会发育得很好，个个壮实；如果食物匮乏，挨饿的幼虫也不会就因此而饿死，但会愈来愈瘦小。确实，我常常发现，无论是成虫还是幼虫，因为群居密度的不同，身体大小会有两倍的差距。

幼虫白白的，有点像梭子，很清楚地分成几节，身体表面竖着一层纤细的绒毛，不借助于放大镜则看不出。头像一个小小的圆扣，直径远远小于身体。在显微镜下，能看到它的上颚，两个红褐色的尖凸，颜色逐渐变淡，到基部完全无色。因为没有下颚，两个上颚什么也咀嚼不了，至多只能将小虫稍微固定在猎物身上。因为无法切碎食物，嘴只是一个简单的吸盘，通过皮肤的渗透将食物耗尽。此处我们回忆一下在卵蜂虻和褶翅小蜂那里学过的内容，进食牺牲者时，并不是一下子就杀死它，而是让它日渐衰亡。

这是一幅古怪的场景，即使我们已经见识过卵蜂虻的那一幕。二三十个饿殍，个个嘴巴像接吻那样贴在胖胖的猎物身体两侧，一天天使之憔悴衰竭，但是并不给它造成任何明显的损伤；因此直到缩成干枯的皮，猎物还保持着新鲜。如果我惊扰了进食的小家伙们，它们就会猛然间全都停下嘴来，绕着乳娘没头没脑地乱跑。之后，它们又同样敏捷地重新开始野蛮的接吻。我还必须做一点没意思的补充：不管是丢下食物还是重新进食的那一刻，再怎么仔细地观察，也发现不了任何液体的外渗。只有油泵运转时油才会流出来。我已经对卵蜂虻做过描写，再赘述这种古怪的进食方式就显得多余。

在抢占的住宅里待了差不多整整一年后，夏初时分终于出现了成虫。同一个蜂房里住了那么多的房客，我感到解脱的工作应当具有一定的趣味。一只只虫子都渴望尽早跨越牢笼的樊篱，在阳光下欢庆节日，它们会同时一窝蜂地掘开屋顶吗？解脱的工作是服从集体的利益，还是只遵循个人主义原则呢？只有观察才能得出答案。

我预先将每一窝蜂都转到一个短玻璃管里，用玻璃管代替原先的蜂房。一个结实的软木塞，伸进去1厘米长，这就是破壳而出时的障碍。玻璃下的那一窝囚徒，并没有我所期待的那种迫切匆忙，也并不慌乱地挥霍力气，而是让我看到了一个井然有序的工地。只有一只虫子在钻软木，它用上颚细心地一粒粒地挖掘，欲开通一条能容下身体的通道。平巷太窄，无法转身，采矿工只得倒退着回头。进展是缓慢的，挖出个洞来要花无数个小时；对这些小家伙来说，这活儿太辛苦。

如果体力实在不支，挖掘者便离开工地，回到大伙儿中间休息。最靠近它的那个同伴会立即顶上去，直到第三个来接替，它的工作才告结束。就这样轮番上阵，始终一个接着一个，既保证活儿不停，也不会让工地人满为患。大队人马安安静静，很有耐心地等在一边，它们对解放一点也不担心。会成功的，它们对此信心十足。等待的时候，有的把触角放进嘴里舔舐，有的用后腿打磨翅膀，有的则动个不停来消除无聊的烦恼，还有几个在做爱，这是打发时间的极有效方法，不论是老是少。

几只虫子在做爱，这样的幸运儿寥寥无几，屈指可数。别的虫子就无所谓吗？不是的，只是因为缺少爱人。一个居所里两性的比例极不平衡，雄性是可怜的少数民族，有时甚至一个都没有。以前的观察者也注意到了雄性的缺乏。布鲁莱，这个在我隐居时唯一可以给我启示的人，曾经在文章中说过："雄性似乎不为人所知。"我是认识雄性的，但是，它们可怜的数量使我怀疑，在这样一个比例失调的后宫里，凭它们的力量能扮演什么样的角色。下面的数据表明了我为何这样担心。

在22个三叉壁蜂的茧里，栖居者总数是354只，其中47只雄性，307只雌性。因此，平均起来每个茧里有16只成虫，一只雄性至少搭配六只雌性。不论被侵犯的膜翅目昆虫是何种类，都或多或少维持着这样一种不平衡的分配。在棚檐石蜂的茧里，我发现的还是6雌配1雄的平均比率；在高墙石蜂的茧里，是15雌配1雄。

我没有把这样的数据尽数罗列，已足以令人产生疑问：比雌性孱弱得多的雄性，是否会像所有虫子那样，一次交配就元气大伤，因此，大部分情况下，它们必须对雌性保持冷淡？其实，干脆不要母亲，但这样不是就会断子绝孙了？对此我无法说对，也无法说不对。这是比性别为何分成雌雄两种更难于回答的问题！为什么要有两种性别，而不是只有一种，这样岂不更简单，尤其是蠢事会少得多？既然菊苣的块根是无性的，为什么又要有性别之分呢？在本章收笔之际，我脑中突然产生了这些重大的问题。赤铜短尾小蜂，它的模样很容易让人忽略，但名字却如此冗长繁缛，我发誓从此再也不说它的正式名称了。

第十一章 幼虫的二态现象

如果读者对卵蜂虻的故事稍稍留意，就应该发觉我的陈述是不完整的。寓言家笔下的狐狸知道如何进入狮子的洞穴，但还不知道如何出来。对于我们来说，则正好相反，我们知道卵蜂虻如何从石蜂的堡垒中出来，但不知道它如何进入。卵蜂虻把屋主吃掉之后，为了从蜂房里出来，变成一个钻探的机器，一种活工具。我们的工业如果需要开凿岩石的新方法，倒可以从中得到启迪。通往自由的隧道打开了，钻孔机就像阳光下的荚果一样裂开，从这个坚固的硬盒里出来一只小小的双翅目昆虫。小家伙像一团柔软的绒毛，和以前那个粗硬的钻探工对比如此巨大，让人惊讶不已。对于这一点，我所了解的已经足够。但它如何进入蜂房这个问题仍待解决，这个谜困扰了我四分之一个世纪。

首先，卵蜂虻母亲显然不能在石蜂的蜂房里产卵，当卵蜂虻出现时，蜂房已经被一层水泥围墙关上好久了。要钻进去，就要再变成钻洞的工具，再穿上它留在出口窗户上的那层皮；它必须让时光倒流，重新变成蛹，但生命是不会倒转的。用足、大颚，再加上坚韧不拔的毅力，成虫在必要时是可能钻开砂浆外壳的；然而，这两类卵蜂虻全都欠缺。它那纤弱的足只要掸一掸尘就会扭曲变形；它的嘴是采集甘饴花蜜的吸盘，而不是可以使水泥粉碎的硬钳子。没有膜翅目昆虫的穿孔器，没有褶翅小蜂的钻头，没有任何类型的工具可以钻透厚厚的墙壁，并将卵送至目的地，总之，卵蜂虻母亲绝对不可能将卵安置在石蜂的卧室里。

难道是幼虫自己进入了粮仓，这个通过嗜血的接吻来榨干石蜂的小虫子？这个虫子，像一根满是脂肪的小香肠，在原地伸长收缩但无法移动。它的身体是一个光滑的圆柱体，它的嘴是一圈简单的圆唇；它没有任何行走的器官，甚至没有让爬行变得可能的纤毛，或是粗糙起皱的地方。它生来就是为了消化和静止不动。它的构造不适合运动，一切都再清楚不过地证明了。不，不可能，幼虫比母亲更不可能进入石蜂的住宅。然而，它们必须冒着生命危险接近食物，不是生存就是毁灭。卵蜂虻究竟是怎么做的呢？寻找可能的原因都是徒劳，而且常常只能自欺欺人；要得到可能的答案，只有一条路，尝试不可能做的事，从卵蜂虻产卵那一刻就开始观察。

尽管种类还不算少，但当我想得到比较密集的群体，以便进行连续观察时，卵蜂虻又显得量不够多。我看见它们在阳光猛烈照耀的地方，这里几只，那里几只，飞舞在旧墙、土坡、沙地上，有时排成小小的队列，更常见的是孑然一身。对于这些流浪者，今天看到，明天就消失，我什么也不能指望，因为我不知道它们的住宅。在日晒风吹下一个个地监视，是困难而且鲜有成果的；当破解秘密的希望刚出现时，敏捷的虫子就不知道飞到哪里去了。对于这项工作，我耐心地浪费了好几个小时，没有任何结果。如果事先知道卵蜂虻的住宅，尤其是同一种类群居住在一起的时候，也许会有成功的机会。从第一种开始，到第二种，再到其他的，一直询问下去，直到得出圆满的答案。符合这样条件的卵蜂虻，在漫长的昆虫学生涯里，我只遇上过两次，一次在卡班特拉，另一次在塞里昂。第一种是变形卵蜂虻，生活在三叉壁蜂的茧里，并在毛脚条蜂的旧通道里筑巢；第二种是三面卵蜂虻，它挖掘卵石石蜂的巢。我将分别探寻这两种卵蜂虻。

我在垂垂老矣之际再次来到卡班特拉，高卢人取的这个晦涩的地名令人发笑，并让人想到取名者很博学。我20岁那年是在这个小城度过的，在这里我初涉尘世。现在我的访问就像是一次朝觐：回顾那些留下我青年时代最强烈感受的地方。在路上，我向开始从事教学的那座老学校致敬。它的外观没有改变，还是一所感化院。过去哥特人的教育就是这样的，把年轻人的愉快和活跃看成是不健康的，要用狭窄、忧愁和阴暗来反其道而行。教学的地方就是少年犯的感化院，年轻人的活力在令人窒息的监狱里被压抑。四座高墙之间，我看到了院子，好像关熊的凹坑，学生们在一棵梧桐树下争夺游戏空间。四周是各种关动物的笼子，不见阳光，也不透气，这便是教室。我是在说过去，因为现在这种学校里的苦难已经不再有了。

这里是香烟店，星期三的晚上，从学校里出来，我就赊账买了一些能塞在烟斗里的东西，就这样，为了这个神圣的星期四，在前一天庆祝第二天的快乐；第二天我会致力于难解的方程式、新实验里的试剂，还有被采集和确定了的植物。因为忘记带钱，我羞涩地提出我的要求，对于自重的人来说，要承认自己没有钱是很令人难受的。看来，我的羞涩得到了他的一点信任，于是，前所未有地，我在烟草专卖局的代理店被允许赊账。啊！我站在店门口时，可以用来当卖的只有几盒蜡烛、一打鳕鱼、一桶沙丁鱼和几盒肥皂！我并不比别人笨，也不比别人懒，但我就要捉襟见肘了。我能要求什么呢？脑筋的助产士，智力的操作者，我甚至没有权利享有安家之所和果腹之食。

这就是我过去的住宅，后来一群僧侣来到这里哼唱经文。在这扇窗户的窗洞里，在关闭的外板窗和玻璃之间，放着我的化学品。这些化学品是我年轻时用积蓄里的几个小钱买下来的。我拿烟锅充当坩埚，一个装糖衣杏仁的小瓶当曲颈瓶，装芥末的罐子做装氧化物和硫化物的容器，在炭火上，熬汤的锅边，配制要研究的化学试剂，不论它是无害的还是可怕的。

啊！我多想再看看这间卧室，那是埋头研究微积分的地方；看着万杜山，我一团热火般的头脑平静下来。下一次旅行时，我会到达万杜山顶，看那些只长在北方的虎耳草和罂粟。我多想再看到我的那位挚友，就是那块黑板。它是我从一位大胡子木匠那里用五个法郎租来的，因为囊中羞涩，租金分成好几次才付清。在这块板上，画过多少条圆锥曲线，写过多少深奥的语句啊！

尽管我非常努力，而且远离尘嚣会使努力显得更有效果，但我在这条自己如此感兴趣的路上几乎没有得到什么。如果有能力，我会重新开始。如果我能解决这个艰难的问题——如何弄到当天的面包，我会一次次地和莱布尼茨、牛顿、拉普拉斯、拉格朗日、泰纳尔、杜马、居维叶、朱西厄[①]等人交谈，啊，年轻人，我的后继者们，你们现在的机遇多么好啊！如果你们不知道，就让我通过一个前辈的故事，来告诉你们吧。

但是，别光顾着回忆装化学品的窗柜和租来的黑板，聆听些幻想和贫穷的回声时，不要忘了昆虫。我们先去看看拉莱格那条低洼的道路，自从我在那里观察芫菁以来，这条路已被别人视为圣地。在阳光炙烤下的斜坡沟壑，如果我为你们的名声有过一点贡献，你

① 莱布尼茨（1646—1716）：德国自然科学家、数学家、哲学家。 牛顿（1643—1727）：英国物理学家、数学家、天文学家，17世纪科学革命的顶峰人物。 拉普拉斯（1749—1827）：法国数学家、天文学家、物理学家。 拉格朗日（1736—1813）：法国数学家、力学家、天文学家。 泰纳尔（1777—1857）：法国化学家。 杜马（1800—1884）：法国化学家。 居维叶（1769—1832）：法国动物学家、古生物学家。 朱西厄（1748—1836）：法国植物学家。——校注

们也给了我一些美好的时刻，让我忘却烦忧，沉浸在学习的乐趣中。至少，你们不会以无可企及的希望来欺骗我；许诺我的一切，你们都给了我，常常还是百倍地给予。你们是我的希望之土，我想在这里竖起观察者的帐篷，但我的愿望无法实现，那就让我在路过时向昔日那些亲爱的昆虫打个招呼吧。

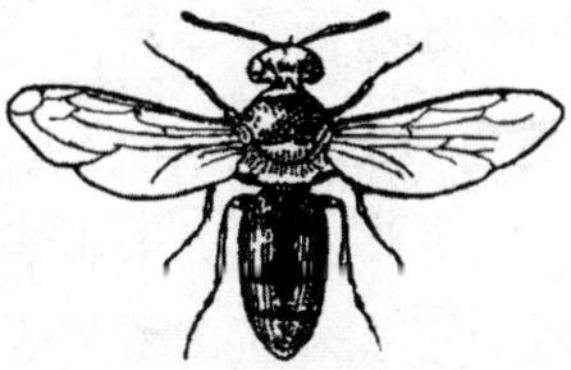
大唇泥蜂

我要向栎棘节腹泥蜂致敬，我看见它在这条坡上忙着储存方喙象。我过去看到过的，现在又看到了。小家伙还是以那样沉重的步伐将猎物拉到洞口，在灌栎丛中监视的雄蜂还是一样相互争斗。看它们忙碌，一股年轻人的热血在我的体内流动，有时我好像重新散发出一点青春气息。时间紧迫，我得走开了。

我还要再打个招呼。我听到在这个峭壁上，有一群蜇刺蟋蟀的飞蝗泥蜂在嗡嗡地鸣叫。向它们投以朋友的注目礼吧，就足够了。我在这里的老朋友太多了，没有时间去和它们一一叙旧。我不停步地跟大头泥蜂打招呼，它在斜坡上制造了土石的塌方；我再向赤色大唇泥蜂打个招呼，它在两片砂岩间堆放着修女螳螂；还有红足的柔丝砂泥蜂，正将一些尺蠖存入地窖；还有吃蝗虫的步甲蜂，以及在枝头修建黏土穹屋的黑胡蜂。

我终于到达了目的地。这个高高的峭壁，向南伸出几百步，整个坡上密布着大大小小的洞，就像一块可怕的大海绵，这便是毛脚条蜂和它的免费房客三叉壁蜂长久以来的居所。那里也有许多它们的歼灭者：条蜂的寄生虫西芫菁和壁蜂的卵蜂虻。我错过了好时节，9月10日我才来，来得有些晚了。一个月前，甚至在7月末，我就该来这里参观双翅目昆虫的活动。我的旅行自然收获不多，只看到了少数的卵蜂虻，在土坡的表面飞舞。但不要失望，我们可以先熟悉熟悉地形。

条蜂的蜂房里住着卵蜂虻的幼虫，在有些蜂房里，我还看到了短翅芫菁和西芫菁的幼虫。过去这是珍贵的发现，可现在对我已没有价值了。其他的蜂房里有毛足蜂色彩斑斓的蛹，甚至还有成虫。尽管是同时产的卵，但成熟较早的壁蜂在茧里，已无一例外地呈现出成虫的形状；这对我的研究来说不是好兆头，因为卵蜂虻需要的是幼虫而不是成虫。看到卵蜂虻后我更加担心了，它已经老熟，已经将乳娘吸光，也许这都是几个星期以前的事了。我不再怀疑，我来得太晚，已看不到壁蜂茧里发生的一切了。

该认输了吗？还不必，我的记录证实，卵蜂虻是在9月下旬孵化。此外，我看到在峭壁上忙碌的卵蜂虻并非在瞎忙，它们正在安置家人呢。这些落后者不能袭击壁蜂，成虫坚硬的肌肉不再是乳儿所需要的精细乳品；此外，成虫那么强健，也不会听凭别人摆布。但是在秋天，另一类数目不多的蜂群来到斜坡，接替了春天的蜂群。我看到冠冕黄足蜂走进它的通道，有时带着收获的花粉，有时带着小棉球。卵蜂虻在两个月前已经选择壁蜂作为牺牲品，它们还会剥削这些下半年的食蜜者吗？如果真是这样，我看到卵蜂虻如此忙碌也就有了解释。

1½

冠冕黄足蜂

由于有了这个疑问，我顶着能将鸡蛋烤熟的太阳，安下心来在峭壁前驻足；在半天时间里，我目不转睛地观看卵蜂虻耐心地工作。在离土层几法寸远的地方，卵蜂虻轻轻地在斜坡上飞舞，从一个洞口到另一个洞口，但从不曾进去。再说，它们大大的翅膀，在休息时横向铺开，阻挠了它们进入窄窄的通道。它们就在峭壁上勘察，来来去去，上上下下，一会儿飞得迅猛，一会儿飞得和缓。时而我看到卵蜂虻猛地接近地面，垂下腹部，似乎用产卵管的末端接触地面，行动一瞬间就完成了。接着，虫子到另一处歇脚休息。然后，它又开始轻柔的飞舞、漫长的勘测和以腹击土的突兀动作。

我赶紧来到被碰过的土层，用放大镜察看，希望发现卵，这样便可证明腹部每一次撞击都是在产卵。尽管非常细心，我却什么也没看出来。的确，劳累过度，加上光线耀眼，热浪滚滚，观察极端困难，不过后来认识了从卵里出来的小家伙，我对失败就不再感到意外了。在实验里，我利用休息过的眼睛和最好的放大镜，手也不因为激动和劳累而颤抖，但还是费了九牛二虎之力，才发现了那个微小的生物。在燥热的峭壁下，我又怎么能看得到卵，一只被远远观察的虫子如此突然产下的卵，我怎么能发现它的准确方位呢！在当时所处的艰难条件下，失败是必然的。

尽管尝试以失败告终，我依然相信，卵蜂虻就是这样在适合幼虫生活的食蜜蜂住宅的表面，产下一个又一个的卵。它们每次用腹部末端突然撞击，都是在产卵。母亲的身体结构决定了它们不可能将卵隐蔽起来。如此娇弱的卵在烈日下的沙粒间曝晒，连石灰土层在这样的条件下都会干皴。但只要附近有它需要的猎物幼虫，简单的安顿也就足够了，以后，小虫子要靠自己来摆脱困难和艰险。

即使拉莱格低洼的道路没有告诉我所有想知道的东西，至少使我知道，新生的虫子极可能是自己来到储粮的蜂房。但我已经认识的小虫子，那只将石蜂或壁蜂幼虫的脂肪耗干的小虫子，却不能移动，更无法长途跋涉，去穿透厚厚的围墙和茧的丝层。因此我想它必须还有另一种形态，一种初态幼虫，可以移动、搜寻。卵蜂虻幼虫就是在这种形态下抵达目的地的，因此，卵蜂虻有两种形态的幼虫，一种能去到粮仓，一种专门进食。我相信这种推理逻辑，我已经在脑海里勾勒出从卵里出来的小虫子，行动自如，可以长途远行，身体灵活，能钻入小小的缝隙。一旦面对要进食的猎物幼虫，它便褪去旅行的衣裳，变成臃肿的虫子。从今以后，它唯一的职责就是纹丝不动，长胖长大。这一切顺理成章，就像推演一条几何定律。想象的翅膀如此轻柔，一张开就能飞起来，不过，我最好还是穿上事实的鞋，沉重的鞋底可以减缓步伐使我继续走下去。

第二年，我重新开始研究，这一次是石蜂巢里的卵蜂虻。作为我村舍里的近邻，我可以每天访问它，如果需要，甚至早晚各一次。由于有前面研究的教训，我现在知道孵化和此后产卵的具体时节。7月至多8月，三面卵蜂虻就已经在建立家庭。每天早上，大约9点，暑气开始袭来，按法维埃的说法，就是太阳的火盆里又添了一把柴，我来到乡间，决心只要能揭开谜底，回来时被太阳晒昏也在所不惜。确实，这个时间离开阴凉的地方，简直就是魔鬼附体。请问你要去干吗？写一个虫子的故事！天气越是炎热，我成功的概率就越大。酷热于我是折磨，却为虫子带来欢乐，这便是我的动力。去吧，道路就像正在锻炼的钢一样炫目。从沾满灰尘的可怜的橄榄树上，传出无数声音的震动，树林内的乐队正在演奏行板。这是蝉的音乐会，随着温度升高，蝉的腹部疯狂地振动作响。山蝉嘶哑的鸣唱也汇入蝉单调的交响曲。是时候了，去吧！在五六个星期里，常常从早上，有时从下午开始，我一步步地勘探布满石子的平原。

石蜂的巢很多，但我看不到一只忙于产卵的卵蜂虻在蜂巢的表面歇脚。我什么也没有看到，至多在视线内，我隐约看到一只远远地迅速飞过。我看着它消失在远方，这便是全部，我根本不可能看到它产卵。在拉格莱的峭壁，我觉得自己学到的还很少，一遇到困难，便急忙寻求援助。牧童在这些多岩石牧场里放羊，我们这地方的羊就喜欢吃这里茂盛的宽叶薰衣草。我努力向牧羊人说明我研究的对象；我对他们说那是一种粗大的黑色飞蝇，会停留在土里的蜂巢上；他们对这些巢也很熟悉，春天会用一根麦秸从巢里取出蜜，涂在面包片上。我要他们监视这种飞虫并注意蜂巢，可能会看到飞虫在巢上嬉戏驻足；当天晚上，他们赶着羊群回村时，再告诉我白天的结果。他们劝我第二天和他们一起去继续观察，这当然无所谓。我年轻的牧羊人没有古风，与从山毛榉上切下来的涂蜡的七孔笛相比，他们宁愿要钱币，那样星期天就可以去酒吧喝一顿。我承诺，每找到一只符合条件的蜂巢，他们就能获得报酬，交易就这样被热情地接受了。

他们有三个人，加上我共四人。我们这么多人会成功吗？我希望如此。可是到了8月末，我最后的幻想也破灭了，没有一个人看到一只粗黑的飞虫停留在石蜂的穹屋上。

我觉得，失败可以这样来解释：在条蜂蜂城宽敞的表面，卵蜂虻只是过客。它飞过来访问各个角落，但不会离开自己生活的峭壁，因为远行探索可能没有收获。对家人来说，峭壁上有无数的粮食和居所。如果它认为某个地方不错，就边滑翔边勘测，然后猛地接近，用腹部末端撞击。这就行了，卵产了下来。至少我是这样想的。它就在几米的范围之内，寻找住宅并产卵，然后在太阳下小憩。小飞虫固执地待在同一个斜坡上，是因为那里有取之不竭的财富。

寄生石蜂的蜂巢则情况完全不同，石蜂深居简出的习惯对它不利。它用宽大粗壮的翅膀，迅猛地飞舞，它要产卵，就必须四处勘探。石蜂的巢孤立地分布在一个个卵石上，有时几公顷的地方才有寥寥几个。对卵蜂虻来说，发现一个巢是不够的，由于蜂虻的原因，并非所有的蜂房里都有理想的幼虫；而且还有一些居所防范过于严密，无法深入到粮食里去。仅仅为了产一只卵，它需要有几个巢，也许还要有更多，它们必须长途跋涉去寻找。

因此我想象卵蜂虻来来往往，四处奔波，穿过布满石子的平原。完全无须减速飞行，它那训练有素的眼睛就可以分辨得出土质穹屋——它要寻找的目标。找到穹屋后，它从高处勘察，始终慢慢滑翔；它用产卵管的末梢，撞上去一次、两次，便立刻离开。如果它要休息，也是在其他地方，地面或石头上，薰衣草或百里香丛中。这种习性通过我在卡班特拉凹陷的道路上的观察，也得到了验证。因此，很显然，年轻的牧羊人加上我自己，视力再好也要失败。我想到了这不可思议的一点：卵蜂虻不在石蜂巢上停留并有条不紊地产卵，它只是飞过那里而已。

如此一来，我对幼虫初始形态的预想也增加了可能性。这种形态与我见过的大相径庭。卵被漫不经心地抛下后，新生的幼虫刚出生就必须能在蜂巢的表面移动，必须具备工具穿越凝灰岩围墙，并能通过某个裂缝，进入石蜂的家。刚孵化出来，也许卵的皮还拖在身后，小幼虫就必须开始寻找它的居所和食物。凭着本能的指引，它抵达了那里，这种能力与出生的时间无关，只要一孵化它就有这种眼力，与饱经沧桑者一样。对我来说，这种小虫可不是虚无缥缈的；我看到了它，如果没有看到形状，至少看到了行动，仿佛这一切就发生在放大镜下一样。如果理性不是无用的向导，它就必然存在；我要发现它，我的确发现了它。我在昆虫学研究中，从来没有对逻辑如此坚定过，它从来都不曾像这样使我充满信心地走向生物学的一个定律。

在我徒劳无功地观察产卵的时候，我还看了石蜂巢里的东西，寻找刚刚从卵里出来的小虫子。我利用年轻牧羊人的热情，请他们做一个简单一些的工作。他们给我带来一堆堆蜂巢，加上我自己的收获，蜂巢多得装满了好几箩筐。蜂巢就放在我的实验桌上，我可以不慌不忙地仔细观察，我确信将有一个令人满意的大发现。我将石蜂的茧从蜂房里取出，从外部观察，或者打开茧查看蛹室内部，用放大镜寻找蛛丝马迹，一点点地搜索石蜂沉睡的幼虫和居所内部的隔墙，没有，还是什么都没有，始终没有。两个星期以来，废弃的蜂巢堆积如山，我的实验室都被占满了。把可怜的沉睡者从丝壳里取出，真是一场大屠杀，尽管我小心地把它们放在保险的地方，使它们可以继续变态，但大多数还是逃脱不了悲惨的结局。好奇使我变得残忍，但我必须坚持不懈，心肠要硬一点。我这么做了，幸好也成功了。

7月25日，这一天发生的事值得记载。我看到了，有东西在石蜂幼虫身上移动。这是我的幻觉吗？这是我呼吸时吹过去的一截半透明绒毛吗？这不是幻觉，也不是绒毛，的的确确是一只小虫！啊，多么伟大的时刻！但又多么令人困惑！它与卵蜂虻幼虫一点也不像，看上去就像一个微型蠕虫偶然从寄主的皮肤里钻出来，在外面动个不停。我对这个小生命期望不高，因为它的模样难倒了我。这也没什么关系，我把石蜂幼虫和它身体上的小虫放到了一支小的玻璃管里。万一是它呢？谁知道？

自从知道我寻找的小东西会给我带来何种困难后，我就加倍小心，两天里我找到了大约十个和这个令我激动的小家伙一样的虫子。每只小虫都和石蜂幼虫一起居住在玻璃管里。小虫子是这样小，还是半透明的，很容易与寄主混淆，而且皮肤一起皱就会让它销声匿迹，前一天晚上还在放大镜下看到的，第二天就会再也找不到了。我以为它丢了，被翻身的石蜂幼虫压扁了，我又将重新一无所有了。但随后它又动弹了，我又看到了它。15天后，我的困惑终于解开了，它真的是卵蜂虻的初龄幼虫吗？是的，因为我最后看到，小家伙变成了以前描述过的那种幼虫，开始使用虹吸式的耗干法。那一刻的满足补偿了我无数次的烦恼。

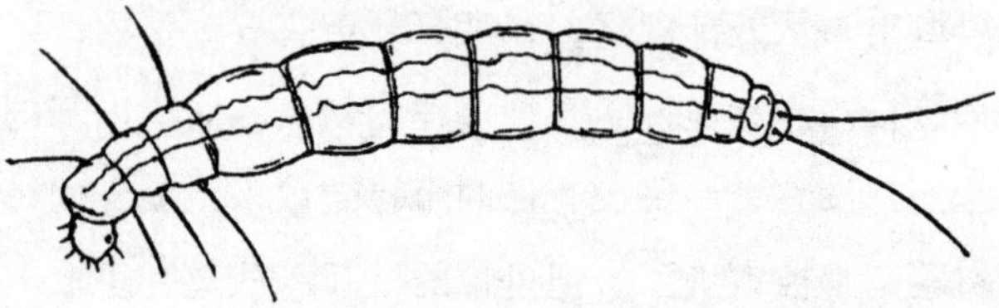

三面卵蜂虻的初态幼虫

我们再从头看看小虫子的故事吧。现在它已经被验明是来源于卵蜂虻。小虫子长约1毫米，和一根头发差不多细，因为半透明，很难发现它。它蜷缩在乳娘起皱的皮肤下，它的皮肤很精细，在放大镜下也无法发现。弱小的虫子非常好动，它在乳娘肥壮的身体上迈着步子转圈。它行走时比较敏捷，就像尺蠖那样蜷成环状再伸直，两个端点是主要的支撑点。停下来以后，身体前半部向四处移动，似乎在勘探周围的空间；行走时它松弛身体，体节变得清晰，外观像一截多节的丝状体。

在显微镜下，我发现它有13个体节，包括头。头很小，略带角质，从它琥珀色的颜色可以看出来，头前方竖着一点短而硬的毛。三节胸节都长着两根长毛，长在两侧。最后一节腹节长着两根相同的毛，但更长些。这四对须毛，三对在前，一对在后，是行走的器官。另外，头部边缘竖立的毛和尾部的小圆形凸起，有黏性，可以做支撑点。西芫菁的初龄幼虫也有类似的结构。通过透明的体表，可以看到两根长长的气管带，相互平行，从第一个胸节延伸到倒数

第二个腹节。气管带的末端应该通往一对气孔，但我无法看清。这两根大的呼吸管是双翅目昆虫幼虫的特征。呼吸管末端对应的，正是卵蜂虻幼虫第二态时一对气孔张开的地方。

半个月里，孱弱的虫子还是我先前描述过的样子，一点没长，很可能也没有吃过食物。我的访问如此之勤，还是没看到过它吃过什么。它又能吃什么呢？在被侵犯的茧里，除了石蜂幼虫什么也没有，小虫子只有到第二态时有了吸盘，才可以对其加以利用。然而，它在节食的日子里并非无所事事。小虫子一会儿在这里，一会儿在那里，勘察它的肥肉，它迈着尺蠖的步伐来来去去，头一会儿抬起，一会儿摆动，注意观察四周的情况。

我认为，这种长时间的过渡状态并不需要进食。卵被母亲产在蜂巢的表面，靠近合适的蜂房，不过，我宁愿说它离乳娘很远，因为石蜂幼虫受到一道厚厚的城墙保护。新生儿要打开入口来到食物处，不是通过暴力和撬锁，它也没有这种能力，而是耐心地在隐藏着裂缝的迷宫里尝试，放弃，再尝试，最终溜进去。尽管它如此纤细，但这是非常困难的任务，因为石蜂的建筑太密实，没有修建时因偷工减料而产生的裂缝，也没有风吹雨打造成的裂口；蜂巢表面是均质的，无法穿透。我只能想象出蜂巢表面有一个地方较弱，而且只有这样的几个巢；那就是穹屋与卵石表面的接合线。水泥和石头这两种特性有异的材料在接合时，可能不是那么紧密，也许会留下一个缝隙，足以使一个细如发丝的侵略者进去。然而在卵蜂虻占据的巢上，就算用放大镜也看不到这样一条路。

因此我宁愿接受，小虫子在整个穹屋表面四处寻找，自己选择入口。褶翅小蜂的产卵管都能插进去，更纤细的它又怎么会没有合适的通道呢？的确，膜翅目昆虫钻探者肌肉有力量，工具也坚实；

而它过于纤细，只有持之以恒的耐心。但工具优良的那位用三个小时完成的工作，它多花些时间也可以做到。因此，我们可以这样解释：卵蜂虻在初态下的两个星期里，其职责是穿越石蜂的围墙，通过茧的丝壳来到食物旁。

工作如此艰辛而劳动者又如此弱小，我不知道小家伙们要多少时间才能到达目的地。也许有更容易的路，在第一态结束前，它们就来到了乳娘那里；在第一态的最后时刻，它们在我眼前，毫无目的地在粮食上晃来晃去，换新皮和就餐的时间还没有到。它们也许有一大部分钻进了石蜂幼虫的毛孔里，这就是我开始寻找时一无所获的原因。

有些事实似乎表明，如果道路难开，进入居所可以拖上整整几个月。有时，一些卵蜂虻幼虫面对的是变态即将结束的石蜂蛹；有时，还会有这样的情况但很少见，它们找到的是已经变成成虫的石蜂。这些幼虫可遭了殃，一副病态，食物太硬，再也无法进行精细的哺乳。要不是小虫子在蜂巢的高墙上流浪得太久，这些落后者是从哪里来的？它们在有利时节进不去，便再也无法发现合适的菜肴。西芫菁的初龄幼虫从秋天一直持续到来年春天，卵蜂虻的初龄幼虫也可能是如此，但它并非无所事事，而是固执地尝试穿越厚厚的城墙。

我的小虫子连食物一起被装进管子里，一般有15天保持不变。最后我发现它们收缩，然后蜕下表皮，成为我焦急期盼的幼虫，解答了我的疑惑。它便是卵蜂虻的幼虫，白奶油状的圆柱体，头像个小圆扣，后面连着一个凸起。它不停顿地将吸盘贴在石蜂幼虫身上，开始进食，将持续15天。接下去的事我们已经知道了。

在和小虫子告别之前，我想对它的本能说上几句。它刚刚在太阳的酷晒下孵化出来，它的襁褓是粗糙的石头表面；矿物的坚硬迎接着它的新生，它的蛋白纤维几乎还没有凝固。但是拯救发生在内部，激活的蛋白纤维开始和石头搏斗。它执着地钻探石头的孔隙；它钻进去，向前爬，退后，再重新来。发芽的植物胚根进入松软的地面时，并不比它进入砂石岩里更为执着。有什么神祇推动它奔向石块底下的食物，有什么罗盘在指引它？对地下建筑里的食物及其分配情况，它知道些什么？什么都不知道。植物的根对土壤的肥沃与否又知道什么呢？也不会知道得更多。但是两者都走向了富有营养的地方。有人提出了一些理论，很有才学，说什么毛细作用、互相渗透、细胞渗透，以此来解释胚茎的向上和胚根的向下。小虫子钻入凝灰岩也可以用物理或化学的力量解释吗？说实在话，我屈服了，但无法理解，甚至也不想努力去理解。这个问题对无能的我来说太高深。

除了关于卵的那一些细节还不得而知外，卵蜂虻的传记现在已经完整。大部分全变态昆虫从孵化起，就出现了应该一直保持到蛹的幼虫形态。卵蜂虻通过一种明显的不一致，给昆虫学开启了新的局面。它在幼虫时有两种形态，相互间差异很大，无论是结构还是扮演的角色。我把这种两个阶段的构造用“幼虫的二态现象”来称呼：从卵里出来的初态称为“初龄幼虫”；第二种形态是“二龄幼虫”。卵蜂虻初龄幼虫的作用是到达粮食仓库，因为母亲无力在上面产卵。它可以活动，并有运动纤毛，使纤细的它可以钻进食蜜蜂蜂巢围墙上最小的缝隙里，穿过茧丝，进入到供它食用的幼虫旁。目的达到了，它的角色便告终，于是出现二龄幼虫。这时它什么行走的方法都不会了，它待在入侵的居所里，无法自己出去，就像无法自己进来一样。它的使命就是进食，好像一个塞满食物、消化食物、积聚营养的胃。然后蛹态出现，它具有出去的工具，就像初龄幼虫具有进来的工具一样。一旦破茧而出，就出现成虫，成虫要做的就是产卵。卵蜂虻的生命周期因此分成四个阶段，每个阶段都有相应的形态和特殊的功能：初龄幼虫钻开外壳进入粮仓，二龄幼虫进食，蛹钻开茧重见天日，成虫产卵，然后再重新循环。

幼虫的二态现象让人想到超级变态。短翅芫菁、西芫菁和其他芫菁，从卵里出来的形态都很好动，长了很出色的腿和其他运动器官。它停在菊科的花上，蜷缩在食蜜蜂的通道里，等着采蜜者经过，然后钉在它们的体毛上，让自己被带入向往的蜂房里。芫菁和卵蜂虻这两种形态的小虫子，在功能上的一致很明显。两者都很残酷地不进食，细细长长，它们的使命就是进入到食物附近，只不过这里是沉睡的幼虫，那里是蜜饼。只要食物有了保证，两者接下去都变成不能动的幼虫，唯一的事就是取食长身体。

演变的类似直到现在都完全一致，但二龄幼虫之后便不再继续下去。蛹出现之前，芫菁要经历两种卵蜂虻都没有的阶段：拟蛹和三龄幼虫。我现在都弄不清甚至无法猜想它们的角色分配，因为这两态在昆虫世界里是绝无仅有的。但这也无妨，新的一步迈了出来，它不会没有价值。我现在已经证实，除芫菁之外，也有昆虫有初龄幼虫及二龄幼虫；幼虫的二态会指引我们来到高级变态。我很快就有机会填补两者间的一些空白。

我刚刚打下基础的原则相当重要，如果我能从其他类别的昆虫里再找些补充的例子就更为理想。好运使我得到了如下的几个例子。

我再说说褶翅小蜂这个吃石蜂幼虫的家伙吧。在棚檐石蜂的巢上，我看到同一个蜂房在不同的时间里被钻探过几次。从外部无法看出一个居所已经被开采过，其他的钻探者一个接一个地到来，将产卵管植入，仿佛它们是最先的行动者。重复产卵造成了一个蜂房里有几只卵，不论是在棚檐石蜂的巢里，还是在卵石石蜂的巢里，我甚至同时发现过五只，而且无法证明这个数字不会被超过。这个被证明的事实与另一个事实比较时，会令人惊讶：无论什么时候造访蜂巢，在石蜂的房间里，永远只有一只褶翅小蜂的幼虫，正在吃牺牲品或者已经将它吃光。一方面，常常见到几只卵，另一方面，只有一个食客，这个不解之谜值得关注。问题很快就会被解决，它的困难可比不上卵蜂虻带给我的波折。

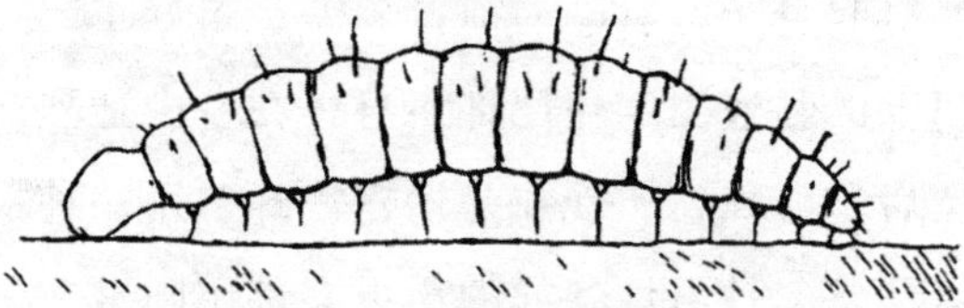

褶翅小蜂的初龄幼虫

7月初，卵产下来后很快孵化，出来了一个与我已认识的幼虫毫不相像的小虫子。它长得真是奇怪，如果我不知道它的来源，一定不会把它看作是某种膜翅目昆虫的初龄幼虫。这是一只体节清晰的小虫子，透明得近似玻璃，长度在1～1.5毫米之间，最宽处宽0.25毫米。不包括头，体节有13个，从中间向两端逐渐变窄。头与身体其他部位相比稍大，从第一胸节一个像颈部一样收缩的地方突兀出来，长长、弯弯、薄薄的。身体呈淡琥珀色，证明它比较结实。显微镜下看到的两个直直的小角，是触角；还有一道褐斑或者说口腔的开口，我费了好大的劲才看出两片单薄的上颚。它没有任何视觉器官，在黑暗里生活的动物都遵循这条规律。

所有的体节，除了末节，腹面都有一对透明须毛，每根须毛根部都是一个圆锥形凸起，自由端稍许膨胀成橄榄形。这些须毛较长，差不多和幼虫相应部位的体宽一致。这12个节在背上有三根同样的须毛，但根部不是圆锥形。整个身体上还竖满了短短的、透明的、硬直的毛，形状像骨针。我无法认出气孔，尽管在身体每一侧，我从头到尾，都能看到一条气管。

休息时，小虫子微微将身子弯成弓形，只用头尾两端贴在石蜂幼虫身体上，身体其他部分通过竖直指向支撑面的须毛与石蜂保持一段距离，看上去好像有一道栅栏将它们隔开似的。它的行走让人想到尺蠖。小虫子以尾节末端为支撑，垂下头，把头的边缘固定在一点上，然后弓起身子将后端向前拉。一步走好了，它焦急地竖起身子，用肛门上的黏液固定住尾部，身体在空中猛烈摇动几下。先是西芫菁，然后是卵蜂虻，现在是褶翅小蜂，用一种根本猜测不到的器官进行运动。三种习性各异的小虫，都用隐藏在黏性吸盘里的肠腔末端迈出步子。这是些双腿残缺者，用臀部行走。

在肛门的帮助下，新生的褶翅小蜂幼虫环绕它的乳娘转了一圈。它做得很好，因为它准备长途远行。它似乎喜欢在附近绕上一圈，就算只走上1法寸远。我看到它放开石蜂幼虫，撑起运动须毛，像在踩高跷，很忙碌地绕着现在作为蜂房的玻璃管行走；我还看到它不小心闯入我用来划分属地的棉塞里。它能从棉塞的迷宫里出来，认清归途，回到乳娘身上吗？我很担心，我以为钻探者迷路了。嘀，没有！它根本没有迷路。几个小时之后，我发现它重新趴在石蜂幼虫身上，它似乎在长途旅行后感到劳累，需要休息了。等到力气恢复，它又再次开始远征，并总能成功地返回。它就这样，先在石蜂幼虫身上休息，再到附近转转。褶翅小蜂初态幼虫形态下的五六天，就这样过去了。

褶翅小蜂的初龄幼虫与卵蜂虻的初态幼虫迥然不同，后者一进蜂房，就只前后左右钻探乳娘，始终也不离开。褶翅小蜂幼虫怎么会有旅行的习性？刚刚从卵里出来，它就在窄窄的玻璃管囚房允许的范围内走啊走的，冒险远行。它以尺蠖的行走方式在找什么呢？寻找它要吃的食物吗？是的，也许是吧；但还有别的，因为找到食物后，它又抛弃它，四处游荡，回来休息之后又重新出发。褶翅小蜂的初龄幼虫把五六天的时间都花在烦心的寻找上；在记录下这个初步结果后，我继续往下研究。

我把玻璃管用棉塞划出普通居所的大小，将褶翅小蜂侵占的石蜂蜂房转移进去。在这些蜂房里，有的只有一个侵犯者，其他的从两个到五个不等。此外，我还加进了一些卵，使实验更有说服力。我在为数不少的只有一只卵的蜂房里，放进三到六只褶翅小蜂的卵，而石蜂幼虫只有一只。这样，在天然和人工两种因素作用下，我得到了一系列从单一到多个的恰当组合。

这些准备工作会导致什么样的结果呢？所有玻璃房里的结果都一样，一枚卵的蜂房里有一只初龄幼虫；多枚卵的蜂房里无论卵的数目是几个，还是只有一只初态幼虫，不会更多。无论多少卵，孵化的结果都一样，如果分开，每枚卵都会孵出幼虫，但住在一起，只有一枚会出现幼虫。同居是致命的，当然最早熟的那只除外。的确，当第一只褶翅小蜂幼虫出现时，我很快就会发现，不必再指望其他的卵发育了，其他的卵就算模样最好的也开始萎缩干枯，有的破裂了，拖出一小块带状蛋白来，还有的皱巴巴的或者缩成一团。其他的卵都死了，只有一个活了下来。最早熟的卵，可能也是最早产下来的卵，孵化后就会让其余的全部死亡。这便是实验一成不变的结局。

现在我把几个事实联系起来。石蜂的幼虫对于褶翅小蜂幼虫的发育是必需的。对它来说，粮食虽然足够，但并不多，因为食物最终只剩下了一张实在无法入口的表皮。因此，在石蜂的蜂房里，只能提供一只幼虫的食物。事实上，我从未见过两个食客。然而褶翅小蜂也有弄错的时候，有时会把卵产在别人已经产过卵的蜂房里，这样食物配给就会不足，于是就要求多余的卵消失。第一只幼虫出生后，其余的卵都将死去，这种情况屡见不鲜。

此外，几天之内，我看到这只幼虫在蜂房里走来走去，非常忙碌；它从上到下，从前到后，巡视边边角角，这只能解释为在躲避一种危险。这一危险，如果不是不守规矩孵化出来的饿殍与它竞争，又是什么呢？我总是错过观看屠杀的好时机，因此对新生儿的暴行还不敢肯定，我希望事情能用另一种方式解释。但唯一与毁灭虫卵有关的角色就是它，能掌握它们的命运的还是它。因此我必然会得出这个黑暗的结论：褶翅小蜂初态幼虫的角色是消灭竞争者。

当新生儿焦虑地在房间的天花板上行走的时候，是在确认是否有多余的卵挂在上面；当它远征勘探时，是为了消灭可能减少口粮的对手。它用大颚咬坏任何遇到的卵，刚刚我看到第一个卵孵化之后枯萎的苗都是这样死去的，它们是长兄残忍权利的牺牲品。通过强盗行径，小虫子最终成为粮食唯一的主人；接下去它脱去歼灭者的外衣脱去角质头盔和尖尖的甲胄，变成皮肤光滑的虫子，即二龄幼虫，安静地吸干食物的脂肪，这是它犯下这些恶行的最终目的。

在卵蜂虻之后，褶翅小蜂又向我们展示了初龄幼虫不论在职能还是在形态上，如何不同于二龄幼虫。褶翅小蜂的初龄幼虫要完成灭亲的恶行，使自己没有竞争者来争夺只够一只虫吃的粮食；卵蜂虻的初龄幼虫为了获取食物，必须越过那道只有它才越得过的障碍。这个生物学话题，我今天只开了个头，还非常不完整，因此，除了这两个例子，昆虫的习性和进食方式，很可能会使初龄幼虫的角色非常多样。我如愿得到了第三个例子，但不太详细。

读者还记得三齿壁蜂的寄生虫寡毛土蜂吗？还记得壁蜂圆柱形

卵上的纺锤状卵吗？这便是我的观察对象。我的发现物只有一个。确实，我曾经找到了很多寡毛土蜂的茧，以及以壁蜂为食的幼虫，但我只有一个寄生卵，产在最高的那个蜂房里面；更糟糕的是，我那时还不知道幼虫的二态现象，我是后来在研究卵蜂虻和褶翅小蜂时才对此有所了解。我那时的注意力没有放在这方面，我只是扫了一眼，没有一丝不苟地观察；此外，为了安全起见，我把裂开的树莓放入玻璃管里，观察一只附着在壁蜂卵上的卵会变成什么样子，使得进行细致的观察很难。我一边期待好运能使我重新做一次这个过于草率的观察，一边原样抄下我记录本上的结果。

> 7月21日，寄生卵在壁蜂卵上孵化，模样没有变化。小虫子白色，半透明，无足，头部和身体之间有一道清晰的体节，并长有很短很细的触角。我一点也看不出它像一只膜翅目幼虫的幼虫。那这是什么？它看上去像一只鞘翅目幼虫。小虫子很喜欢动；它扭动着，低下身子，前半部来回竖起垂下。它将壁蜂的卵咬了几口，于是卵萎缩变小，然后成为干枯的皮，新生儿就在上面活动。26日，我再也看不到卵的痕迹，寄生虫在蜕变。然后我的疑虑停止了，在我眼前是一只膜翅目幼虫，它此后将一动不动，开始吃壁蜂的食物。

我的资料仅限于此。尽管语句不多，但它说明了幼虫二态性的基本特征。从卵里出来的好动家伙，与吃食物的小虫子不同。初态让人难以感到它是膜翅目昆虫的幼虫，我一开始也迷惑了，我以为它是一种鞘翅目寄生虫。在蜕变之后我才确定了这个小虫子的特性，我所熟知的膜翅目昆虫特征无可辩驳地出现了。蜕变不仅仅是表皮的更换，也是一种彻底的更新。功能改变，身体也变化了，我非常遗憾没有仔细观察这种出乎意料的变态；不过没有关系，我所见到的已足够为寡毛土蜂幼虫的二态现象做个总结。

初龄幼虫的角色是摧毁作为竞争者的卵。西芫菁的初龄幼虫便是这样做的，褶翅小蜂的初龄幼虫也是这样做的，可恶的是后者毁掉了同胞的卵。为了果腹，竞争是多么残酷，方法是多么阴险啊！一只小虫子，武器精良，从卵里出来就会消灭妨碍它未来的东西；它专门为了残忍杀手的职业而存在，并且完美地完成了任务。残杀的工作一结束，它就改头换面，变成平静的食客。

最后，我要说一种将来要研究其古怪习性的昆虫。8月24日，在埃格河冲积平原，我用铲子挖掘六带隧蜂的巢时，从土里挖出几个蜂房。蜂房完好无缺，没有任何被撬过的痕迹；但每个蜂房里面都有两种居民，一种吃，一种被吃。被吃的是隧蜂的幼虫，它吃光了蜜饼，已经发育老熟。正在进食的是一种陌生的幼虫，此时长2～3毫米。它停在牺牲者的前端，将变成隧蜂胸节的那个区域。在玻璃管下，我的发现物毫无困难地成长。

发育老熟时，陌生的幼虫长12～15毫米，光秃秃的，无足，近似透明的白，背上的结节引人注目。它略弯成弓形，很像是种膜翅目昆虫的幼虫。头部和身体其他部位一样透明；前三节每节上方都有两个尖尖的凸起，两边各有一个乳突，末梢是一个圆扣形凸起。这些凸起是腿的原基。其他节的上方有四个圆锥形凸起，从前到后突出程度越来越小，最后一节只有两个凸起。

8月末，我看到了最早出现的蛹，蛹的前胸有两个圆锥形凸起，穗状，相当长；中胸也长着两个凸起；后胸也有，但短得多。腹节的前五节上，每个节都有四个穗状凸起，但第六、七节只有两个。头、触角、前翅、后翅和腿都让人想到成虫，它在9月中旬出现，是真蜣。

因此，六带隧蜂的敌人是真蜂。这个奇怪的半翅目昆虫，张开的后翅和退化成小鳞片的前翅，使它看上去像只苍蝇，它的名字也会让人这样联想。当隧蜂幼虫食用储存的蜜时，真蜂幼虫便以它为食。我想知道这个不能动的无毛小虫，是怎么进入隧蜂的蜂房，来到它要吃的隧蜂身边的。真蜂配备的工具太差，不能穿透地下建筑。8月和9月，我常常看见它在刺芹的头状花序上，但我从未见过它的成虫出现在隧蜂的洞里；此外，被入侵的蜂房是按照隧蜂的规则被关起来的，根本看不出被外人撬过的痕迹。

因此我宁愿接受幼虫刚刚孵化后，有一种适于移动的形态，并通过自己的行动，进入隧蜂的蜂房，在变态后吃里面的居民，就像深居简出的生活所要求的那样；总之，我会接受真蜂有幼虫的二态性。它的初龄幼虫可能和卵蜂虻的初龄幼虫功能相同，纤细灵巧，能通过无法察觉的缝隙进入蜂房。

这便是今天我能为这个尚未开发的研究领域打下的基石。四种不同类别昆虫的幼虫二态现象，两个例子很详细，第四例存在的可能性比第三例要大，这四个例子向我们展示出，我们现在面对着一个值得今后研究的生物学法则。这条法则，我将试着这样揭示出来。

当幼虫拥有母亲给它提供的食物时，这种情况最常见，它唯一的功能就是进食长大，出生后的形态要保持到变成蛹态之前，这叫“进食形态”。但也有的从卵里孵出来后，小虫子要通过斗争，用各种方式找到食物。它便有了一种过渡形态，即“获取形态”。这种形态需要断食，唯一的作用就是进入蜂房并获得食物。任务完成之后，虫子便改头换面，由黩武的征服者变成安静的消费者。前面一种形态就是我说的初龄幼虫；第二种则是二龄幼虫。高级变态是从二态现象开始的。

第十二章　步甲蜂

据我所知，写在标题上的这种膜翅目昆虫，人们至今言之甚少，对它的介绍只限于系统分类时的特性简介，且语焉不详。有人说，幸福的人是没有故事的。我承认，但有个故事也不会妨碍幸福吧。我坚信自己不会打扰它的舒适与安逸，我要试着用生气蓬勃的虫子，来代替被钉在软木盒里的昆虫。

人们给它取了个有学问的名称，借自希腊文的Ταχυτησ，就是“快，敏捷，迅速”之意。看得出，虫子的教父粗通希腊文；但是，这个命名实在糟糕，它想告诉我们一种鲜明的特征，却将我们引上了歧途。速度在这里指什么呢？为什么贴这样一个标签，是要让我们以为它具有无与伦比的速度，是一种跑得飞快的虫子吗？还是要说它们是敏捷的掘洞者和迅猛的狩猎者？确实，步甲蜂算得上是，但与其不相上下的大有虫在。飞蝗泥蜂、砂泥蜂、泥蜂，还有许多其他的虫类，无论是飞还是跑，都不输于它。筑巢时，它们是整群小狩猎者在一起，吵吵闹闹地活动，工作迅速应归功于大家，不能说谁比别人作用更大。

如果在编纂名册时我有表决权，我会建议给步甲蜂取一个短点的名字，和谐，掷地有声，只表示所指事物的意义。看，飞蝗泥蜂这个名字多好啊！它既不会造成听觉上的不适，也不会让初学者产生偏见。我很不喜欢砂泥蜂这个名字，它会让我将一种安家时离不开坚实土地的昆虫，当成是喜欢沙子的虫子。如果我必须不惜一切代价，把拉丁文和希腊文混进一个让人想起虫子主导特征的称谓，我会试着这样说：喜欢蝗虫的虫子。

对蝗虫的喜好，可以一直延伸到它的总类直翅目昆虫；这是一种具有排他性的爱，代代相传，时间也改变不了这种忠诚。是的，用这样的说法来描述步甲蜂，比用赛马场里的术语更确切。英国人吃烤牛肉，俄国人吃鱼子酱，那不勒斯人吃通心粉，皮埃蒙特人吃玉米粥，卡班特拉人吃提安[1]，步甲蜂吃的是蝗虫。在它的国度，菜肴与飞蝗泥蜂的相同，我大胆地将两者联系到一起。系统分类者逃避活生生的城市，而参照墓地，根据翅脉和触角的不同，将两种类型远远分开。我则冒着被当成异端分子的危险，按照食谱将它们靠近。

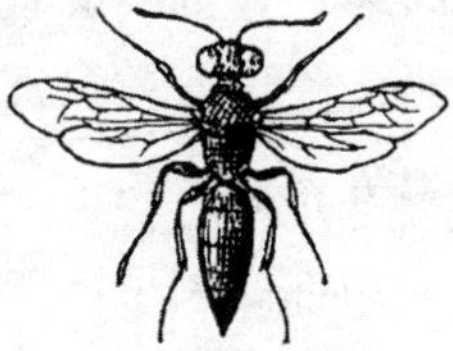
装甲车步甲蜂

据我所知，我们地区有五种步甲蜂，全部喜欢直翅目昆虫。装甲车步甲蜂，腹面有一条红带，算得上稀有。有时，我会在坡上和小路两旁看到它。它在那里挖洞，洞至多只有1法寸深，洞与洞之间相互分离。它的猎物是一种蝗虫的成虫，身材一般，就像白边飞蝗泥蜂捕猎的那种。这一个喜欢的猎物另一个并非就会嫌弃。它就像飞蝗泥蜂那样，抓住猎物的触角，将其拖到巢边放下，头朝向洞口。事先准备好的地窖用石板和细细的砂岩暂时盖住，以防狩猎者不在时，要么有路过者侵犯，要么洞因为土坍塌而被堵住。白边飞蝗泥蜂也采取了同样的谨慎措施。它们有同样的食物和相同的习惯。

步甲蜂清扫了隐居所的入口，独自一人进去。随后它又把头伸出来，抓住猎物的触角，倒退着将它拉进去储存好。我像以前对待飞蝗泥蜂那样戏弄它。当步甲蜂在地下时，我将猎物移远。虫子探

---

① 提安：以蔬菜和鱼为主的混合食物。——译注

出头来，没有在门前发现任何东西；它只好走出来，重新去抓它的蝗虫，并像第一次那样放在门口。然后，它又独自进去。它刚一转身，我就将猎物再次拖远。步甲蜂只好又出来，再从头开始。但是，无论实验重复多少遍，它始终坚持独自进去。其实，它想中止我的挑衅很简单，只要和猎物一起下去，而不要将它搁在门口一段时间。但它忠于种族的习惯，坚持和祖先做得一样，尽管古老的习惯可能会使它遭受损失。就像我也打扰过多回的黄足飞蝗泥蜂一样，这也是个愚笨的保守者，什么也不会忘记，但什么也不会去学。

我停止实验，让它安宁了，于是，蝗虫消失在地底下，步甲蜂将卵产在被麻醉者的胸部。每个蜂房各有一只猎物，不会有更多。最后隐居所入口被堵了起来，开始是一层砾石，防止房间里的土石塌方；然后扫上一层尘土，可以将地下居所遮掩得严严实实。现在一切都结束了，步甲蜂不会再来。它要到别的洞去，这些洞由于它流浪的习性而分布在各处。

8月22日，在村子里的一条路上，我看到了一个储存着食物的蜂房，一个星期后，茧也织成了；步甲蜂生长得如此迅速的例子，我倒见得不多。这个茧从形状和组织上看，都让人想到泥蜂的茧。它很硬而且矿化，茧的丝线缠绕在厚厚的沙石镶层中。这种混合式作品应该算是类属的特征，至少我在三种虫子的茧里看到过它。步甲蜂在食性上与飞蝗泥蜂很接近，在幼虫的技艺上却相去甚远。前者是一些做马赛克的工人，将沙子镶在丝网上；后者则只是织丝。

跗猴步甲蜂[①]的身材较小，穿着黑衣，腹节边缘还镶着几道细绒

① 据M. J. 佩雷的看法——我要说的这些膜翅目都要递交他审阅，他认为，这种步甲蜂很可能是一种新的类别，如果它不是拉普勒蒂埃的跗猴步甲蜂或者单色装甲车步甲蜂的话。各位如想澄清此点，就会发现对其习性始终争议频多。就我的研究而言，似乎没有必要过于纠缠这种令人厌烦的分类。——原注

银色饰带，常常成群聚集在软质砂岩的峭壁上。8月和9月是它的工作时节。如果矿脉开采起来很容易，它们的洞就会一个连着一个，只要找到矿脉，就会发现一大串茧。我家附近有一个采沙场，天气晴朗的日子，我造访了跗猴步甲蜂的家，没花多长时间，就找到一大捧茧。除了细微的差别，它和装甲车步甲蜂茧没有什么不同。它储存的粮食是些蝗虫若虫，长度在6～12毫米之间。蝗虫成虫对于步甲蜂幼虫来说过于坚硬，因此被排除在外。所有的食物都是蝗虫若虫，翅膀刚刚开始长出翅芽，背部完全裸露，让人想到某种窄礼服的短燕尾。猎物因为必须嫩所以很小，要满足进食的需要，数目就要增多，每个蜂房里我都看到有2～4个。等到了适当时机，我将了解食物配给有别的原因。

弑螳螂步甲蜂[①]和装甲车步甲蜂一样披着一条红带。我认为它的分布并不普遍。我是在塞里昂的森林里认识它的，它住在或者说曾住在细沙沙丘里，因为我担心经过我不断的挖掘，如今它们人口稀少甚至已经灭绝。风吹来的细沙堆积在迷迭香花丛中，形成了沙丘。除了这个居民点外，我就没有再见过它。它的故事很多，并伴随着整个发育过程。现在我只说说它的储粮，那是一些螳螂若虫，主要是修女螳螂。在我的记录中，每个蜂房里有3～16只若虫。又是很不匀称的食物配给，其原因将在稍后探讨。

对于黑色步甲蜂，我还要说些什么呢？我已经在黄足飞蝗泥蜂

---

① 在交付M. J. 佩雷审阅时，这种捕猎螳螂的步甲蜂并没有得到确认。它很可能是我们动物世界的一个新种类。我只能将其称为弑螳螂步甲蜂，如果这种膜翅目昆虫真的还没有被记录在名录里的话，烦劳专家给它取一个拉丁名称。我不想去研究分类。我认为，它们的类种区分就在于它们捕猎螳螂。有了这条信息，我在我们地区自然就不会认错它了。我要补充说明，这种昆虫是黑色的，前两个腹节、腿和跗节则是铁锈红。雄蜂体色和雌蜂相同，但要小得多，其突出特征是活着时有一双柠檬黄的漂亮眼睛。雌蜂的长度为12毫米，雄蜂7毫米。——原注

的故事里说过它。我在那个故事里描述了它和飞蝗泥蜂的冲突，我以为它强占了后者的洞穴；我叙述它在路边拖着一只麻痹的蟋蟀，牵拉着它的触角；我说过它的犹豫，让人怀疑它是一个无家可归的流浪者；最后我还说到，它将猎物放在一边，似乎对其既满意又不安。除了和飞蝗泥蜂的争斗，我的观察记录中没有别的。争斗我已看过多回，但从未见过其他的事。黑色步甲蜂在我家附近是最常见的一种，但对我而言始终是个谜。它的住房、它的幼虫、它的茧、它家人的行动，我都一无所知。根据它拖着的猎物从未改变，我所能确认的就是，它应该和黄足飞蝗泥蜂一样，用蟋蟀若虫喂养它的幼虫。

它是抢劫别人财产的偷猎者，还是按规矩办事的捕猎者？我的猜疑一直存在，尽管我知道应该多么谨慎。以前我怀疑过装甲车步甲蜂，我指责它利用白边飞蝗泥蜂的猎物。今天我不再指责它了，它是一个勤勤恳恳的劳动者，它的猎物就是它捕猎的成果。在事实尚未澄清、我的怀疑尚未排除之际，我最后说一下我所知的一星半点内容：黑色步甲蜂以成虫形态越冬，并会从隐居所中出来。它越冬的方式与毛刺砂泥蜂一样，温暖的庇护所，光秃秃的陡直小坡，便是它倾心的地方。我确信冬天的任何时候都可以见到它们，只要稍微挖掘一下布满了通道的土层，我就会看到它们一个个蜷着身体，待在通道深处温暖的地方。如果温度较高，天清气朗，它便在一二月从隐蔽处出来，到斜坡表面晒个日光浴，看看春天是否提前来临。当阴云密布温度降低时，它又回到冬季的御寒所里。

弃绝步甲蜂是种族里的巨人，差不多和朗格多克飞蝗泥蜂一样大小，腹部也同样披着一条红带，是同属中最稀少的一种。我只遇上过它四五次，它单独出现，总是能提供很好的条件，使我近似确定地归纳出其猎物的特性。它像土蜂一样在地下狩猎，9月，我看见它进入地下，刚刚下过小雨，土壤很松软，根据地面的起伏状况，我可以观察到它在地下的行走。它像只鼹鼠，钻入草地寻找白色的蛴螬。它出来的位置离入口差不多有一米的距离，这样长的地下行程要花去它几分钟的时间。

难道它的挖掘本领特别出色吗？根本不可能，也许弃绝步甲蜂是强健的矿工，但它不可能在这么短的时间内完成这样的工作。地下工作者如此敏捷，是因为它走的是别人留下的路。道路全部是现成的，在它进入之前就清清楚楚地显露出来了。

在地面至多两步长的范围里，土裂开形成一条弯曲的带子，大约有一指宽。从带子的左右又分出一些短得多的分支，分布得很不规则。对昆虫学并不在行的人也能一眼看出，在这些略微隆起的土带里，有蝼蛄的足迹，它是昆虫界的鼹鼠。就是它在寻找合适的树根时，挖了这条弯曲的隧道，一条主干道，上面布满通向四面八方的勘探通道。通道是空着的，或者只被坍塌物堵住，步甲蜂对此应付自如。这就足以解释它在地下行走为何如此迅速。

但是它在那里干什么呢？我难得观察到它几次，它总是在那里。如果没有目的，步甲蜂是不高兴在地下远行的。它这么做，一定是在寻找给幼虫吃的猎物，它利用蝼蛄的通道，并以蝼蛄作为食物喂养幼虫。它选择的猎物非常可能是若虫，因为成虫过大。此外，除了考虑数量之外还要考虑质量。若虫嫩嫩的皮肉很受欢迎，跗猴步甲蜂、黑色步甲蜂、弑螳螂步甲蜂均已证明过，三者都选择了自己的幼虫能咬得动的食物。不用说，捕猎者从土里一出来，我就挖开了通道。再也看不到蝼蛄了，步甲蜂来得太晚，我也是。

唉！我当时确定步甲蜂喜欢蝗虫是有道理的吗？种族的食物规

范难道必须保持不变吗？它们是怎样掌握分寸，食物虽然各不相同，却没有超出直翅目昆虫的范畴。看看蝗虫、蟋蟀、螳螂、蝼蛄，它们的模样有什么共同点？当然完全不同。我们当中不会有人，即使不懂解剖学上的精细分类，他也不会将这些虫子划成一类。步甲蜂也不会弄错，它是依照与拉特雷依学说相左的本能进行分类的。

如果看到一个洞里的食物种类也不尽相同，这种本能的生物分类学就更令人吃惊。比方说弑螳螂步甲蜂，它不加区分地将附近所有螳螂作为猎物。我见过它储存有三种螳螂，在我们地区我也只认识这三种，它们是修女螳螂、灰螳螂和椎头螳螂。步甲蜂蜂房里占绝大多数的还是修女螳螂，第二位是灰螳螂。椎头螳螂在附近的灌木丛中相对稀少，在步甲蜂的库房里也相应稀少；但它的重复出现仍可证明，狩猎者一旦遇上它，还是接受这种猎物的。三种猎物都是若虫，翅膀才长成翅芽。它们体形差别较大，长度在10～20毫米之间。

修女螳螂穿一身明快的绿色，前胸很长，步伐轻快。灰螳螂是浅灰色，前胸较短，步伐沉重。但体色不能影响狩猎者，步伐也不能，绿色还是灰色，敏捷还是缓慢，它都感兴趣。对它来说，尽管模样不同，但两种猎物都是螳螂。它是对的。

对椎头螳螂要说什么呢？在我们国家，昆虫世界里还没有比它更古怪的生物。孩子是杰出的命名专家，他们为这种昆虫取了一个与其形象相符的名称：“小鬼虫”。它的确是个精灵，一个值得用石炭笔描绘下来的魔鬼幽灵。即使是“圣安东的诱惑”中怪诞的妖魔，也不过如此恐怖。它的腹部平平的，边上有齿形的纹饰，形成拱状；它锥形的头上有两个分叉的角，就像是匕首；小小尖尖的脸可以往两边看，活似梅菲斯特[1]的狰狞面目；它长长的腿在节间有叠层的附器，就像古代骑士手肘上佩戴的臂铠。从后面四条长长的腿上，高高竖立起它的身体，腹部回卷，胸节竖直，用于战斗捕猎的前腿紧缩在前胸；它轻轻地晃动，在一根树枝梢上左右摇摆。

第一次看到它可怕姿势的人都会吓得跳起来。步甲蜂没有这些惊恐，只要一看到小鬼虫，便抓住它的脖子插入匕首。这将是它家人的美餐。它怎样能认出这个怪物是修女螳螂的近亲呢？当步甲蜂在远行狩猎中已经熟悉了修女螳螂后，在搜捕中突遇小鬼虫，步甲蜂怎么会知道这个奇怪的小家伙也是可口的猎物，可以拿来放在粮仓里呢？对这个问题，我害怕回答，提供不出有价值的答案。其他的杂食性昆虫已经让我陷入了迷雾之中，还会有别的昆虫再给我们制造谜团。我以后会回到这个话题的，但不是为了解决它，而是要表明它有多么莫测高深。现在我们再来看看弑螳螂步甲蜂的故事。

我所观察的蜂群定居在细沙沙丘里。两年前，为了挖出几只泥蜂的幼虫，我自己切开了这个沙丘。步甲蜂住宅的入口朝向切面的小竖坡。7月初，虫子们正工作得热火朝天。想必两个星期前工作就应该开始，因为我发现了一些老熟的幼虫，还有一些新茧。就在那里，100只雌蜂挖着沙土，或者带着猎物远行归来。它们的洞相互挨得很近，整个覆盖面积差不多有1平方米。这个小市镇面积不大但人口密集，向我们展示了以螳螂为食者的道德一面，吃蝗虫的装甲车步甲蜂虽然外表和它相似，却不具备这一点。尽管工作时是单干，但弑螳螂步甲蜂习惯与同类群居，就像某些飞蝗泥蜂一样；装甲车步甲蜂则独居，像砂泥蜂一样。无论外形或工作方式，都决定不了其社会性。

① 梅菲斯特：欧洲中世纪关于浮士德的传说中的魔鬼。——校注

雄蜂快乐地蜷缩在太阳下、沙地上和坡底下，它们等候着雌蜂，等它们经过时向它们调情。痴情的情人模样很可怜，长度只有异性的一半，体积要小十分之七。从远处看，它们头上似乎披着色彩鲜艳的缎带。近看时，可以确定有这个头饰，很大，强烈的柠檬黄几乎会让人头晕。

上午10点钟，当暑气开始变得令人难耐时，弑螳螂步甲蜂在一块范围不大的狩猎场里，来来回回往返于洞穴和草丛，或者是不凋花、百里香、蒿属植物之间。旅程如此之短，它常常只要飞一下就可以把猎物带回家。它提着猎物的前部，小心是很适当的，也有利于它迅速地将猎物储存起来，因为这样螳螂的腿会沿着身体的轴在后面拉长，而不是横着折起来或弯起来；否则，它进入狭窄的通道时，就会因为阻力而难以通过。长长的猎物在捕猎者身下悬空晃动，干瘪，麻痹，没有生气。步甲蜂则一直往前飞，到家门口才停下脚来，马上就将猎物拖在身后带进屋去。这种习惯与装甲车步甲蜂的不同。当母亲到来时，一只雄步甲蜂会突然出现，这样的情况并不少见。后者将遭到无礼的对待，现在是工作而不是快乐的时候。遭拒绝者在阳光下重新开始等待，主妇则做食物储存工作。

困难总是有的，我说一件储存时发生的不幸的事吧。在洞的附近，有一株植物把虫子粘住了。这是一种蝇子草属植物，这种古怪的植物爱长在海滨沙丘里，原产葡萄牙；但它深入内陆直至我们地区，也许它是上新世古海幸存下来的海滨植物吧。海消失了，海边的一些植物却保存了下来。无论在分支还是在主茎干，这种蝇子草属植物在大部分节间里，都有一个黏黏的环状物，宽1～2厘米，上下分界很明显。黏胶是淡褐色，黏性极强，只要稍微一碰就能抓住对方。我见过它抓小飞虫、蚜虫、蚂蚁、从菊苣头状花序上飞来的带冠毛的种子。一只大小和反吐丽蝇差不多的虻，在我眼前中了圈套。一到危险的祭坛，它的后腿跗节就被绊住。丽蝇拼命地挣扎，从上到下摇晃细细的植物。它刚把后腿跗节挣脱，前腿跗节又粘上了，只得再从头来。我怀疑它有没有可能解脱，在挣扎了整整一刻钟之后，它最终还是挣脱开了。

但是，在虻逃过劫难的地方，小飞虫则逃不脱，有翅蚜、蚂蚁、蚊子和其他许多小虫子都脱不了身。植物要拿它的捕获物怎样？这些被粘着翅膀或腿的尸首作为战利品有什么用？用黏胶捕虫的树能从这些濒死者身上得到好处吗？一位达尔文主义者认为植物有食肉型的，他应该拿出证据来。至于我，我不相信这种危险的话。蝇子草属植物上绕着粘带，为什么？我不知道。有些昆虫落入它的陷阱，这对植物有什么用？什么用也没有，仅此而已。胆大的人相信这种奇论，他去把枝节里渗透出来的黏液当作是一种消化液，相信它会将捕获来的小虫子转化成肉浆，为植物制造营养。我只想说，被粘上的虫子并没有成为糊状，而是在太阳下毫无用处地被晒得枯干。

我再回头说说泥蜂吧，它也要被植物欺骗。忽然，一只狩猎者带着它那长长的垂着身体的猎物出现了。它飞翔的位置与蝇子草属植物的黏液挨得很近。螳螂的肚子被粘住，至少持续了20分钟；步甲蜂始终在飞，它一直拉着猎物，想将猎物拉出来。牵引的方法经过努力无济于事后，它不再尝试其他的方法。最终小家伙疲惫了，它向蝇子草属植物低头，放弃了螳螂。

对于达尔文主义者来说，这是难得的机会，可以使他慷慨地给予动物理性的光芒。请不要将理性和智力混淆，但人们常常会这样做。我对其中的理性予以否定，但智力在很有限的范围内是无可辩驳的。我说，运用一下推理的时候到了，该去了解中断的原因，找出困难的源头。对于步甲蜂来说，事情再简单不过。它只要直接在猎物被粘着的肚子上方，抓住猎物的皮肤，就能把它拽出来，而不该抓着颈部不放。这么简单的力学问题，昆虫却无法解决，因为它不会从结果推出原因，因为它不会猜想中断的原因。

有一些吃糖的蚂蚁，习惯走一座步行桥到达糖仓，当桥中间断开一截时，它们便被阻断了。它们只要用几粒沙子填上空缺重建通道，困难就会迎刃而解；可它们一刻也不会这样想。其实，它们本身就是勇敢的挖土工，能竖起几堆土石小山。我看到过它们堆起巨大的锥形土丘，这是本能的工作；我却从未见过它们连着放上三小粒沙土，因为这是理性的结晶。蚂蚁和步甲蜂一样不会推理。

诡计多端的狐狸在驯化后面对饭盆时，只会使尽全身气力，拉扯使它与食物保持一两步距离的绳子。它像步甲蜂一样地拉扯，徒劳无功，只得躺下来，小眼睛睥睨着饭盆。它为什么不转身呢？它如果趴下来，加长自己的控制范围，也许就能用后腿够上菜肴，将菜拉向自己。但它没有想到这个主意，仍然是缺乏理性。

我的狗布尔也不会更有天赋，它只是更通人性罢了。我们穿越树林时，它常常会被拴野兔的黄铜连环套住。它像步甲蜂一样拼命地拉，但这样只会使结越拉越紧。当它无法通过牵拉的暴力弄断绳子时，必须由我来松开它。当门虚掩着时，它为了出去，只会把脸伸进去，就像在光线很窄的小角落里一样。它往前冲，朝各个方向出击。狗天真的方法只会有一个必然的结果：门闩被朝后拉时，只能使门关得更紧。它用腿就能将门闩轻易地拉向它，这样就可以打开出口；但这是一种后退的运动，与自然冲动相逆，因此它不会想到。又是一个没有理性的！

步甲蜂执着地拉扯粘住的螳螂，不知道用其他任何方法，将猎物从蝇子草属植物的陷阱里拉出来。它向我们展示了膜翅目昆虫不值得夸耀的一面。智力多么贫乏！昆虫只有在解剖方面才显现出杰出的才能。好多次我都强调本能这个令人不解的科学，我现在又冒险重复。见解就像钉子，只有多敲才能使其深入。通过一次次使人惊讶的现象，我希望它们能进入最无动于衷的大脑。然而，这一次我要倒过来，我先让人类的知识说话，然后再探讨昆虫的知识。

修女螳螂的外部结构，足以使我们看出其神经中心的位置，步甲蜂要损害神经来麻醉牺牲品，这样可以不伤及猎物修女螳螂而活生生地吞食它。螳螂窄长的前胸把一对前腿与后面两对腿分开。因此，前面有一个单独的神经块；后面，大约隔着1厘米长，有两个贴得很近的神经块。解剖证明了我的推测：胸部有三个大大的神经块，和腿的分布一致。第一个主管前腿，位置处在前面。这是三个当中最大的，也是最重要的，因为它掌管着虫子的武器，两只有力的手臂，呈锯齿状，上面还有铁钩。另两个与前者保持整个前胸的长度，每一个都对应着相应位置的那双足，因此两者之间距离很近。此外还有腹部神经，我就不提及了，因为步甲蜂做手术时不是常用得着它。腹部的运动是简单的搐动，没什么可怕之处。

修女螳螂

现在我对这个没有理性的昆虫做点推理。祭司体弱，而牺牲品却相对强壮，因此，挥动三下手术刀就必须消灭任何防范性动作。第一下该是什么？螳螂的前臂是真正的战斗武器，是一双强壮的长着齿的大剪刀。当它弯起来的时候，冒失鬼一夹进两片锯刀间，就会被切得粉碎；如果碰上了末端的钩子，它就会被剖腹。这个残酷的机器潜伏着巨大的危险，必须冒着生命危险首先制服，其余的则不用担心。因此，步甲蜂的螫针第一下就应小心翼翼地指向猎物凶残的前腿。然而，这样做解剖者自己也有危险，它不能有丝毫犹豫，第一下必须非常准确地扑上去，否则祭司就会被剪刀抓住。其他两对足一点也不可怕，如果只为自身安全考虑，完全可以忽略它们；但手术者是为卵而工作，对幼虫而言，作为粮食的螳螂需要完全无法动弹。后足的神经控制中心，因此也需要被针刺过。此时，螳螂已没有了战斗力，它有足够的时间刺后腿。这两对腿和它们的神经中心离攻击点很远，中间间隔有一段长长的前胸，根本不必插入螫针，这个间隔要跳过去；秘密的内部解剖要相应地后退，退到第二个神经节，然后是附近的第三个。简而言之，外科手术是这样进行的：第一下在前；然后后退很长一段距离，大约有1厘米，再在两个很近的点上戳上两针。这是人类的科学，遵循了解剖结构的理性。说完这之后，我们再看看虫子的实际操作。

让步甲蜂当着我的面进行手术一点也不难，我使用替换法，取走捕猎者的猎物，代以一只大小差不多的活螳螂。对于大部分步甲蜂来说，替换方法是行不通的。它们一下子就飞到家门口，很快就带着猎物消失在地下。但是，偶尔有几只从很远的地方飞来，也许是不堪重负，它们在离洞有段距离的地方挣扎，甚至放下猎物不管。我便利用这难得的机会观看演出。

失去猎物的步甲蜂很快就发现了替换物，但这不再是没有反抗能力的猎物。也许是为了示威，本来一直默不作声的它，现在发出嗡嗡的声响，它的飞翔也变成始终跟在猎物身后迅速地摆动，好似钟摆式的加速来回，只是摆的时候没有垂线。螳螂肆无忌惮地以四条腿着地，竖起前半身，将它的大剪刀打开、关上、再打开，向敌人示威；它将头朝这边转转，再朝那边转转，这种其他任何昆虫都做不到的动作，很像我们通过肩膀环顾四周；它面对着进攻者，准备攻击到来时随时反击。这是我第一次看到如此大胆的防卫。这一切会导致什么呢？

步甲蜂继续在后面摆动，以防可怕的机器将它抓住；而后猛然间，当它觉得螳螂被它迅速的动作转晕了头时，它扑到猎物背上，用大颚抓住猎物的颈部，用腿绕住猎物的胸部，匆忙地往前刺上一针，就刺在危险的前腿那里。大功告成了！致命的大剪刀无力地垂落下来。手术者于是像从一根桅杆上滑下来那样，在螳螂的背上往后退，退下大约一指宽的长度后停住。然后，它不急不慌地麻醉着后面两对腿。手术完成以后，患者一动不动地躺在地上，只有跗节还在颤动，在最后的抽搐下抖动。祭司擦擦翅膀，将触角放进嘴里打磨，这是激斗之后重归宁静的习惯表示。过了一会儿，它抓住猎物的颈部，绕住它，将它带走。

你们对此怎么看？学者的理论和虫子的实践，不是很一致吗？解剖学和生理学预见到的东西，昆虫不是完美地完成了吗？本能是先天的产物，是没有意识的神祇，与费力获得的知识不相上下。最令我震动的，就是第一针以后的后退。毛刺砂泥蜂在给它的猎物做手术时也后退，但那是一步一步地，从一个节到另一个节。它对手术的精细考虑应该在施力一致上找到某种解释。但对于步甲蜂和螳螂，我无法使用这种精巧的论证。步甲蜂的针不再是有规则地刺上去；相反，手术没什么章法，如果患者的组织结构不做向导，它就想不到这些。因此，我认为步甲蜂知道猎物的神经中心在什么地方；或者说得更好一些，它的行为使它看上去像知道一样。

这种不被了解的科学，它和它的种族不是通过一代代的完善得来的，这不是代代相传的习惯。我将证明一百次一千次，不可能，这种手艺绝对不可能通过实验学会，因为第一下失手就会完蛋。你们要对我说遗传，遗传将微小的成功通过积累变大，但新手只要弄错了武器的方向，就会被双锯碾得粉碎，反而成为残暴的螳螂的猎物。攻击蝗虫失败后，平静的蝗虫都要出其不意地反抗；肉食类的螳螂连比步甲蜂强壮的食物都吃，当然更会反抗甚至吃掉粗心者；猎物吃掉猎人，绝妙的追捕！做螳螂的麻醉师这种职业是最危险的，容不得只成功一半；必须冒着死亡的危险，第一次就干得出色。不，步甲蜂的手术不是后天学会的。因此，它如果不普遍存在于一切步甲蜂身上，它又是从哪里来的呢?!

如果拿走修女螳螂，换上一只小蝗虫，会发生什么呢？在饲养中，我发现步甲蜂幼虫很适应这种食物，因此，当发现弑螳螂步甲蜂母亲并不仿效踯猴步甲蜂，它并不舍弃自己选择的危险猎物，而改选蝗虫供给孩子们时，我感到很惊讶。食谱说到底是一样的，而且，剪刀已不再是可怕的危险。对于同样的患者，手术方法也应保持一样；解剖者是依然在颈下刺一针再突然退后，还是根据新的神经组织相应地调整技术呢？

后一种假设是没有任何可能性的。预测麻醉者根据牺牲者的不同类型，变化伤口的位置和数目是荒谬的。它精于上天赋予它的工作，但除此之外便什么都不知道了。第一种假设似乎有一定的概率，值得试验。

我将步甲蜂的螳螂拿走，换上一只小蝗虫。蝗虫的后腿已被剪去，防止它蹦跳。残疾的蝗虫在沙上疾走，步甲蜂在它身旁飞了一会儿，不屑地瞥了残疾者一眼，然后什么也不尝试就退开了。不论提供的猎物大还是小、灰还是绿、短还是长、像不像螳螂，我的尝试全告失败。步甲蜂很快就发现这与它无关，这不是家人吃的猎物；它走开了，甚至都不用大颚碰一下我的蝗虫。

这种固执的拒绝不是因为饮食上的理性动机；我说过我养的幼虫是吃小蝗虫的，就像吃小螳螂一样，两种菜对它而言似乎没有区别，它对于我选择的食物和它母亲选择的食物同样中意。但母亲却看不上蝗虫，它为什么拒绝呢？我只能看出一个原因：这个不属于它的猎物，也许像陌生人一样引起了它的害怕；可怕的螳螂不会使它退却，平静的蝗虫却吓倒了它。此外，就算摆脱了恐惧，它也不知道如何控制蝗虫，特别是如何进行手术。每只虫子都有适合自己的职业，每只虫子的螫针只戳向一个地方。条件只换了一点，这些有才华的麻醉师便什么都不会做了。

织茧的技术也是各有不同，差异极大，幼虫展示了它所有本能的方法。泥蜂、大唇泥蜂等挖掘者造的是复合式的茧，在丝网中镶嵌有沙粒，像果核一样坚硬。我已经知道泥蜂的作品。泥蜂幼虫先是用白白的纯丝织出一个水平的锥形囊，开口敞开，并用丝线将它固定在居所的隔墙上。这个囊可以和渔网相比，因为它们的形状非常相近。幼虫不离开小房子，它从开口伸出颈子，在外面采一小堆沙粒，储存进工地内部。然后它一粒粒地选择，将沙粒镶嵌在身边的丝囊里，并用自己纺丝器里的液体将它凝固，液体很快就变硬了。当工作完成时，它还要关上居所；可是，直至此时居所还是大大敞开的，因为随着内部的沙粒用完，它还要一点一点地储存新的沙粒。就这样，它在开口织出了一个丝质的帽状拱顶，最后，幼虫将剩下的材料全都镶嵌进去。

步甲蜂则用别的方式织茧，尽管工作一旦完成，它的茧与泥蜂的看上去并没有什么区别。幼虫先是在身体中部的周围织上一圈丝带，无数条线很不规则，并与蜂房的隔墙连在一起。在幼虫身体可及的范围内，一些沙子就堆在这个屋基上。然后，使用小工具的步甲蜂开始工作了。沙石是沙粒，水泥是纺丝器里的分泌物。它先在环形丝带上铺一圈沙粒，然后分泌出黏液将沙粒固定在丝带上，步甲蜂就这样一个环带一个环带地造蛹室，当茧有了正常的一半长度后，便形成圆帽形，最后关闭起来。步甲蜂幼虫的建筑方法让我想到建造一条环形路的砌石工，在一个类似窄窄转塔的通道里，它占据着中心位置，绕着自己身体四周放置材料，一点点儿地给自己套上砖石套子，幼虫就是这样给自己套上马赛克的。为了织茧的后半部分，幼虫转过身，以同样的方式在环形丝带的另一边开始织起来。大约36小时之内，坚固的茧织完了。

观看泥蜂和步甲蜂这两种职业相同的工作者，使用迥异的方法做出同种作品，是很有趣的。泥蜂开始用一堆纯丝，随后用沙粒镶嵌在茧的内部；步甲蜂是更胆大的建筑师，它省下丝墙，只用悬带，一层一层地建。建筑材料是相同的：沙子和丝；两只幼虫工作的地点也相同：沙地里的居所；然而，每个建造者都有自己独特的技术、自己的工期、自己的操作方法。

与居住的地点、使用的材料一样，食物的类型对于幼虫的才能也不起作用。大唇泥蜂，这个将沙镶在丝里织茧的建造者，向我们提供了证据。强壮的大唇泥蜂在软砂岩里挖洞。像弑螳螂步甲蜂一样，它捕猎同一地区的各种螳螂，主要是修女螳螂；只是它强壮的身材要求更大的食物，但猎物还不需要达到成虫的大小和形状。一个蜂房里有三至五个猎物。

大唇泥蜂的茧更加坚固、宽敞，可以与最大的泥蜂相比；那茧是如此独特，一眼望过去就能区分得出来，对此我还没有找到过第二个例子。在规则的茧壳边缘，凸起一道粗粗的垫圈，上面粘着沙土块。这个隆起能使人从所有的茧中认出，它是属于大唇泥蜂的。

从幼虫织造茧盖的方法，我将找到原因。它最初是织一个锥形的纯白色丝囊，看上去像泥蜂一开始的网；只是这个囊有两个开口，一个朝前开得很大，另一个在旁边开得很窄。从前面的开口，大唇泥蜂随着内部镶嵌的需要，不断储进来沙子，茧就这样被加固，然后建成帽形拱顶关闭起来。直到这时，织造工作还和泥蜂的工作完全一致。现在封闭在茧壳内的幼虫在完善加工房屋的内部，为了加固房屋，它还需要一点沙子。它从特意开在建筑物的边上的口子采集沙粒，这个狭窄的老虎窗，恰好供它纤细的头颈进出。储备品带了进来，这个只在最后时刻用得上的小门也关了起来，大唇泥蜂从里到外地给它涂上一层沙石，在茧壳边缘便形成了一个不规则的凸起。

今天，我不展开来讲大唇泥蜂，它的传记将在此章之外详细描述。我只谈谈它织外壳的方法，用它来和泥蜂特别是步甲蜂进行比较。这两种虫子也一样是吃修女螳螂的。通过比较，我似乎能得出结论：我们今天看成是本能起源的生存条件，包括食物类型、幼虫生活环境和建造防卫围墙的必要材料，以及进化论没有说到的其他动机，都不影响幼虫的工作。那三个用沙造蛹室的建筑师，尽管所有条件都一样，甚至食物的特性也相同，但它们做同一项工作时用了完全不同的方法。这是些从不同学校毕业的工程师，尽管学的东西都差不多，但学派不同。工地、工作、粮食都不能决定本能，本能在前，它决定法则而不会听命于法则。

第十三章 三种芫菁

关于芫菁科这些奇特的寄生虫，我讲得还不完整。它们当中有一些，如西芫菁、短翅芫菁，像小虱子一样，贴在各种食蜜类昆虫的毛皮上，混进蜂房，毁掉蜂卵，然后再以蜂蜜为食。我在离家门口几百步远的地方找到了一个不期而至的拟蛹，它又一次提醒我，统而化之的方法是如何危险。根据在此之前收集到的所有材料，我似乎可以接受：在我国，芫菁科的所有昆虫都攫取食蜜类昆虫储存的蜜。这的确也是基础最牢靠、推理最自然的一种归纳，很多人毫不犹豫地接受了它，我也属于其中一个。当我们想制定一个法则时，应该相信什么呢？我们以为自己上升到了一定的高度，却陷入了迷误。芫菁科的法则应当从其他种类的代码中剔除出来，这一章将向我们证明。

1883年7月16日，我和儿子埃米尔一起挖掘沙土堆。几天之前，我在沙土堆里观察了弑螳螂步甲蜂的劳动和外科手术。我的目的是要收集几只掘地虫的茧。茧在我的小铲下大量出现，这时，埃米尔给我看一个陌生的东西。我正忙着收获，只瞥了一眼，便把这个新玩意儿放进箱子里，并没有仔细观察。当我们离开沙土堆，走在回家的路上时，挖掘的热情已经平静下来，漫不经心地与茧一起放在箱子里的那个可疑物，突然在我的脑中闪现……嘿，嘿！我对自己说，是不是这个呢？为什么不是？是的，就是这个，正是它。埃米尔随后就惊讶莫名地听到了一段独语：

“我的朋友，你刚刚做了一个伟大的发现。这是芫菁科的拟蛹，它是难以估价的资料，给这些昆虫奇怪的档案又提供了新的内容。我们仔细看看这东西，说看就看。”

我把它从箱子里取了出来，吹去上面的灰尘，仔细地观察。我眼前真真切切的是某种芫菁的拟蛹，它的形状我从未见过。这倒不重要，我对它们早就很熟悉，不会认错它的来源。一切都证明，我现在看到的是一种与变态奇特的西芫菁、短翅芫菁相仿的昆虫；此外，更有价值的细节是，它身处螳螂祭司的洞中，表明它的习性会全然不同。

“天热了，我可怜的埃米尔，我俩都已经筋疲力尽。但顾不了这么多，我们回到沙丘，继续挖掘寻找吧。我要找到拟蛹之前的幼虫；如果可能，我还需要拟蛹羽化出的成虫。”

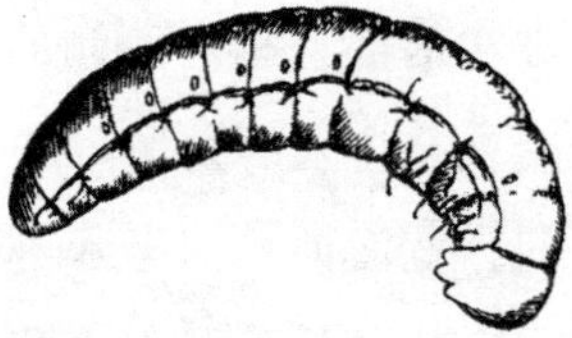

谢氏蜡角芫菁的拟蛹

我的激情得到了成功的回报，我们找到了数目可观的拟蛹，还有许多吃着螳螂的幼虫，而螳螂本是步甲蜂的储粮。这些幼虫确实是拟蛹的制造者吗？这种可能近似于确定，然而还存在着疑点，只有家中的饲养才能驱散可能的迷雾，以确定的晴空取而代之。我找不到任何成虫的踪迹，使我能了解寄生虫的特性。未来，我期望它能填补这个空白。这便是打开沙地里第一条沟后得到的结果，此后的挖掘只是丰富了我的收获，并未带来新的资料。

现在我开始观察我的这两个发现物。我首先观察拟蛹，是它使我醒悟。它的身体毫无生气，僵硬，蜡黄，光滑，有光泽，头端弯曲成钩形。用一部高倍放大镜看，只见体表遍布一些很小的点，略微凸出，比身体内侧光亮得多。它共计有13个体节，包括头。背部凸起，腹部则是平的，一道钝棱将背面与腹面分隔开。三个胸节每个都有一对小小的锥形乳突，深红褐色，是足的原基。气孔非常清晰，看上去是一些红褐色的点，比外皮上的点颜色更深。最大的一对气孔位于胸部的第二节上，几乎就在第一、二节的节间膜上。接下去有八对气孔，除了最后一个腹节，每个腹节上一对，气孔总共有九对。最后一对，或者说第八腹节上的那一对，是所有气孔中最小的。

肛门没有任何特殊之处。头部有八个圆锥形结节状隆起，深褐色，让人想起腿上的结节。其中六个隆起位于头部两侧，其余两个则在面部。相对两侧的六个乳突，面部的两个是最有力的，它们无疑就是将来的大颚。这个器官的长度可变程度很大，在8～15毫米之间，宽度为3～4毫米。

从总体形状看，我发现，它的模样具有和西芫菁、短翅芫菁和带芫菁拟蛹一样的特征：同样坚硬的角质外皮，枣子或是纯蜡般的红褐色；同样的面具，未来的头部还只是一些轻微的隆起；同样的胸部凸起，这是足的原基；同样的气孔分布。因此我异常坚定地确信：螳螂追捕者的寄生虫只能是芫菁科昆虫。

我记下了那个奇怪的幼虫的体貌特征，我发现它时，它正在步甲蜂的洞里吃着成堆的螳螂。它光秃秃的，无目，白白软软，弯曲得很厉害。它的模样让人想起某种象虫科的幼虫。再说得确切一点，我可以把它与斑痕短翅芫菁的二龄幼虫相比，以前我在《自然科学年鉴》里提供过后者的图像。我把这幅图像做较大幅度的缩小，就差不多得到了步甲蜂寄生虫的肖像。

粗粗的头，微微带着点红褐色；强壮的大颚，弯成尖尖的钩形，末端黑色，基部是浓烈的红褐色。触角很短，嵌在大颚附近。我看到触角有三个节，第一个粗大并呈球状，另一个呈圆柱形，最后一个是被突兀截去一段的截柱。头之外还有12个节，相互间的分界很清晰。第一个胸节比其他的要长一些，背部是很淡的红褐色，和头一样。从第十节开始，身体向后逐渐变窄。一层齿形的软垫将背面与腹面分开。

短短、白白、透明的足，末端有个小小的爪。中胸上有一对气孔，大约位于与前胸的连接处；八个腹节的每一边也都有一个气孔；九对气孔的分布就像拟蛹的一样。气孔小小的，红褐色，较难辨认。幼虫的身材变化较大，也和它要化成的拟蛹一样，平均长12毫米，宽3毫米。

六只短足，尽管很弱小，却具有人们预想不到的作用。它们环抱住要吃的螳螂，将它放置在大颚下面，幼虫侧身躺卧，随心所欲地进食。这些足同时还用来行走。在一个坚硬的表面，比方说小桌的木头上，幼虫很优雅地移动，它腆着肚子迈着碎步，身子挺得笔直。但在精细而流动的沙子上，行动就变得困难，幼虫弯成弓形，仰面或侧身行走，用大颚挖掘并刨着沙子，有点像是匍匐前进。但是只要有一堵不倒塌的墙做支撑，它进行长途跋涉也不是没有可能。

我将我的房客养在一个盒子里，并用纸做隔墙将盒子分成几小间，每个房间的容积与一个步甲蜂的蜂房差不多大，我在里面铺一层沙，将一堆螳螂和幼虫放在沙上。然而，这个食堂不止一次出现了混乱，本来我是想把食客们一只只隔离开来，每只都有专门的餐桌。但前一天吃光了粮食配给的幼虫，第二天又会在另一间餐厅里出现，和它的邻居分享食物。它应当越过了本来就不高的隔墙，或者打通了某个开口。这就足以确定，虫子不像吃条蜂蜜饼的西芫菁和短翅芫菁那样，老老实实待着不动。

我想，它在步甲蜂的洞里，吃完一堆螳螂后，就会从一个蜂房转移到另一个蜂房，直到胃口得到满足。它在地下的行程不会很远，但总是要走访邻近的几个蜂房。步甲蜂储存的螳螂数目变化很大，数目少的那些当然是属于雄性的，它们对于同伴而言是孱弱的侏儒；丰盛的那些则属于雌性。遇上瘦弱的雄性小虫子也许会感到口粮不够，它必须通过转换房间获取补充。如果运气好，它就不会挨饿，并充分发育；如果它乱转了半天什么也没发现，就只有节食，身材一直瘦小。这也许可以解释，为什么我看到的幼虫或是拟蛹相互间存在差异，单是长短就会有两倍甚至更大的差别。所遇居所里的食物有多有寡，它的数量决定了寄生虫的大小。

在活动期中，幼虫要经历几次蜕变，我至少看过其中一次。蜕去表皮之后，昆虫又呈现出先前的模样，没有任何形状上的变化。抛弃旧衣时中断了饮食，现在它又重新吃起来；它用腿从食物堆中绕住一只螳螂，开始啃咬它。无论是蜕一次皮还是蜕好几次，都与高级变态的改头换面毫无共同之处，后者是如此深刻地改变了昆虫的模样。

在分成几间的盒子里进行了十几天的饲养后，我足以得到证明，我把吃螳螂的寄生虫幼虫看成是拟蛹的来源，看得是准确的。为了这个拟蛹，我忙碌个不停。我为幼虫提供任它食用的餐点，直到它最终停止进食。它停止活动，将头缩进去一点，身体蜷成弓形，然后，皮肤裂了开来，头上是横向开裂，胸部则是纵向，皱巴巴的表皮往后褪去，拟蛹出现了，完全是光秃秃的。它起初是白色，就像幼虫那样；但很快一步步地，它就变成了纯蜡的红褐色，在将成为未来的足和嘴的隆起末梢，颜色则更加浓烈。露出拟蛹的蜕皮，让人想起短翅芫菁的变态方式，但与西芫菁和带芫菁的不同。后者的拟蛹包裹着二龄幼虫的表皮，这种时松时紧的皮囊，永远不会有裂痕。

起初的迷雾已被驱散，它的的确确是种芫菁，实实在在的芫菁；在它那一类寄生虫中，它也是最奇特的特例。它不吃蜜蜂的蜜，而以步甲蜂的螳螂为食。美国的博物学家最近告诉我们，蜜并非始终是发疱药的食物，美国的某些芫菁吃蝗虫的卵。这些卵是它们正当的获取物，而不是攫取他人的财产。据我所知，还没有人设想出食肉芫菁的真正寄生理论。在大西洋的两岸，都发现了发疱药对蝗虫的爱好，倒是很引人注意的：一种吃蝗虫的卵；另一种作为其类属的代表，吃修女螳螂及其同族。

谁能向我解释这种对直翅目昆虫的爱好？它所属部落的头领短翅芫菁，却只接受蜜饼。为什么我们分类时归在一起的昆虫，有着如此迥异的口味？如果它们起源相同，为何肉食者取代了食蜜者？羊羔怎么成了狼？这是不久前寡毛土蜂从反面向我们提出的重大问题，它是食肉土蜂的食蜜亲戚。这个问题有待有权利回答它的人做出解释。

第二年的6月初，有几个拟蛹从头的后方横向裂开，并从背的中线纵向开裂，最后两三节除外，三龄幼虫便这样出现了。经过放大镜下的简单观察，我觉得它的整体轮廓与吃步甲蜂储粮的二龄幼虫一致。它光秃秃的，淡黄色，让人想起黄油的色泽。它很好动，但动起来动作艰难。通常它是斜躺着的，但也可以保持正常的姿势。小家伙努力地使用腿，但找不到足够的支撑点。短短几天之后，它又重新回到完全休息的状态。

13个环节，包括了头；头很大，颅顶四方形，边缘稍圆。短短的触角，有粗粗的三节。大颚短而强健，末端有两三个细齿，颜色是较鲜艳的红褐色。唇上的唇须短而茂密，和触角一样也有三节。

上唇、上颚和唇须能够稍许移动摇摆，仿佛在寻找食物。在触角窝附近有一个小小的褐点，就在未来眼睛的位置。前胸比其后各环节都要宽，这些同样宽度的环节通过一条沟和边缘浅浅的节间膜，清清楚楚地相互分离。足短小透明，没有末端的爪，是一些有三个关节的残肢。淡色的气孔共有八个，像拟蛹那样排列，第一个也是最大的那个，位于胸节前两节的分界线上，其他七个在腹节的前七节上。二龄幼虫和拟蛹还有一个很小的气孔，在腹部最后一节上。这个气孔在三龄幼虫体上消失了，至少我无法用高倍放大镜看到它。

简而言之，它有着与二龄幼虫同样强健的大颚，同样孱弱的足，同样像象虫幼虫的容貌，同样能运动，但比起第一种形态不那么明显。拟蛹的过渡并未带来真正值得特别注意的变化。在这个特殊的阶段之后，幼虫又和它以前一样了。短翅芫菁和西芫菁也是如此。

既然又回到了起点，那么拟蛹这个阶段又有什么意义呢？芫菁似乎在一个循环里打转：它将刚刚做的事中断，前进之后又往后退。有时我把拟蛹看成是一种具备高级机制的卵，昆虫以它为起点，开始遵循昆虫形态的普遍法则，依次经历幼虫、蛹和成虫各种状态。第一次孵化，即正常卵的孵化，芫菁经历的是卵蜂虻和褶翅小蜂的幼虫二态现象。初龄幼虫来到食物处，二龄幼虫进食。第二次孵化，即拟蛹的孵化，又回到了正常的进程，虫子遵照三种有规律的形态演变：幼虫、蛹和成虫。

三龄幼虫时间短促，大约只有两个星期，它的蜕皮是从背上一条纵向的缝开始，就像二龄幼虫一样，裂开后便出现了蛹。我可以看得出它是鞘翅目昆虫，触角便可以近似地确定出其类型和种别。

在第二年发生的演变上，我遇到了挫折。我在6月中旬得到的那几个蛹开始干枯，连成虫的形态都没达到。我还剩下一些拟蛹，也没有任何进一步变化的痕迹。我将拖延归结于不够炎热，因为我把它们放在阴凉处，就在实验室的书架上，而在自然条件下，它们是晒着最酷热的太阳，待在几法寸厚的沙层上的。为了模拟这些条件，并不使我高度期望的饲养对象陷进沙中，我将剩下的拟蛹放在一个铺着新鲜沙层的容器底部。阳光的直射是行不通的，因为在地下生活的时期，这可是致命的。因此，我在容器口捆了一层黑呢，作为沙层的自然隔热屏；然后，我将容器放置在强烈的阳光下几个星期，就放在我的窗户上。由于织物的颜色极利于吸收热量，在它的遮蔽下，白天的温度就像蒸汽浴室里的一样，然而拟蛹依旧不为所动。7月都快过完了，我还看不出任何临近孵化的迹象。在确信加热实验无法成功后，我又将拟蛹放在阴暗处：书架上、玻璃瓶里。在那里它们度过了第二年，始终保持这种状态。

6月又来了，接着，三龄幼虫出现了，然后是蛹。这个发育阶段又一次无法通过，蛹像去年一样枯干了。这一次失败也许是因为我那些容器的环境过于干燥。我们会无法知道吃螳螂的芫菁的类别和种类吗？幸而不会。经过推理和比较，谜很容易就能解开。

我虽然尚不了解我们地区仅有的那些芫菁的习性，但在它们当中，身材能和有争论的幼虫和拟蛹相符的，只有十二点斑芫菁和谢氏蜡角芫菁。前者我7月在邻海山萝卜属植物的花上发现过；至于后者，5月末和6月，我在耶尔群岛的不凋花花序上发现过。从日期上看，后者能更好地解释，从7月起在步甲蜂的洞里就能看到寄生虫的幼虫和拟蛹。此外，在步甲蜂出没的沙堆旁有许多蜡角芫菁，而斑芫菁却看不到。而且，我获得的那几只蛹有着奇特的触角，末

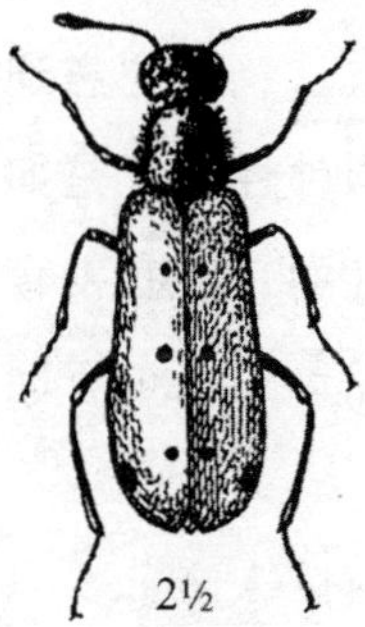
2½

斑芫菁

端簇集着浓密而不规则的纤毛，其对应物只有在雄性蜡角芫菁的触角上才能找到。因此斑芫菁应当被排除，它们呈蛹态时的触角应当像成虫时那样，具有规则并且形状统一。那么，剩下的就只有蜡角芫菁了。

如果还有疑问，还有机会可以解释。幸运的是，我的一位朋友，博勒伽尔博士，在我之前就为发疱药做了杰出的工作，他拥有施氏蜡角芫菁的拟蛹。他来到塞里昂进行深奥的研究工作，并在我的陪同下挖掘步甲蜂的沙地，将吃螳螂的几只拟蛹带到巴黎，观察其成长过程。他的实验和我的一样遭到了失败，但通过将塞里昂的拟蛹和施氏蜡角芫菁的拟蛹相比较——这些拟蛹来自阿维尼翁附近的阿拉蒙——他发现两种拟蛹极为类似。因此一切都证明，我发现的拟蛹只能来源于谢氏蜡角芫菁，另一种蜡角芫菁则必须排除，它在附近地区极为稀少，就足以说明问题。

令人烦恼的是，阿拉蒙芫菁的食谱尚不为人知。通过类比法，我会自然地将施氏蜡角芫菁当成是跗猴步甲蜂的寄生虫，跗猴步甲蜂在高高的沙土坡里挖掘蝗虫的若虫堆。两种蜡角芫菁可能具有类似的食谱。但是我想请博勒伽尔先生留意澄清这一重要的习性。

谢氏蜡角芫菁的谜底解开了：吃修女螳螂的芫菁是谢氏蜡角芫菁。春天，我在不凋花的花上多次看到过它。每一次，我都注意到一种少有的特性：个体之间身材差异极大，即使是同种性别也是如此。我看到一些瘦得皮包骨头的，有雌性的也有雄性的，只有发育得最好的同类的三分之一大小，十二点斑芫菁和四点斑芫菁也有同样明显的差异。

同一种昆虫甚至同一种性别之间，形成了侏儒与巨人之分，只能是食物数量不均造成的结果。如果像我猜想的那样，幼虫必须自己找到步甲蜂储存猎物的仓库，如果第一个的储存过于贫瘠，还要访问第二个、第三个；那么，运气的不同就会使它们并不总有相同的际遇，有些粮食会很充足，有些会缺粮。没法填饱肚子的就变得很小，而吃得饱饱的就变得粗壮。身材上的差异充分表现了寄生的理论。如果母亲自己用心积攒粮食，或者它的家人有办法直接获取食物而不是利用别人的，食物配给彼此就会差不多相等，身材的不同只是常常体现在两种性别之间。

此外，我还可得出一种不稳定的、依靠运气的寄生理论：蜡角芫菁无法确定能发现食物。西芫菁可以依靠条蜂的载运，灵敏地获取食物。它出生在蜜蜂的通道口，直到钻进主人的皮毛里才会离开。蜡角芫菁被迫流浪，自己寻找合适的餐桌，便有吃粗茶淡饭的危险。

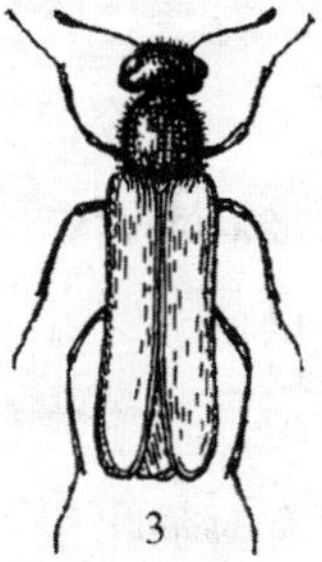

谢氏蜡角芫菁

要把谢氏蜡角芫菁的故事说完整，我还要添上一段，就是起初状态的那一段：产卵、卵和初龄幼虫。在监视吃螳螂的寄生虫的发育过程中，我小心翼翼地想发现作为起点的第一年。像我刚才说的那样，如果除去我所知的部分，在附近地区的芫菁里寻找身材符合从步甲蜂洞里挖出的拟蛹的物种，我就只能找出谢氏蜡角芫菁和十二点斑芫菁。我努力饲养它们，期望得到它们产的卵。

作为比较项的四点斑芫菁身材要大一些，它也加入前两者的行列当中。第四种是带芫菁，我知道它与此事无关，我也认识它的拟蛹，我只是用它来扩充我的产卵者学校。如果可能，我也想得到它的初龄幼虫。最后，我还饲养了西班牙芫菁，想观察它的产卵过程。总之，五种发疱药都饲养在一个大笼子里，我的记录本上也因而留下了几行笔记。

饲养的方法很简单。在一层腐殖土上加上一个大大的金属罩，每一种都罩在里面休息。围墙当中有一个装满水的瓶子，里面浸着保持新鲜的食物。对于西班牙芫菁，这是一簇梣木的枝叶；而四点斑芫菁则是田旋花或是补骨脂属植物，虫子只嚼它们的花冠。对十二点斑芫菁，我用山萝卜属植物的花喂它；给带芫菁喂食用的是刺芹盛开的头状花序；供给谢氏蜡角芫菁的是耶尔群岛不凋花的头状花序。后三种尤其爱吃花药，很少吃花瓣，从不吃叶子。

可怜的智力，可怜的习性，根本不会为我精心的饲养带来回报。吃食物，做爱，在土里挖洞，漫不经心地产卵，这便是芫菁成虫的整个生活。只有当雄虫戏弄同伴时，迟钝的昆虫才会有些兴趣。每个物种都有自己表白激情的习惯，因此，就算在旁观者眼里有时显出很奇怪的情欲表现也没有什么不妥。情欲是普遍的现象，它支配着世界，最粗鲁的人也会为之战栗。这是昆虫的终极目标，它改换面貌就是为了这一盛典。在此之后它便死去，并不再做任何事情。

我也许可以写一部有趣的书：《昆虫的爱》。以前这个主题就曾使我心动过。四分之一个世纪以来，我做过的记录尘封在资料堆的角落中。我取出了关于西班牙芫菁的记录。我知道，写梣木芫菁爱情序曲的，我并非第一个；但叙述者变换了，叙述仍然可以具有价值；它确认了我曾经说过的话，我还要披露一些尚不为人知的内容。

一只雌性西班牙芫菁平静地吃着叶子，一个情人过来了，从后面贴近，突然蹿到它的背上，用后面两对足将它缠绕起来。雄芫菁尽量将腹部伸直，并用它拼命鞭打雌虫的腹部，左边右边来回不断，鞭打的速度疯快。它本来一直空闲的触角和前腿，现在也开始疯狂地鞭打雌虫颈部。当击打如冰雹一样不断降落在身体的前前后后时，爱人的头和胸没有规律地摇晃震动，就像是癫痫发作。

然而美人儿却缩了起来，它半张着鞘翅，将头藏起来，腹部往下曲，似乎要避开背上暴风雨般的爱情表白。冲动开始平静下来，雄虫把神经质般颤动的前腿伸展成十字架形，在这种欣悦至极的姿势中，它似乎是要将老天当成它旺盛情欲的证人。这时，它的触角和肚子一动不动，绷得笔直，只有头和胸继续从上到下猛烈摇摆。休息的时间持续得不长。但无论多短，雌虫在追求者热烈的宣言中，胃口却没有被打扰，它又重新开始坚定地吃起叶子来。

又一次冲动爆发了，被缠绕者的颈上再次雨点般地遭受击打，它赶紧把头弯在胸下。但它不希望美人儿藏起来，它用前腿，并借助胫节和跗节连接处的特殊缺口，抓住爱人的触角，然后，它将跗节折起来，触角就像被一只镊子攫着。求爱者往自己身边拖拽着，而无动于衷的家伙被迫抬起脑袋。雄虫这种姿势让人想到高傲地坐在坐骑上的骑士，两手牵着缰绳。坐骑的主人一会儿一动不动，一会儿又疯狂地东奔西跑。然后，它用长长的腹部向后鞭打，一侧完了又是另一侧；它也用触角、拳头和头在前方抽、撞、拍打。被追求者如果不屈服于如此热烈的宣言，那也实在太没有感情了。

美人儿还是继续让它哀求，激情者再次欣悦至极般地一动不动，战栗的腿摆成十字架形。短促的间歇之后，求爱的暴风狂潮又一轮轮重新涌起，猛烈而执着地拍打，然后暂停，雄虫将前足伸展成十字架形，或者把触角当作缰绳控制着雌虫。最后被击打者终于被殴打的魅力感动，它让步了，交配开始了。整个过程持续了20分钟，雄虫的美好角色结束了，它在雌虫的身后艰难地倒退，可怜的家伙努力想把伴侣关系拆散。它的同伴来到认为合适的地方，按照自己的兴趣，选择合自己口味的叶片，并一片一片塞给它。它偶尔也勇敢地下定决心，开始像雌虫那样吃起来。幸运的小家伙，为了使你们四五个星期的生命不致有一刻浪费，同时满足你们爱情和胃肠的需求吧。你们的座右铭就是：瞬间的美丽。

蜡角芫菁和西班牙芫菁一样是镀金的绿色，服装相同，爱情形式似乎也有部分相近。雄虫在昆虫界始终是姿态优雅的，它有一些特别的技巧。它的触角，颜色华丽而复杂，好似一头浓发上的两道黑色发束。这便是蜡角芫菁名称的缘由：戴着角饰的昆虫。当一道强烈的阳光照进钟形罩里时，不凋花的花簇上很快形成了一对对情侣。雄虫立在雌虫身上，用后面两对腿缠住并控制着爱人，然后整个身体摇动起来，从上而下，由头至胸。它摇摆得没有西班牙芫菁那么猛烈，要安静得多，并且仿佛很有规律。此外，它的腹部是一动不动的，不参与晃动，可是食梣木的情人的肚子却有力地摆动。

当身体前半部分摇摆时，前足在被缠绕者身体两侧做催眠的诱导动作，就像是一种转动极快的小风车，眼睛很难看得清楚。对这种用于鞭笞的风车，雌虫显得没有什么感觉，它非常单纯地卷起了触角。遭拒绝的求婚者放弃了它，又来到另一个跟前。它那小风车一样令人眩晕的催眠处处都遭到拒绝，时候还没有到，或者说地点并不适合。未来的母亲如果受到控制会不堪重负，追随者的情话必须在自由的场所去听，在阳光照耀的布满金黄不凋花的斜坡上，怀着喜悦迅速地在花丛中一簇一簇地飞来飞去。没有小风车的田园诗，没有这种将西班牙芫菁拳头温柔转化的方式，蜡角芫菁拒绝在我的面前完婚。

雄虫之间常常也有同样的身体晃动，同样的相互鞭打。当上面的东摆西晃，做猛烈的小风车的动作时，下面的那位保持着缄默。有时会出现第三个冒失鬼甚至第四个，爬在先行者的上方。最上面的摇摆，用前足猛烈地划动，其他的则保持不动。被拒绝者的悲痛就这样得到了一时的安慰。

带芫菁，吃刺芹的头状花序，这个粗鲁的一族，是看不起温柔的开场白的。雄虫触角迅速地震动几下，就是全部，宣言再简短也没有了。一对情侣将身体末端贴在一起，持续大约一个小时。

斑芫菁的序曲也应该是非常简捷的，我的钟形罩在两个季节里便熙熙攘攘，我得到了许多的卵，可我没有一次机会看到雄虫求爱。那么，我就说说产卵吧。

两种斑芫菁都在8月产卵。在金属罩里的腐殖土层上，母亲挖一口深两厘米、直径与身体相当的井。这是卵的小窝，产卵持续半个小时左右。我见过西芫菁的产卵持续了36个小时。斑芫菁产卵迅速，表明其家庭成员要少得多。随后小窝关了起来。母亲用前足扫杂物，并用耙子一样的大颚将它们集中起来，推进井里，然后它下井踏了踏土层，并用后足将它堆起来，我看到后足很迅速地抽动。踏完这一层之后，它又重新开始耙新的材料，直到将沟填满，一层一层，细心地踏。

当它从事垒土石堆工作的时候，我将一位母亲放到井的远处。我用一支画笔尖，很细心地将它挪开了两法寸远。斑芫菁没有回到产卵的地方，甚至不再寻找卵。它在金属罩上爬行，和它的同伴一起，啃食田旋花或是山萝卜属植物，再不操心它的卵，而卵的居所还只填上了一半。第二位母亲只被挪开了一法寸远，也不知道重新回去工作，甚至想都不再想了。第三位刚刚把身子转过去一点，我便将它拖回井里，而健忘的家伙已经爬上了金属网。我把它领回卵的小窝，头朝着入口。母亲一动不动，似乎极端窘迫。它晃着头，把前足的跗节放在大颚里，然后离开，爬向穹屋的高处，什么也没有做。这三个实验后，我只有自己将沟填满。画笔碰一下便忘了职责，离开一法寸远的距离便失去了记忆，这种母爱算什么？将成虫的愚钝与初态幼虫的灵巧相比，幼虫知道粮食在哪里，它试着敲打几下就知道到哪儿能找到吃的。时间和经验能为本能带来什么作用？刚生出来的小虫子精确的眼力令我啧啧称奇，成虫却愚蠢得让我惊讶。

两种斑芫菁产的卵都是40多枚，与短翅芫菁和西芫菁相比，数目太微不足道。根据产妇在地下室里待的时间，我便能看出这个家庭的数目有限。十二点斑芫菁的卵是白白的圆柱体，两端圆圆的，长1.5毫米，宽0.5毫米。四点斑芫菁的卵是稻草那样的黄色，细长的卵形，一端比另一端凸出，长度是2毫米，宽不到1毫米。

在所有收集到的卵中，只有一个成功地孵化了。其他的可能太瘦弱，这个猜想也符合笼子里交配数目稀少这个事实。7月产下的十二点斑芫菁的卵，到9月5日才开始孵化。据我所知，斑芫菁的初龄幼虫还不为人知，我要对它进行一番描述。如果写一个章节，为研究高级变态的历史留下一些新的内容，它便将是这一章的开篇。

幼虫长约2毫米。它从一枚大大的卵里出来，显得比西芫菁和短翅芫菁的幼虫要强壮。粗大的头，边缘圆圆的，比前胸稍微要宽一些，颜色是一种较深的红褐色。强健的大颚，锋利，弯曲，在尖端交叉，颜色与头相同，末端褐色。黑黑的眼睛，凸出呈球形，非常引人注目。触角相当长，分为三节，最后一个节最细最尖，纤毛相当明显。

第一个胸节直径比头略小，但比后面的环节要长得多，相当于三个腹节的长度，呈鲜艳的红褐色；第二个胸节只有第一个的三分之一长，也是红褐色，但有点偏褐；第三个胸节是很深的褐色，并且有点转绿；整个腹部也都是这种颜色。从颜色上，小幼虫可分成两个部分：前半部是比较鲜艳的红褐色，包括了头部和前两个胸节；后半部是一种带绿的褐色，包括第三个胸节和九个腹节。三对淡红棕色的足，与头部的短促相比，显得强壮粗长。足的末端是一只单爪，长长尖尖的。

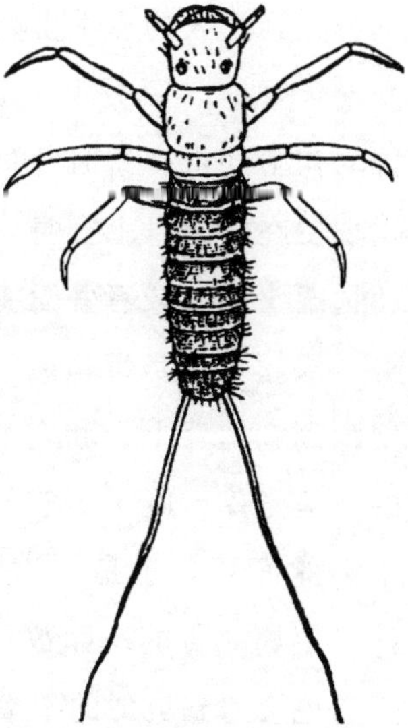
十二点斑芫菁的初龄幼虫

九个节的腹部，都是带着橄榄绿的褐色。将各个节连在一起的节间膜是白色的，从第二个胸节起，小家伙就间杂着白色和带着橄榄绿的褐色。所有褐色的环节上都竖立着稀疏的短毛。尾部的节比其他的节要窄小，末端带着两个长长的尾须，非常细，有一点卷，长度大约与腹部的长度相等。

这样的描述给我们展示出一种强健的小虫子，它可以用大颚有力地捕捉食物，用大大的眼睛勘探四周，并用牢固的钩爪作为支撑来来往往。它们不像短翅芫菁那样是孱弱的小虫，后者停在菊苣的花上，准备钻到正在收获的食蜜类昆虫的皮毛里；它们也不是西芫菁那样的小黑点，这些小黑点甚至在孵化时也聚成一堆，待在条蜂的门口。我看到斑芫菁幼虫艰难地在它刚刚出生的玻璃管里行走。它在找什么？它需要什么？我将一种食蜜的隧蜂放在它面前，想看看它会不会来到隧蜂的身体上，就像西芫菁和短翅芫菁常常做的那样。我的馈赠遭到了蔑视，我的囚徒要的不是一种有翅膀的交通工具。

斑芫菁的初龄幼虫没有模仿西芫菁和短翅芫菁的所作所为，它不会跑到主人的皮毛上，溜进装满粮食的仓库里。它要自己寻找并发现食物堆。一次性产卵且数目稀少同样也要求它这样做。短翅芫菁的初龄幼虫，每时每刻监视着来花间造访的任何一种昆虫，一旦发现便在它的身上安身。无论来访者毛多毛少，是造蜜的，还是做动物罐头的，或者并没有确定职业的，不论它是蜘蛛、蛾蝶、食蜜类、双翅类还是带鞘翅的，都无所谓；一发现来客，黄色的小虫子便蹿到它的背上，和它一起走。接下来的可就靠运气了！要是去到的不是蜜库，吃不了它们不可替代的食物，这些迷路的家伙怎么会不因此而死！于是，为了补救损耗，母亲生产的后代数目不可估计。短翅芫菁的产卵数目可观，同样可观的还有西芫菁的产卵，因为它也会遇到类似的不幸。

如果斑芫菁同样凭着它三四十只卵来碰运气，也许一只幼虫也不会达到目的地。对于一个数量如此有限的家庭来说，方法应当更保险一些。初生儿不应该利用交通工具来到猎物筐旁，或者更可能是蜜罐旁，这样会冒永远到不了目的地的风险，它应当自己去。我遵循事物的逻辑推理，补充完整十二点斑芫菁的故事。

母亲将卵产在地下，就在乳娘常去的地方附近。刚刚孵化出的初生儿在9月离开它们的家，在四周寻找有储粮的洞穴。小家伙强壮的足使它能够完成地下勘探。同样强壮的大颚，自然也有它们的用处。进入粮仓的寄生虫发现了膜翅目昆虫的卵或是小幼虫，这是些竞争者，一定要尽快扫除，于是大颚的钩开始派上用场，它将卵或是毫无防备的小虫撕裂。这种强盗行径与西芫菁的初龄幼虫剖开并吮吸条蜂的卵可以匹敌。然后，芫菁幼虫作为粮食唯一的所有者，脱下战袍，变成大腹便便的肥虫，美滋滋地食用粗暴地夺来的食物。对我来说，这只是些猜想。我相信，直接观察会证明我的猜测，因为它们与已知的事实连接得非常紧密。

两种带芫菁是酷暑时分刺芹头状花序的常客，它们也属于我们地区的芫菁。它们是钝带芫菁和焦斑带芫菁。在前一卷里我说过钝带芫菁，我是在两种壁蜂的蜂房里认识它的拟蛹的。一种是三齿壁蜂，它把房屋建在干枯的树莓桩里；此外还有三叉壁蜂或拉氏壁蜂，它们都在棚檐石蜂的巢中筑屋。焦斑带芫菁今天要为一个还非常不完整的故事增添资料。我起初找到焦斑带芫菁，是在肩衣黄斑蜂的棉囊里，这种蜂像三齿壁蜂一样在树莓里筑巢；后来，我在柔丝切叶蜂的皮囊里也发现了它，这些皮囊是用普通洋槐薄薄的叶片做的；第三次，我在好斗黄斑蜂的家里发现了它，这个家是黄斑蜂用树脂做隔墙在死蜗牛的螺旋体里建筑的。好斗黄斑蜂也同样是钝带芫菁的牺牲品。两种邻属的开发者开发同一种对象。

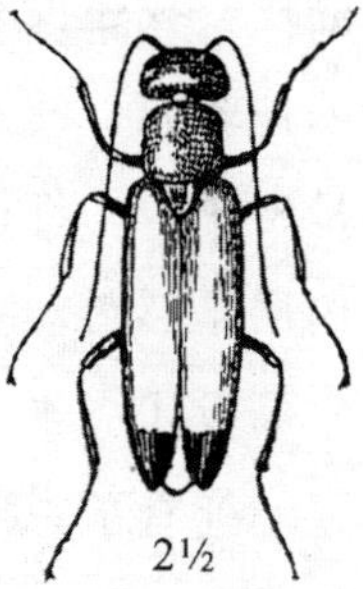

2½

焦斑带芫菁

7月下旬，我看到焦斑带芫菁的拟蛹出现了。它呈圆柱体，有些弯曲，两端变圆，身上紧紧罩着二态幼虫的皮。这张透明的皮囊，没有任何出口，每一边都蜿蜒着一条白色气管带，连接着各个气孔口。我很轻易地认出了七个腹部的气孔，它们圆圆的，从前到后逐渐缩小，我还看到了胸部的气孔。最后我认出了足，足很小，爪也不硬，尚不能支撑自己的身体。在嘴那个部位，我只看到了大颚，短短小小的，呈褐色。总之，二态幼虫软软的、白白的，大腹便便，无目，足只有原基。钝带芫菁二态幼虫蜕下的皮，外观也差不多，像它的同类一样，皮是一个没有开口的皮囊，紧紧贴在拟蛹上面。

我还研究了焦斑带芫菁的遗留物。拟蛹是枣子般的红褐色。孵化时，拟蛹保持完整，形成一个圆柱形的皮囊，壁坚硬而有弹性，分节清晰可见。放大镜下，看得见在钝带芫菁身上看到过的星形细斑。气孔口凸出，深红褐色，连最后一个气孔都是清晰分明的。腿的原基是一些颜色偏深的小凸出。头上只有几个难于辨别的凸起。

在拟蛹壳的深处，我发现了一个白色的小棉团，将它放在水中变软，再用画笔尖耐心地将它打开，我便看到了一种白色的物质，粉末状，是蛹的尿酸产物；外面还有一个皱皱的膜，我认出那是蛹的皮。我还没有见过的就只剩下三龄幼虫了。我用针尖戳放在水里的拟蛹壳，随着壳慢慢破裂，我看到它分成两层，外层易碎，角质呈枣子般的红褐色；内层则是一道透明的弯曲的薄膜。毫无疑问，内层是三龄幼虫贴在拟蛹壳上的皮肤。这一层相当厚实，我只能把它撕成几块才能将它分离，它与易碎的角质外壳粘得太紧。

拥有了一定数量的拟蛹后，我便利用一些，来观察在临近变态结束时里面有什么。我永远也发现不了什么可以分离的东西，永远不能找出一只第三种形态的幼虫。在西芫菁琥珀色的皮囊中，我可以轻易获取；在短翅芫菁和蜡角芫菁中，幼虫是自己从裂开的拟蛹外壳里出来的。当硬壳第一次包含了一个不与其他东西黏附在一起的物体时，这个物体就是蛹，而不是别的。封住它的壁是内部一层毛糙的白皮。我把这种颜色看作是三龄幼虫外皮的颜色，那是一层贴在拟蛹壳上无法分开的皮。

因此带芫菁身上有一种其他芫菁不存在的特别之处，即紧密套在一起的套子。拟蛹壳在二龄幼虫的皮里，这层皮形成了一个没有开口的羊皮袋，与包装物紧紧相连，而三龄幼虫的皮更加紧密地贴在拟蛹壳的内部。只有蛹与外壳不相粘。蜡角芫菁和短翅芫菁的高级变态中，每一种形态都通过完整的蜕皮与前一种皮分开；虫子从裂开的外包装中脱离，并且只与它有关。在西芫菁里，连续的外皮没有断裂，一直一个套着一个，但相互间存在距离，三龄幼虫可以移动，必要时，还可以在围墙里转身。带芫菁的蛹壳和它相同，区别在于：直到蛹出现，从一层皮到下一层皮，都没有空隙；三龄幼虫无法移动，它不是自由的。它的皮紧紧贴着拟蛹的壳，便是证明。因此，如果没有拟蛹皮囊里那层膜，人们就无法发现这种形态。

要补充带芫菁的故事，还缺少初龄幼虫，我现在还不认识它，金属罩里的饲养还没有使我得到它产的卵。

第十四章 变换食谱

“告诉我你吃的是什么，我就能说出你是哪种人。”当布利亚-萨瓦兰[①]说出这句著名的格言时，他确实想不到，在昆虫世界里，他这句话得到了怎样的确认。美食家只是想说，生活的甜美使人们的口味变得难以调理；他也许还能用更严谨的方法归纳他的公式，并考虑到菜肴会因纬度、气候和习俗的不同而产生差异；也许他尤其应当考虑到平民的困苦；或许，他理想的道德价值会更常在盛菜豆的盆里被发现，而不是在盛肥鹅肝的罐里。他的名言只是关于佳馔的俏皮话，但如果我们忘记餐桌上的奢华，去看看我们身边小世界里的居民们吃些什么，这句名言倒成了一种严肃的事实。

每种虫子都有着自己的饼。甘蓝上的菜青虫吃十字花科含芥子末的叶子；蚕除了桑叶什么都不吃；大戟天蛾必须吃大戟植物的苛性剂；谷象吃麦粒，豆象吃豆科的种子，象虫吃榛子、栗子和橡栗，大蒜短喙象吃蒜的珠芽。每种虫子都有自己的菜肴，有自己的植物；每种植物也都有自己的食客。关系如此确定，在很多情况下，我们都可以根据植物来确定虫子，或者从虫子来确定植物。

如果你认识百合花，看看百合花上那朱红色的叶甲，在有一层污物的叶子下面的是它精神饱满的幼虫，把它叫作负泥虫吧；如果你认识负泥虫，那就把它肆虐的植物叫作百合吧。这也许不是普通的百合，而是另一类头巾百合，一种有鳞茎的百合，百合呈长

① 布利亚-萨瓦兰：法国作家，也是一位美食家。——译注

矛形，带深色条纹，金黄色，来自阿尔卑斯或者比利牛斯山区，或者是从中国和日本带来的。相信负泥虫吧，它无论对异国和本地的百合都了如指掌，你尽管相信这个奇特的植物学大师的话，把那个你不认识的植物叫作百合吧。不论花是红的、黄的、金褐色还是有几点胭脂红，不论它们的特征与我们熟悉的洁白无瑕如何不一致，你不必犹豫，采用负泥虫给你定下的名字吧。在人有可能弄错的地方，虫子是不会弄错的。

昆虫的植物学，为农民带来了很多的苦难，他们尽管只是很普通的观察者，但他们的感触却长久难以磨灭。看到甘蓝菜地被一种菜青虫侵犯，农民就认识了粉蝶。无论是为了实用价值，还是出于对真的热爱追寻真实，知识补全了实践的不足。今天关于植物和昆虫的关系，已经有了一本资料汇编，无论从哲学的角度还是从农业的实践来看，这本汇编都很重要。但昆虫的动物学我们却知之不多，因为它与我们的关系也不密切；这种动物学是指昆虫为了喂养幼虫而做出的选择，选了某个种类的动物，而排除其他种类。这是个广博的主题，一卷书都不足以探讨穷尽；此外，我们还缺少资料，需要等到遥远的未来，才能将这个问题上升到植物问题已经达到的高度。这里我只须谈几个观察到的例子就足够，它们散见于我的文章或记录里。

捕食性膜翅目昆虫以什么为食？当然我是指幼虫。首先，我们看到了一系列的昆虫，吃着同一属别或者同一种群里不同种类的猎物。砂泥蜂毫无例外地只捕猎黄昏凤蝶的幼虫；而体态迥异的黑胡蜂口味也相同；飞蝗泥蜂和步甲蜂吃直翅目昆虫；节腹泥蜂除了很少的几个例子外，都是忠于象虫的；大头泥蜂只捕膜翅目昆虫；蛛蜂专门追捕蜘蛛；铁色泥蜂青睐臭虫的芬芳；泥蜂喜欢双翅目昆虫而别无所求；土蜂只吃金龟子的幼虫；长腹蜂烹饪小圆网蛛；大唇泥蜂则意见不一，我家附近的两种大唇泥蜂，赤角大唇泥蜂将螳螂放入食橱，三齿大唇泥蜂则装入叶蝉；方头泥蜂向蝇科征税。

通过我如实记录的这些捕食性昆虫的食谱，我们已经看到可以做出什么样的分类。只依据粮食的特征，我便勾勒出了一些自然组别。我希望未来系统化的理论将考虑这些饮食法则，以减少刚接触昆虫学的新手的困难，他们常常会被昆虫的嘴、触角、翅脉弄得焦头烂额。我呼吁有这样一种分类方法：昆虫的能力、食谱、工作、习性，比触角的节更为重要。会有这一天的，但是要到什么时候呢？

如果我要从泛泛而言回到细节上来，我会看到在很多情况下，可以根据食物特性来确定昆虫的种类。从我冒着酷暑挖掘土坡，想了解其居民时起，我已看到无数以蜜蜂为食的大头泥蜂的洞穴，也许都有几千个。这么多储粮的仓库，有的新有的旧，有的特意暴露在外，有的是我偶然遇见的。而我只有一次，仅仅一次，发现了蜜蜂之外的遗骸：没有烂的翅膀还是成对地合在一起，头和胸上覆着一层紫色的丝，这是日久天长遗物自然形成的裹尸布。无论是今天还是很久以前我刚刚起步的时候，无论在北方还是在南方，无论是山地还是平原，大头泥蜂的食谱都是不变的，它需要蜜蜂，始终是蜜蜂，从来不会是别的，尽管有很多特性相似的猎物。因此，如果在挖掘阳光照耀下的斜坡时，你发现地下有一小堆肢解的蜜蜂，你便完全可以相信，这里有成群的食蜜蜂的大头泥蜂，只有它才会以蜜蜂为食。负泥虫刚才教会我认识百合，现在蜜蜂腐烂的尸首又使我发现了大头泥蜂和它的居所。

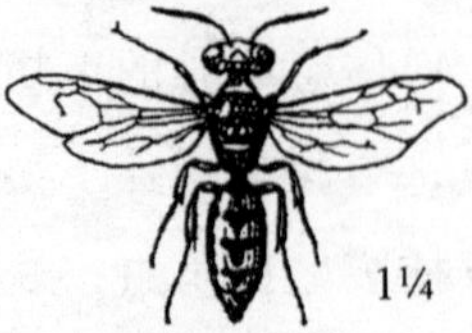

1¼

食蜜蜂的大头泥蜂

同样，雌距螽也成为朗格多克飞蝗泥蜂

的特征；它的残留物，铍和长刀，准确无误地标明了贴在一起的茧的名称。足像胭脂红饰带的黑蟋蟀，是黄足飞蝗泥蜂不变的标签；葡萄蛀犀金龟的幼虫像最好的描述文字一样向我们准确讲述花园土蜂；花金龟的幼虫宣布了双带土蜂的存在，而害鳃金龟的幼虫的食客是沙地土蜂。

讲述过这些认准一个不放、不屑于改变食谱的昆虫之后，我再列举出那些中庸者，它们常常在一个非常确定的族群里，选择适合它们身材的不同猎物。栎棘节腹泥蜂特别钟爱小眼方喙象，它属于最大的象虫之一；但必要时它也接受其他方喙象和邻属象虫，只要猎物的身材使它满意。沙地节腹泥蜂将狩猎范围铺得很广，任何中等大小的象虫科昆虫都是它喜好的捕获物。吃吉丁的节腹泥蜂不加区分地接受所有吉丁，只要吉丁不超出它们的力量范围。冠冕大头泥蜂用最大的隧蜂填满仓库，比同类小得多的劫持者大头泥蜂则储存最小的隧蜂。任何长2厘米的蝗虫都适合白边飞蝗泥蜂。只要年轻肉嫩，各种邻近属别的螳螂都可以被放入大唇泥蜂和弑螳螂步甲蜂的餐橱里。在泥蜂中，最大的铁色泥蜂和二齿泥蜂是虻热情的消费者。它们还会给这些坚硬的食物配上一些从双翅目中随意挑出来的冷盘。沙地砂泥蜂和毛刺砂泥蜂在每个洞穴里都只放上一只幼虫，但很丰满，总是那些在黄昏时活动的蝶蛾，不同的体色说明了种类的差异。柔丝砂泥蜂的食物则要求最好的搭配，每个食客必须有三四只猎物，里面既要有夜蛾幼虫也要有尺蠖，这些都是它所喜好的。褐翅旋管泥蜂在死去但仍柔嫩的柳树里安家，它明显偏好维吉尔蝇，即尾蛆蝇；但它还会加上悬垂蝇，有时将

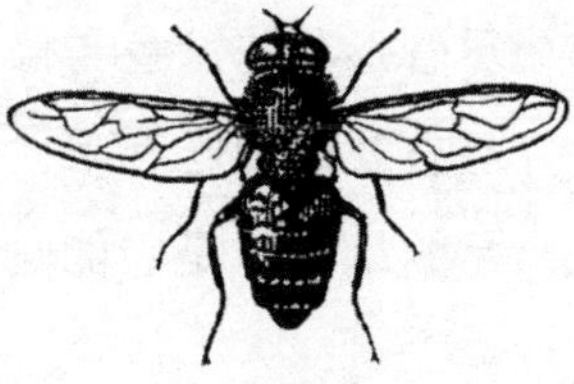

尾蛆蝇

它作为配菜，有时作为主食，尽管这两种蝇体色上差别很大；如果看褐翅旋管泥蜂那些难以确定的食物残余，也许还要在它的狩猎记事本里再记上很多其他的双翅目昆虫。金口方头泥蜂是另一种枯柳里的开垦者，它不加区分地喜好各类蚜蝇，如粗股蚜蝇、锯盾小蚜蝇、黄环粗股蚜蝇等。流浪旋管泥蜂，树莓和矮接骨木枯茎里的房客，在储粮室里的战利品中有隐喙虻、麻蝇、食蚜蝇、类石蛔等，此外还有许多其他的种类。

不必再继续列举乏味的例子，我就能清楚地得出结论。每个杂食性捕猎者都有特性鲜明的口味，一看到菜单，我就能看出食客的属别甚至种别，于是那句名言就站住脚了："告诉我你吃的是什么，我就能说出你是哪种人。"

对于部分昆虫来说，猎物需要始终同一。朗格多克飞蝗泥蜂的后代像宗教仪式似的消费距螽，这种菜肴被祖先和后代同样珍视，老习惯不会做任何的更新。有些可以吃多种食物，要么是因为口味，要么是因为储存的方便，但食物也只是在不可逾越的界限里选择。一个自然类群，一个属，一个科，很少会是一整目，这便是狩猎的范围，绝对不可以僭越。法则是不容置疑的，大家都严格而谨慎地不去违反。

我用同样大小的蝗虫代替修女螳螂，为弑螳螂步甲蜂喂食，可它不屑地拒绝了。既然装甲车步甲蜂选择了蝗虫，弑螳螂步甲蜂就要表现得口味高雅。我再给它一只椎头螳螂，尽管形状与颜色与修女螳螂相去甚远，它却毫不犹豫地接受了，并且在我眼前吃起来。尽管姿态古怪，小鬼虫还是马上被步甲蜂认出是螳螂类，是它能吃的猎物。

把栎棘节腹泥蜂的方喙象换成吉丁，这是某个同类的美食，可它对这个佳馔丝毫看不上眼。要吃象虫科的虫子接受这个？啊！一辈子也不可能！我再给它一个其他种类的方喙象，或者任何一种它很可能从未见过的大象虫，它并不会认识所有能放进洞里的食物。这一次，它不再蔑视，食物被缠住并按照规矩刺死，而且就地储存起来。

请试着说服毛刺砂泥蜂，蜘蛛有一种榛子的味道，蛛蜂可以做证；但你会看到你的暗示受到怎样的冷遇。再努力说服它，昼凤蝶幼虫和黄昏凤蝶幼虫是一回事；可你连这也做不到。但是，如果你用另一种地下幼虫代替黄地老虎幼虫，无论其他幼虫夹杂着黑黄色、铁锈色还是别的什么色彩，颜色的变化不会妨碍它认出这是适合它的牺牲品，是黄地老虎幼虫同等的替代品。

我能用实验证明，还有别的虫子也是如此。每一种都固执地拒绝与它的储备有别的猎物，每一种都接受其储存范围内的类别；当然，条件是替换猎物的体积和发育程度与被替换的接近。于是，跗猴步甲蜂这位喜欢吃嫩肉的美食家，不同意将它的一撮蝗虫若虫换成一只大蝗虫，那应该是装甲车步甲蜂的储备；后者也从来不会将它的蝗虫成虫换成蝗虫若虫。属和种都相同，年龄不一样，就足以决定猎物是被接受还是被拒绝。

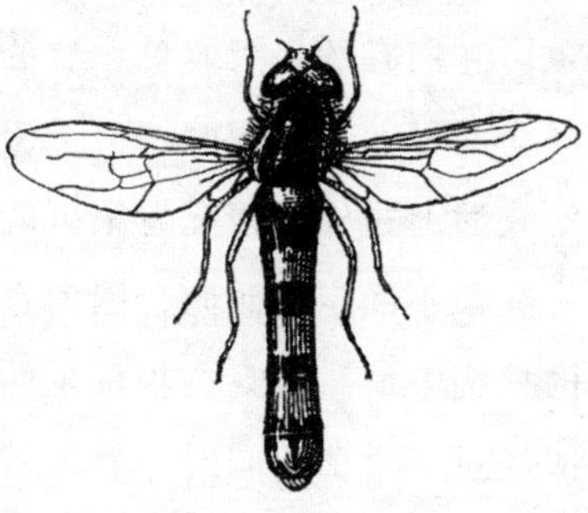

隐喙虻

当虫子肆虐的是一个较为广阔的种群时，它如何将它的食物与其他种类区分开来呢？它为什么只须瞥一眼，就能保证不会弄错洞里的库存呢？是外观在指引它吗？不是，因为在泥蜂的住所里，我会发现一些细长带形的隐喙虻和一些绒团状的蜂虻；在柔丝砂泥蜂的仓库里，正常体形的幼虫和尺蠖紧靠在一起，后者像一个活的卡钳，向前一开一合；在赤角大唇泥蜂和弑螳螂步甲蜂的库房里，螳螂旁边有成堆的椎头螳螂，它是经过漫画处理的变形螳螂。

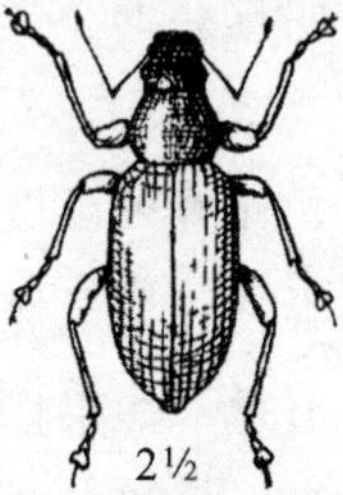
2½
柔毛短喙象

是不是色彩呢？也不可能，例子不胜枚举。杜福尔命名的节腹泥蜂以吉丁为狩猎对象，这些吉丁的色彩是多么丰富，各种各样的金属光泽，构成了无数的模样！即使是画家的调色板，布满金色、青铜色、红色、翠绿色、紫晶色的色块，也很难与吉丁丰富的色彩媲美。然而，节腹泥蜂不会弄错：整个族群尽管色泽多样，但对它来说就像对昆虫学家来说一样，都是吉丁的家族。方头泥蜂的储粮间里有灰棕和红色外衣的双翅目昆虫；还有的佩着黄带，带着胭脂红斑点；其他的是钢蓝、桤木黑、铜绿；与这些多样的服饰对应的是不变的双翅目昆虫。

我用一个例子来做更确切的说明。铁色节腹泥蜂是象虫的消费者。通常储备在它们的洞穴里的，有暗灰色的叶象和根瘤象，有黑色或者树脂般褐色的耳象。然而，我有时会在泥蜂的家里挖出一些真正的珠宝，它们耀眼的金属光芒与耳象灰暗的颜色形成强烈的对比。它是把葡萄树叶卷成烟卷的槭虎象。它们有的呈天蓝色，有的金铜色，都同样鲜艳。卷烟者的颜色分为两种，节腹泥蜂如何认出这些珠宝是平淡无奇的叶象的近邻呢？它遇上这样的情况也很可能不太在行；它的种族传递给它的只是一些很不确定的倾向，因为它似乎也不经常食用槭虎象。在许多次的挖掘中，我也只有很稀少的发现，足以提供证明。也许，它第一次经过一个葡萄园时，看见富丽的象甲在一片叶子上闪光；象虫并非日常进食的菜肴，不是家族古老习惯所认同的。它是新的、与众不同的、奇特的。然后，这个奇特的家伙显然被当作象虫储存进了仓库，槭虎象光彩夺目的盔甲在叶象灰色的头盔旁找到了位置。不，颜色也不能决定选择。

起决定作用的更不会是形状。沙地节腹泥蜂狩猎所有中等身材的象虫科昆虫。如果我把它粮仓里所有的猎物统计出来，那将是对读者的耐心的极大考验。我只说两种，是我最近在村子附近做研究时发现的。节腹泥蜂在附近小山上的绿橡树枝头，捕食柔毛短喙象和欧洲栎象。两种鞘翅目昆虫有什么共同点呢？我所说的形状，并不是要去追究谨慎的分类学家用放大镜观察到的细致结构，也不是像拉特雷依那样为了建立一种生物分类学而援引精细的特征，我只看整体的概貌，没有受过训练的人一眼都可看出的整体举止；我要让不懂科学的人来比较一些昆虫，特别是小孩子，他们是最敏锐的观察者。

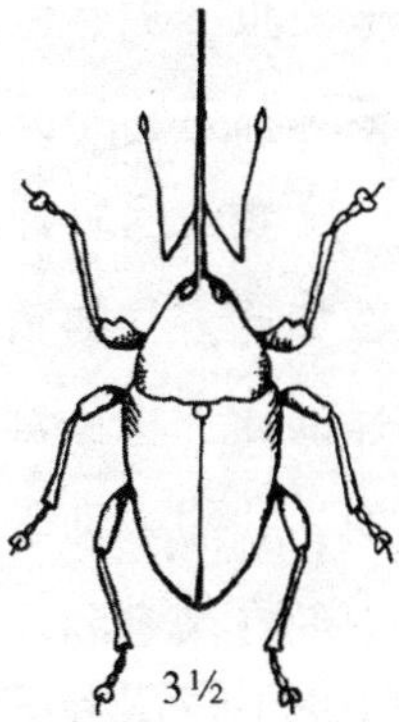

欧洲栎象

短喙象和欧洲栎象有共同点吗？不论观察者是城里人、农村人、小孩，还是节腹泥蜂都会说：没有，绝对没有任何共同点。前者几乎是圆柱形，后者则身材单薄；前者是锥形，后者是椭圆形或者说是心形；前者是黑色，还散布着老鼠身上那种灰暗的点，后者则是赭石的红褐色；前者的头有一个喙端，后者的头则变细成为一种弯弯的喙，像绒毛一般纤细，和身体其他部分一样长。短喙象的嘴粗大，分界明显；欧洲栎象却似乎扛着一个长度荒谬的烟斗。

谁会把这两种如此不协调的昆虫联系在一起，并给它们取同样的名字？除了以此为业的人，谁也不敢。比我们敏锐的节腹泥蜂，能把这两种都看成是象虫，都是神经系统集中的猎物，它要用矛戳下去，给它们做手术。在它的地下洞穴中，有时只堆积着粗喙昆虫。在以它作为丰盛的猎物之后，现在它突然遇上了喙管怪异的家伙。习惯了前一种，它会不接受第二种吗？不，从第一眼，它就认出那是属于它的；已经储备了几只短喙象的居所会以栎象作为补充。如果这两种都缺少，如果洞穴远离麻栎，节腹泥蜂就会攻击其他象虫，属、种、形状、颜色都可以不尽相同。根瘤象、尺蠖、耳象等都是它的贡品。

我绞尽脑汁做徒劳的猜想，抢掠者是靠什么来指引自己，才能在如此多样的猎物中不脱离同一个类群；特别是它究竟如何认出奇怪的欧洲栎象具有象虫的特征，这可是它牺牲品中唯一带着长烟斗的。我想求助于进化论、遗传论以及其他被冠以“论”的学说，让它们在荣誉和风险中解释我自愧无法企及的东西。用诱鸟笛捕鸟的人给儿子吃红喉雀、朱顶雀、燕雀的烤肉串，我们就匆忙地得出结论，这种通过胃的饲育将使孩子从烤肉入门认识鸟类群体，轮到他自己放置粘鸟板时，便不会混淆类别？一代代地重复消化烤小鸟串，是否就足以造就一个老练的捕鸟者？节腹泥蜂吃象虫，它的祖先也都吃，而且很严格。如果你从这里看出膜翅目昆虫成为象虫科专家的原因，为什么你拒绝承认捕鸟者的家族能产生同样的结果呢？

我赶紧摆脱这些纠缠不清的疑问，开始从另一个角度探讨粮食问题。每种捕食性膜翅目昆虫的猎物都局限于一个有限的类别。它有它钟情的猎物，除此之外的都是可疑的、有危险的。实验者采用圈套使其脱离猎物，再扔给它一个替代品；物主在遭抢劫之后，很快发现它的财产成了另一种模样，但它惊异之余却不会上当。属于它的，它会很快地接受，不属于它的，它则固执地拒绝。对家族未使用过的猎物，不可克制的反感从何而来？这个问题可以借助实验来回答。我求助于昆虫，它的话是唯一值得信赖的。

我的第一个想法，也是唯一能想到的，就是幼虫这个吃肉的乳儿有它的偏好，或者说得更好一些，它的口味是排他的。一种猎物适合它，另一种不适合它，母亲根据它的口味给它喂食。每种昆虫的口味都是一成不变的，这个家庭的菜肴是虻，那个是象虫，还有的是蟋蟀、蝗虫和修女螳螂。不同的食物对各自的食客来说，当然总是很好的，但对于还没有习惯食用它的消费者来说，也许就是有害的。吃蝗虫的幼虫会觉得蝶蛾的幼虫是难以接受的食物，喜欢蝶蛾幼虫的幼虫则会视蝗虫为可怕之物。从味道和营养上看，蟋蟀的肉和距螽的肉区别在哪里，我很难分清。尽管如此，分别吃这两种食物的飞蝗泥蜂具有不可动摇的成见，每种昆虫都根深蒂固地推崇自己传统的菜肴，而对另一种深恶痛绝，口味是不容妥协的。

此外，卫生也是可能的原因。蜘蛛是蛛蜂的美味，但对于吃虻的泥蜂来说，就是毒药或者不洁食物；砂泥蜂爱吃的多汁幼虫，会令吃蝗虫的飞蝗泥蜂反胃。母亲对这种猎物推崇，对另一种不屑一顾，原因可能在于乳儿的满意还是厌恶；食物供应者根据消费者的饮食要求制定菜单。

食植物的幼虫无论如何也不愿改换食物，使得食肉幼虫进食的排他性显得更加可能。尽管被饥饿所迫，吃大戟类的天蛾幼虫，面对甘蓝菜叶仍无动于衷，郁郁而死，因为那是菜青虫独一无二的食物。它的胃被辛辣的调料灼烧惯了，觉得含硫丰富的十字花科植物平淡无味，无法入口。粉蝶则决然不碰大戟类，否则会有生命的危险。啮虫的幼虫吃茄科麻醉剂，主要是土豆，而且只要这个。任何没有加茄碱的东西对它来说都是有毒的。并不只是以生物碱和毒素为食的幼虫拒绝食物更新，其他的幼虫即使食谱索然寡味，也不会妥协。每一种昆虫都有自己的植物或植物群，除此之外没有任何可以接受的东西。

我记得有一次春寒，一夜之间便冻僵了桑树最早萌发的叶芽。第二天，我家附近那些佃农都焦急万分：蚕已经孵化出来，食物却突然缺少了，要等阳光来弥补灾难；但如何能使这些饥饿的新生儿维持几天的生命呢？人们知道我对植物很熟悉，我穿越田野采集药材，使我得到了草药商的外号。我用虞美人的花配制明目的仙丹，用琉璃苣调出治百日咳的糖浆，还从山上的茶叶中提取精华，蒸馏出洋甘菊茶。总之，植物给了我配制药品的声名。这总算得上是件好事吧。

主妇们都跑来找我，她们眼里噙着泪水，向我陈述事情的经过。在桑树重新发芽前，该拿什么给她们的虫子吃呢？这可是件非常严重的事，值得怜悯和同情。有位主妇指望着这一屋子虫子来给待嫁的女儿买布料；另一位则向我说，她想买一头猪，等到第二年冬天养肥；所有的主妇都心痛放在橱柜深处的钱，这些放在一只袜子里的钱，可以使紧巴巴的日子过得宽松。她们怨愤满腔，将一条法兰绒布在我眼前掀开一半，只见上面聚满了虫子："看，先生，我们没有东西给它们吃！啊，上帝啊！"

可怜的人们！你们的职业是多么艰辛，在所有的人当中，你们的职业是最值得尊敬，却又最不确定！你们忘我地工作，当差不多达到目标时，一个骤然而至的寒夜，几个小时就使收获化为乌有。而我却很难帮助这些可怜的人，但我还是以植物学为引导，做了一番尝试。植物学告诉我，榆树、朴树、荨麻、墙草这些邻科的植物可以作为桑树的代用品。这些树的新叶被切得细细的放在虫子的面前，每个人都凭着灵感进行其他一些没有什么道理的试验。可是，一切努力都是枉然，新生儿听凭自己饿死，直至最后一个。草药商的名声在这次失败中应当受到了影响，但真是我的错误吗？不，这是蚕的错误，它过分忠于它的桑叶了。

我开始试着用一种不同于寻常食谱的猎物饲养食肉类幼虫，这个试验我几乎相信同样是成功不了的。因为有了前车之鉴，我便在不多的热情下，尝试了在我看来应该惨败的东西。工作的季节已到了尽头，只有泥蜂还在附近山丘的沙地上来往，还能向我提供一些实验的主题，我不必把研究拖得过长。跗猴泥蜂给我提供了我想要的东西：一些相当幼小的幼虫，它们还需要很长的一段时间来进食，但它们已经发育得足够成熟，经受得起搬家的考验。

这些虫子挖出来后由于表皮娇嫩，得到了悉心的照顾；猎物同时也原封不动地挖掘了出来，它们是母亲刚刚运过来的，是几种双翅目昆虫，其中有卵蜂虻。一个旧的沙丁鱼罐头，里面铺着一层细沙，并用纸隔墙分成几个房间，我的饲养对象便一个隔一个地放在房间里。我想把这些吃蝇虫的食客改造成吃蚱蜢的美食家，便用飞蝗泥蜂或者步甲蜂的食谱来替换这些泥蜂的食谱。我不想做乏味的旅行来为食堂储存食物，便在门槛旁碰运气。一只带着镰刀状短刀的镰刀树螽，正扫荡着矮牵牛的花冠。是让它将功补过的时候了。我挑选了一些长度在1～2厘米之间的小虫，并使其无法动弹。我做得不那么客气，把它的头给碾碎了。我便这样将它送给泥蜂，代替泥蜂幼虫食用的双翅目昆虫。

如果读者和我一样，出于充足的理由，确信饲养无法成功，那么，他现在将会与我一样惊讶万分。不可能变成了可能，荒谬变成了合理，预见与事实相悖。自从世上有泥蜂以来，这道菜是第一次出现在泥蜂的饭桌上，它居然毫无反对地接受，并很满足地消化了。请看看我对一位食客做的详细记录，其他食客的日记只是在某几点上略有不同：

1883年8月2日，泥蜂的幼虫和我将它从洞里挖出来时一样，差不多只发育了一半。在它身旁我只看到一些食物的细小残渣，主要是卵蜂虻的翅膀，一半半透明，一半呈熏黑色。母亲应当是一天一天地补充新的食物。我给食卵蜂虻的一只小的镰刀树螽，螽斯被毫不犹豫地吃掉了。食物品质上如此深刻的变化，似乎根本没有令幼虫担心，它用大颚大口大口地啃咬丰富的肉块，直到吃完才松口。到晚上，猎物被掏空了，我又给它另一只新鲜树螽，但大得多，长2厘米。

8月3日，第二天，我发现镰刀树螽被吃掉了，只剩下没有被肢解的干枯外皮。里面所有的东西都消失了，猎物通过腹部的一道大口子被掏空了。真正吃螽斯的食客也未必比它做得更好。我用两只距螽若虫替换这个没有价值的外壳，幼虫起初并没有碰它们，它已经被前一天丰盛的食物撑得肚肥肠圆。然而到了下午，两只猎物中的一只已经开始被进食了。

8月4日，我换了食物，尽管前一天的还没有吃完。我每天都要换粮，以使我饲养的虫子能常有新鲜的食物可吃，变质的猎物会干扰它的胃。我给它的螽斯不是活着不动的牺牲品，它们没有被精致的方法麻醉过，而是被猛然碾碎了头的尸体。由于气候炎热，肉变质得很快，我不得不在沙丁鱼罐头做的食堂里频繁更新食物。我放上了两只猎物，一只很快被吃了起来，幼虫还是和以前一样吃得津津有味。

8月5日，起初的好胃口平静了下来。我的饭菜给得过于大方，应当在暴饮暴食之后谨慎地给幼虫饿上一段时间。母亲必然要节省得多，如果整个家庭都像我的客人那样敞开肚子大吃，母亲就无法满足它们。因此出于健康原因，今天禁食斋戒。

8月6日，我再次用镰刀树螽喂食。一只被全吃了，另一只开始被吃。

8月7日，今天的食物尝了一下就被丢开了，幼虫似乎很焦虑，它用尖尖的嘴顶着房间的隔墙。这种迹象表明织茧的工作临近了。

8月8日，昨天夜里，幼虫织好丝带。现在它正在嵌沙粒。随着时间的推移，它开始了变态的正常程序。吃了本族不认识的树螽后，幼虫并没有任何不妥，它和吃双翅目昆虫的姐妹一样，完成着发育的各个阶段。

我用螳螂做食物也同样取得了成功。有一只这样喂食的幼虫甚至让我相信，它宁愿吃新菜，而不愿吃家族的传统菜肴。两只尾蛆蝇和一只修女螳螂是它一天的食谱。从最初几口开始，尾蛆蝇就遭到了蔑视，而它在尝了一下螳螂后，便感觉非常之好，甚至完全忘记了双翅目昆虫。它是在多汁的肉的吸引下，喜欢上了这美味吗？我无法确认。泥蜂对双翅目昆虫并不始终痴迷，它会放弃它，转到另一只猎物身上去。

预想中的失败变成了极大的成功，是否有足够的说服力？除了实验的证明，我还能信赖什么？看着这么看似基础牢靠的体系坍塌成废墟，如果没有事实的证明，我连二加二等于四都不能肯定地说出来。我以下的论证虽然没有事实为依据，却有着最合情合理的可能性。就像我事后总能找到一些理由，支撑起初不愿接受的观点一样，现在我想做如下的推论。

植物是一个大工厂，作为生命材料的基本有机物，在无机材料的伴随下生长。有些产品在整个植物体系内都是相同的，但其他更多的产品只在特定的实验室里准备。每个类型每个物种都有它的商标，有的加工香精，有的加工生物碱，有的是淀粉、脂肪、树脂、糖、酸。这些物质产生特殊的能量，并非任何素食动物都能适应。的确，需要专门的胃才能消化乌头、秋水仙、毒芹、天仙子；没有特制的胃，就不能承受类似的食物。此外，食毒动物也只能承受唯一的一种毒。啮虫的幼虫对土豆的茄碱感兴趣，但大戟类的苦涩就会要了它的命，大戟类植物是大戟天蛾幼虫的食物。素食幼虫的口味必须具有排他性，因为植物的特性在不同类别之间差异极大。

相对于植物产品的多样化，更多作为消费者而并非生产者的动物，产品却具有一致性。鸵鸟蛋和燕雀卵的蛋白，母牛、雌驴乳汁中的酪蛋白，狼或绵羊或者田鼠、青蛙和蚯蚓的肌肉，始终是蛋白、酪蛋白或者纤维蛋白，即使没有人尝试过，也是可以吃的。它们没有恐怖的调料，没有特殊的苦涩，没有只供特定消费者食用的致命的生物碱，因此可食性动物不会只限于一种食客。人有什么东西不吃？遥远的北极地区，人们用海豹血做汤，将一片柳树叶作为蔬菜包住鲸脂块；中国人吃油炸的蚕；阿拉伯人吃晒干的蝗虫。如果不迫于现实的需要，克服习惯上的厌恶，他又能吃什么呢？猎物在营养成分上是一致的，食肉的幼虫因此必须适应任何猎物，尤其当新的菜肴并不太偏离约定俗成的习惯时。如果我要从头做起，我就会这样推理，因为可能性很大。但是，就像我所有的论证都比不上一件事实一样，最终是否还需要让实验来说话？

这便是我第二年的研究内容，范围更广，对象更多。我对这种新艺术的实验和为此做的个人饲养留有记录，但我不想陈述出来，那里面尽是当天的失败和第二天吸取教训后获得的成功。全说出来过于冗长乏味，我只简短地说出结果和操持精细的食堂的条件，应该就足够了。

首先，不要去想把卵从原本附着的猎物身上取走，再放在另一个猎物上。卵的头端紧紧贴在猎物身体上，将它移位会不可避免地损伤它。因此我任凭幼虫孵化，让它有足够的力气，能毫发无损地承受搬迁。此外，我挖掘时最常发现的是幼虫形态的实验对象。我选择发育到正常体态四分之一至一半的幼虫进行饲养。其余的不是过小存在着危险，就是太老，人工进食只能局限于很短的时间内。

其次，我避免猎物的数目过多，最好一只猎物就足以维持成长的整个过程。我已经说过，还要在这里再说一次，如果只食用一只猎物，猎物必须非常精细，能保持两个星期的新鲜，只能在它差不多就要被完全吃光时才能最终死去。死者的尸首是留不下来的，当生命之光完全熄灭时，身体消失了，只剩下一张表皮。只吃一只大猎物的幼虫具备一种特殊的进食艺术，这种艺术具有危险性，一不小心就会送命。提前咬了某一点，猎物就会腐烂，并迅速招致进食者中毒而死。幼虫只要攻击点稍稍变换，就再也找不到合适的那块肉了。它解剖错了猎物，就会因猎物腐烂而死。如果实验者给它一种它不习惯的猎物又会怎样呢？它不知道如何遵循规则进食，便将猎物杀死；粮食一两天内就会腐烂。我说过我是如何无能为力地用蛀犀金龟的幼虫饲养双带土蜂的，我用绳索绑住金龟子的幼虫；我还使用了被朗格多克飞蝗泥蜂麻醉的距螽。在两种情况下，新的菜肴都被毫不犹豫地接受了，可以证明它是适合乳儿的；但一两天之内猎物便开始腐烂，土蜂幼虫在散发恶臭的食物上死去了。保持距螽新鲜的方法是飞蝗泥蜂所熟知的，但我的房客却不得而知，一道美味变成了毒药。

我用一个大猎物替换正常食物的其余尝试，都可怜地失败了。

在我的记录中只有一例是成功的，但非常艰难，而且我再也做不到第二次。我成功地用一只黑蟋蟀成虫喂食毛刺砂泥蜂的幼虫，食物像砂泥蜂幼虫正常的猎物一样被心甘情愿地接受了。

为了避免需要长时间进食的食物腐烂，我使用了小的猎物，每只猎物都可以被幼虫在最多一天之内吃完。这样，不管猎物是如何被随意地肢解切割，还在抽动的肌肉是没有时间腐烂的。于是幼虫开始狼吞虎咽，它们随意地扑食，对食物也不加以区分，比方说，泥蜂幼虫吃完一只双翅目昆虫然后再吃另一个，节腹泥蜂的幼虫则有条不紊地一个接一个地进食象虫。从大颚的头几下动作起，被吃的猎物就可能死去了。但这丝毫没有不便，进食时间的短促足以使尸体免去腐烂发臭之虞。在旁边，其他活着的猎物无法动弹，始终保持着新鲜，等着一个一个地轮到自己。

我是个拙劣无知的外科医生，无法模仿膜翅目昆虫自己做的麻醉手术；在神经中心滴上氨水这样的腐蚀液，会留下足以赶跑房客的气味。我现在要杀死虫子，使它们无法动弹。将食物一次性事先储存看起来是行不通的，一只猎物被吃掉之后，其他的就坏了。我只剩下一条路，非常艰苦，就是每天更换储粮。所有条件齐备之后，人工进食要取得成功也依然存在困难；不过，多留点心，尤其再加以很大的耐心，成功还是能大致有保证的。

我就这样用飞蝗泥蜂的螳螂饲养跗猴泥蜂，它本是卵蜂虻和其他双翅目昆虫的食客；我还用小蜘蛛饲养柔丝砂泥蜂，它的食谱主要是尺蠖；长腹蜂是吃蜘蛛的，现在进食一些嫩蝗虫；沙地节腹泥蜂本来非常钟情象虫，现在我让它吃隧蜂；原本只吃蜜蜂的大头泥蜂，我则用尾蛆蝇和其他双翅目昆虫饲养它。尽管由于刚才陈述的原因，没有达到最终目标，我还是看到双带土蜂幼虫心满意足地吃蛀犀金龟幼虫，并且对从飞蝗泥蜂洞里取出的距螽也很适应；我还看到三只毛刺砂泥蜂幼虫，它们在吃蟋蟀时胃口很好。我刚刚说过，它们当中的一只，在一些已经不可能再梳理得清的情形下，甚至会将它的食物保持新鲜，使它可以发育老熟直至织茧。

到目前为止，我的实验只得到了这些例子，但足以使我得出结论：食肉幼虫没有专一的口味。母亲为它提供的如此单一、品质如此有限的食物，可以被另一些同样适合其口味的食物取代。多样化的食谱并不令幼虫反感，它和单一饮食一样有益于幼虫，甚至对幼虫的种族更加有利，这一点我们稍后便将看到。

第十五章 给进化论[1]戳一针

用一串蜘蛛喂养幼虫的食客，是一种单纯的行为，不会妨碍公共安全；我得承认，这也是一种幼稚的行为，适合那些在神秘的课桌里东翻西找，想发现一些比翻译练习更有意思的玩意儿的小学生。如果从食堂里得出的结论，没有使我发现某种哲学道理，我就不会进行我的研究，我自己还会善意地少说一点。但我觉得这牵涉到了进化论。

确实，这是一件大事，与人类的万丈雄心相符。这种雄心想将宇宙套入公式的模型，并使任何真理都服从于理性的范畴。几何学就是这样发展的。它定义了锥体这个理想化的概念，然后它用一个平面切开这个锥体。切面属于代数，使方程式诞生；这样一个个连贯下去，公式的雏形又诞生了椭圆、双曲线、抛物线，及其焦点、切线、正切、法线、共轭轴、渐近线等。太奇妙了，让你兴奋不已，尽管你只有20岁，还在不适合做数学这种严肃问题的年龄。太奇妙了，你以为看到了一种创世纪。

事实上，这只是一个概念的不同方面，公式使各个面向轮番出现。代数告诉我们的一切全包含在锥体的定义中，但那只是萌芽状态，潜在的形式，计算的魔法将它们转化到清晰的形式。我们的思维赋予它原始值，然后获得方程式，不多不少，一个字也不差。就

① 进化论：达尔文的主要理论之一，认为动物的各种行为是为适应环境而逐步进化的结果。而法布尔认为动物的各种行为取决于昆虫本身的生理结构，是本能的表现，而非为适应环境而逐步进化的结果。——校注

因为这样，计算成为一种严谨的事，所有受过教育的智力都必然折服于它那明晰的准确。代数是绝对真理的权威判断，因为它在一大堆符号下面，只展示了思维已然具有的东西。我们送进2+2，工具便运转起来，然后让我们看到了4，仅此而已。

但是，我们想让这个在理想范畴无所不能的计算，处理一个小小的事实——一粒沙粒的降落或物体的钟摆运动，工具便不再运转，或者差不多要让真实全消除掉才能运转。它必须有一个理想的物体，一根理想的硬线，一个理想的悬挂点，这样钟摆运动才能用公式表达出来。但是，如果摆动的物体是一个真实物体，有体积有摩擦，悬线是一根真正的线，有重量有软硬度，悬挂点是一个真实的点，有阻力和变形，一切分析的手段都会遭到唾弃。还有别的问题也是这样，尽管都很微小，但真正的事实与公式相背离。

是的，最好能把世界放在方程式里，能通过一个蛋白细胞的无数次变形，看到千奇百怪的生命，就像代数在对锥体切面的讨论中得到椭圆和许多曲线一样；是的，这会非常奇妙，可以让我们一下子长大。唉！我们的壮志是如何难酬啊！对于一个微粒的坠落，我们都把握不住事实，更遑论追溯生命，到达它的起源！这可比代数无法解决的问题要尖锐得多。它有太多的未知数，比物体的阻力、变形和摩擦更加不可解。我们要排除它们，才能好好地建立理论。

算了吧，对于这个抛弃自然、只顾理想状态、不顾事实真理的博物学，我的信心受到了动摇。于是，我要和进化论开开玩笑，并非刻意寻找机会，这不是我要做的事，但是机会一旦出现，我还是会抓住的；我要玩弄一下进化论，一个古老建筑的威严穹顶，在我看来只是不值得尊敬的气囊，我要用大头针戳它一下。

这是新的一针。吃多种食物是动物繁荣的基本因素，是种族在生命的严酷斗争中得以扩张，并取得统治地位的首要因素。最可怜的物种，便是那些生命只系于一种无可代替的食物的物种。如果燕子必须只吃一种特定的小虫子，它会变成什么样子？这个虫子一旦消失——况且蝇虫的寿命本来就不长——鸟儿便会饿死。燕子毫无选择地吃空中飞舞的各种虫子，这对于它、对于我们的住所都是幸事。如果云雀的嗉囊只能不变地消化一种种子，它会变成什么样子？这种种子收获的季节一结束，况且收获季节一般都很短，犁沟里的食客也就要饿死。

人类的最高特权之一，是否就是他们的胃适合吃最多样的食物？他们跨越了气候、季节和地域的障碍。而狗是唯一能够四处跟随我们的家畜，它甚至能伴我们进行最严酷的远征，它是如何做到的呢？这还是因为它能吃的东西多，因此可以四海为家。

布利亚-萨瓦兰说，发现一种新菜，对于人类来说比发现一种新的行星还要重要。在这句话中，内容的真实比形式的幽默更为重要。确实，那位第一个会碾碎小麦、揉粉、在两块热石头之间煮面团的人，就比发现第二百号小行星的人有成就得多。发现土豆比发现海王星也有价值得多，尽管后者也很了不起。能增加我们饮食来源的发现都是最有价值的。在人身上正确的事情不会到了动物身上就错了。世界是属于能吃各种食物的胃的。同样的理由，自然会得到相同的真理。

现在我再说说昆虫。如果我相信进化论者说的话，各种捕食性膜翅目昆虫是从少数物种演化而来的，后者本身通过无数次的联亲，从某种变形虫和单虫衍生而来，最终都是从第一个偶然浓缩的原生块变过来的。不要追溯得这么遥远，不能沉浸在虚幻和谬误极易出现的迷雾中，我们还是选择一个界限分明的主题吧，这是唯一可以达成一致的方式。

各种泥蜂都源自一个单一的物种，这个物种本身也变化多次才成形，它像它的后代一样，用猎物喂养家人。从形状、颜色尤其是习性上看，似乎步甲蜂也可以归入同宗。行了，就说到这里吧。请问，泥蜂的原型以什么为猎物？它的食谱是多样的还是单一的？如果无法确定，就让我将两种情况都研究一下。

首先，假设食谱是多样的，我为泥蜂的初生儿深感庆幸。它有最好的条件繁衍后代，它可以吃任何与其力量相称的东西，不会出现因地点、时间的局限而造成的断粮；它始终能找到养活家人的口粮，只要是新鲜的虫肉，其特性是无所谓的。如今，它后代的口味也应该对其有所印证。泥蜂类的始祖有最好的运气，可以保证后代在生存的斗争中取得胜利，斗争将弱者和不适应生存者消灭，只保留强者和适应生存者；它具有一种极为有用的能力，并通过遗传传递下来，而后代与这种珍贵的遗传息息相关，应该将其作为积习，甚至一代代地加强，从一个变种到另一个变种。

然而，事实与这种不谨慎的任何猎物都吃的杂食性物种相反，我们现在看到了什么？每种泥蜂都愚蠢地只吃一种食物；每种只有一个猎物，尽管不同的猎物幼虫都接受。但这一种吃距螽，还要吃雌的，另一种只吃蟋蟀；这个除了蝗虫什么都不吃，那一个只吃螳螂；这一个只吃黄地老虎幼虫，那一个只吃尺蠖。

傻瓜！你们失去了先祖聪明的选择，是多么大的失策，而你们先祖的遗体如今在湖底的淤泥里休息着呢。你们和你们的家人本来应该生活得更好！如果食物多，困难或有时一无所获的寻找就大可避免，粮食也不必随着时间、地点、气候的不同而变化。如果距螽少了，就可以吃蟋蟀；如果蟋蟀缺了，就可以吃蝗虫。但是，噢！

我的好泥蜂，你们怎么这么蠢呢。如果你们如今还是每家人各吃各的，是因为湖底淤泥里的祖先没有将真理传授给你们，它教你们单一化了吗？假设古代泥蜂是饮食艺术的新手，在储粮中只准备了一种猎物，无论是哪一种，然后，分成几类并且最终大不相同的后代通过许多世纪的漫长工作，知道了在祖先的食物之外还有许多其他的食粮。传统被抛弃，它们的选择便没有了指引。在昆虫的猎物中，它们随意地尝试，差不多全都试过；每一次，幼虫的口味都得到了满足，就好像今天它对我食堂里的东西感到满意一样。

每次实验都是发明一道新菜，对一家之主是重大的事情，对于家族则是不可估量的源泉，这样它们就可能逾越缺粮的威胁，适应大幅度的繁衍，避免单一进食造成的种族消失或稀少。在吃过许多不同的菜肴之后，今天整个泥蜂家族的食谱应当非常丰富，但每一种仍然只吃一种猎物而对其他的不闻不问，当然不是在进餐的时候拒绝，而是在狩猎场上！通过你们一代代的实验，你们已经发现了许多食物，多种食物给你们的种族带来了巨大的益处；可是，你们最终却在了解了最好的方式之后将它抛弃，选择了最差的方式。噢！我的泥蜂，如果进化论有道理，那你可就太蠢了。

为了不责骂你们并尊重每一个人，我因此认为，今天，如果你们还局限于只吃一种食物，是因为你们不知道有别的食物。我认为你们共同的祖先，你们的先人，无论口味单一还是口味多样，都是纯粹的乌托邦，因为你们之间如果有亲缘关系，试过了家族的所有食物，口味也觉得不错，你们现在就应该每一种都是没有成见的食客，是样样都吃的进步者。最后我认为，进化论无力解释你们的进食。这便是从废弃的沙丁鱼罐头做成的食堂里得出的结论。

第十六章　按照性别分配食物

从质量上看，昆虫的食物将我们对本能起源的无知暴露无遗。成功是属于造声势的人，属于坚定的确信者，只要造一点声势什么都会被接受。我要揭穿这种诡计，我要承认，如果寻根问底地探讨事物，那么我们什么都不知道。从科学的角度讲，自然对于人的好奇心是一个没有最终答案的谜。假设之后又是假设，理论像废物聚在一起，而真理总是会溜走，了解自己的无知也许才是明智的。

从数量上看，昆虫的食物会引发同样晦涩的问题。对于勤勉研究膜翅目昆虫强盗习性的人，有一件很重要的事会引起他们的注意；虽然我们会因为懒惰而过于轻易地习惯一般化，但是，如果有思想的人远远无法满足于一般化，宁愿尽可能深入细节的奥秘，那么，随着我们对这些奥秘了解的深化，它们会显得如此奇妙，有时还如此重要。我多年来都关注着一个问题：在虫子的巢里，幼虫的食物数量是如何变化的。

每一个物种都谨慎地保持着祖先的饮食习惯。四分之一个世纪以来，我开垦了我们地区的每一个地方，我从来没有发现食谱会有变化。今天和30年前一样，每一种捕食性捕猎者都狩猎同样的猎物。如果说食物的特性是恒定的，可数量却不一样，而且差别很大，挖掘过几次昆虫的洞穴后，只有最肤浅的观察家才会发现不了这个事实。我刚开始研究时，这种从单倍到双倍、到三倍甚至到更多的变化，使我非常困惑，总令我产生一些今天被我否定的解释。

在我最熟悉的虫子中，有几个幼虫的食物数量变化的例子，食物的体积相互间当然是差得不多。在黄足飞蝗泥蜂的食橱里，当食物储备结束房门掩上后，我发现有时有两三只蟋蟀，有时有4只。大唇泥蜂的家安在软砂岩矿脉里，在某一个家里它放置了3只螳螂，而另一个家里却放置了5只。沙地节腹泥蜂有的要吃8只象虫，有的要吃12只甚至更多。在我的记录中，这样的例子比比皆是。为了说明我的观点，没有必要把它们全部列举出来，我将为食蜜蜂的大头泥蜂和吃螳螂的步甲蜂列份详细的清单，通过它们来研究食物数量的变化。

吃家蜜蜂的祭司常常在我家附近出现，我可以从它那里最省力地得到最大数量的信息。9月，在蜜蜂采蜜的玫瑰色欧石楠丛中，我看见大胆的海盗飞来飞去。强盗会突然出现，滑翔，挑选猎物，然后猛扑上去。大功告成以后，可怜的蜜蜂伸着舌头垂死挣扎，被空运到强盗的地下巢穴里，那里常常离捕获地点十分遥远。在光秃秃、陡峭的斜坡上，土石不断地滑落，很快就会露出强盗的住宅；大头泥蜂总是成群工作，所以只要蜂城一暴露出来，我肯定就能在冬天它们歇工的时候，获得大丰收。

挖掘是一项很困难的活儿，因为通道相当深。法维埃用镐和铲子挖，我敲碎土块，打开蜂房。里面有茧和剩余的食物，我很快小心地将它们转移到一个小小的纸袋里。有时蜜蜂还没有被碰过，幼虫也没有长大；但大多数食物是被吃过的，不过，要知道总共储存了多少粮食还是可能的。蜜蜂的头、腹、胸以及里面的肉都没有了，只剩下硬硬的壳，很容易算出数目。幼虫虽然吃得很多，但至少还要剩下翅膀，这种硬硬的器官是大头泥蜂幼虫绝对拒绝吃的。经历了湿润、腐烂和各种天气变化，翅膀都能保存下来，老蜂房比新蜂房更有利于统计。无论在挖掘时会出什么样的意外，最关键的是在将纸袋装满时不要忘了那些遗体，然后就是实验室里的事。我在放大镜下，将残渣一堆一堆地分开；将翅膀从残渣中取出，四个四个地计数，然后列出食物清单。没有足够耐心的人不必做这种练习；认为非常不起眼的手段无法发现关系重大的结果，这样先入为主的人也免了吧。

我调查了共计136个蜂房，它们是这样分布的：

2个蜂房	1只蜜蜂
52个蜂房	2只蜜蜂
36个蜂房	3只蜜蜂
36个蜂房	4只蜜蜂
9个蜂房	5只蜜蜂
1个蜂房	6只蜜蜂

———————

总计136个蜂房

吃螳螂的步甲蜂在进食时连角质的外壳也一起吃下，一点点细微的东西都不保留，我很难追溯它们的进食数量。一吃完饭，什么储粮的清点都不可能了。于是我便利用还有卵或者小幼虫的蜂房，特别是那些食物被一种小小的双翅目寄生虫吃掉的蜂房。寄生虫是一种弥寄蝇，它吃猎物时不损坏猎物的身体，整个表皮都完好无损。统计25个藏肉室，我得到了下面的结果：

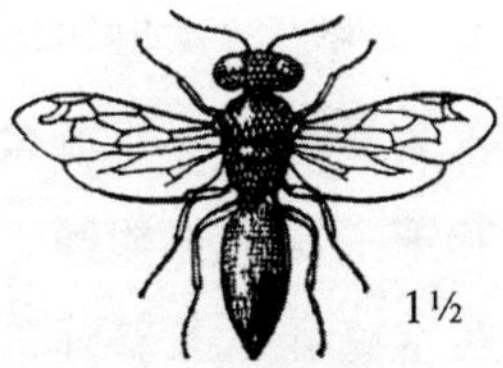

弑螳螂步甲蜂

8个蜂房	3只猎物
5个蜂房	4只猎物
4个蜂房	6只猎物

3个蜂房　　　　　7只猎物

2个蜂房　　　　　8只猎物

1个蜂房　　　　　9只猎物

1个蜂房　　　　　12只猎物

1个蜂房　　　　　16只猎物

总计25个蜂房

猎物主要是绿色的修女螳螂，也有灰螳螂，还包括几只椎头螳螂。猎物的大小也相差很大，有些长度8～12毫米不等，平均是10毫米；也有些15～25毫米不等，平均是20毫米。猎物如果身材小，数目就会增加，似乎步甲蜂以数目来弥补猎物的短小；我也可以将数目和大小这两个因素都考虑进去，看看是否相等。如果狩猎者真的要计算粮食有多少，也只是很粗略地估计，它的计算是没有规则的；每一只猎物，不论大小，在它的眼里始终都是一只。

于是，我想知道采蜜的膜翅目昆虫是否像这些狩猎者一样，进食数目不一。我数蜜饼，我量盛蜜的小碗，大多数情况下，结果都和第一次实验相同，储粮根据不同的蜂房而有变化。有的壁蜂，如角壁蜂和三叉壁蜂，给幼虫一块花粉，中间有一点点的蜜。但在同一个巢的蜂房里，蜜块的大小会有三倍或四倍的变化。我把高墙石蜂的巢从卵石上取出来，看到一些蜂房里藏有很多的储粮，而附近另一些蜂房里则储备很少，粮食屈指可数。既然这种事情很普遍，那么就该弄清楚为什么粮食的比例有如此巨大的差别，为什么会如此不同呢？

我怀疑首先是性别上的差异，对于很多膜翅目昆虫来说，的确，雄蜂和雌蜂是不同的，不仅仅是内部或者外部的某些小结构上的不同，但这与现在的问题不沾边，它们的身材大小有差异，却是由食物的数量所决定的。

我特别留意了食蜜蜂的大头泥蜂。与雌蜂相比，雄蜂就是一张肉皮，它大概只有雌蜂的1/3～1/2，用眼睛就能看出来。如果要使数字变得精确，我需要一些可以测出毫克的精细天平。我那些农村里的粗糙工具只能称土豆有几公斤，根本达不到严格的要求。因此，我只能通过视觉来验证，在这里这样也就足够了。和它的邻类相比，吃螳螂的步甲雄蜂就和一只俾格米小蜂差不多大。我常常很惊讶地看到，它在洞口与大雌蜂调情。

在确认了许多壁蜂两性身材上有差别后，它们自然也就有了大小、质量和重量的差别。对于节腹泥蜂、大唇泥蜂、飞蝗泥蜂、石蜂和其他蜂类来说，差别不是很明显，但仍然存在。一般来说，雄蜂比雌蜂要小；可能会有一些特例，但是很少，我对此很清楚。我因此要提到一些黄斑蜂，雄蜂在身材上具有特权，但大部分情况下，还是雌蜂占有优势。这也有它的道理。只有母亲才会艰难地在地下挖掘通道和蜂房，揉灰泥，涂房屋，用水泥和沙石筑巢；钻木头，将通道分成几层，把树叶做成圆形软垫，集中放置蜜，在松树树胶里采集树脂，搅拌之后在蜗牛的空壳里建穹顶，追捕猎物，将它们麻醉，把它们拖进居所；采集花粉，在蜜囊里制蜜，将蜜饼储存起来。这种累人的繁重活，虫子为它奉献了整个生命，显然必须有一个强健的身体，这是无所事事的情种雄蜂所干不了的。因此，从总体上讲，对于劳动的昆虫而言，雌蜂都属于强有力的性别。

既然虫子在后来的成长中必然要长大，身材上的优势是否要求在幼虫期就吃更多的食物？思考之后，我们会有这样的回答：是的，长多少，就要吃多少。如果瘦小的雄性大头泥蜂吃两只蜜蜂就够了，雌蜂就要吃双倍乃至三倍，要吃3～6只。如果雄步甲蜂要吃三只螳螂，异性就要吃上一串，数量接近一打。而雌壁蜂因为相对丰满，需要比它的兄弟雄壁蜂多吃2～3倍的蜜饼。这一切都是眼见的事实，昆虫不可能吃得少做得多。

尽管这是显然的事实，我还是要看看事实是否与这种初级的逻辑相符。有的时候，最严谨的推断也会和事实产生矛盾。近几年来，我利用冬天的空闲收集一些工作时用得着的东西，如各种膜翅目掘地虫的巢穴，尤其是食蜜蜂的大头泥蜂的，它刚刚向我们展示了粮食的清单。在茧的旁边，有一些食物残渣，比如翅膀、前胸留在蜂房隔墙上，对它们进行统计，我就可以知道幼虫吃了多少食物。现在幼虫正关在丝质小屋里，我就这样一个蜂房一个蜂房地得到了准确的食物数目。此外，我还算出了蜜的数量，我用容器来量蜂房，它的容量和储存的食物量成正比。将蜂房、茧、粮食都记录下来之后，统计就走入了正轨，然后我就等羽化的时候确认性别。

逻辑推理和实验结果非常吻合。有两只食蜜蜂的大头泥蜂茧属于雄蜂的，而且始终是雄的；储粮多一点的，就是雌蜂。步甲蜂的蜂房里如果有三四只螳螂，那就是雄蜂；如果是两三倍的储粮，那就是雌蜂。吃四五只欧洲栎象的沙地节腹泥蜂，就是雄蜂；吃8～10只的，就是雌蜂。总之，储粮多蜂房宽敞的就对应的是雌蜂，储粮少蜂房狭窄的就对应的是雄蜂。这是一个我此后可以依赖的法则。

在这一步上，出现了一个问题，关系重大，牵涉到胚胎学最含糊不清的东西：要变成雌蜂的大头泥蜂是如何从母亲那里得到3～6只蜜蜂，而雄蜂又如何只得到2只？猎物在大小、气味上和营养特性上都是一样的，食物的价值和它的数目正好成正比关系，这是很难得的条件；如果食物是大小不同的各种种类，那我就弄不清了。膜翅目昆虫，不论是采蜜者还是食肉者，它们怎么能够做到根据乳儿未来的不同性别，在蜂房聚积数量或多或少的粮食呢？

粮食是在产卵之前储存起来的，这些储粮是根据还在娘胎里的卵的性别需要决定的。如果卵产在储粮之前，比如说蜾蠃，人们可以想到产卵者是根据性别再堆积粮食的。但不论将来变成雌蜂还是雄蜂，卵始终都是一个样子；其中的区别，对于那些受过最好训练的胚胎学家而言，也完全是过于精妙、神秘并且不可捉摸的。一个可怜的虫子能够看到什么？而且它的洞里是那么昏暗，在这个地方连最精密的光学仪器都无法看出什么来。此外，就算在黑暗的产房中它比我们更为敏锐，但它的视觉却没有经受过什么锻炼。我刚刚说过，卵只是在粮食储存好之后才产下来，食客还没出世，大餐就已经准备好了。但饭的多少是根据将要出生的小生命的需要决定的；卵巢管里的胚芽将来是巨人还是侏儒决定了饭厅建得大还是小。因此，母亲事先就知道它的卵会产出什么性别的蜂来。

这是奇怪的推论，它会把我们平常的观念全部推翻！事实的力量把我们一直往前推。然而，尽管在接受它之前觉得它如此荒谬，我们还要努力用另一种荒谬来摆脱困境。我们问自己，是否食物的数量并不取决于起初并没有性别的卵的命运，食物多一点，地方大一点，这个卵就会变成雌蜂，食物少一点，地方小一点，它就会变成雄蜂？母亲根据它的本能，这里多放一点粮食，那里少放一点，饭厅也是一会儿建得大一会儿建得小，卵的未来就决定于食物和餐厅的条件。

尝试了一切，试验了一切，直到得出荒谬的结果，此时荒诞不经的言论有时就是明天的真理。此外，由于对家蜜蜂的历史如此熟知，我们应该在抛弃荒诞的假设之前变得谨慎。将一只工蜂幼虫变成雌蜂幼虫或者蜂王幼虫，不就是增加蜂房的体积，改变食物的质量和数量吗？这时，性别的确都没有变，因为工蜂就是没有发育完全的雌蜂。但这种变化也很奇妙，以至于有时候可以认为，只要借助于丰富的食谱，是否变态就可以让肉皮一样的雄蜂变成强健的雌蜂。我只能通过实验得出结论。

我有一些长长的芦竹段，在芦竹里，居住着三叉壁蜂，它们将居所分层，并用土做隔墙。我将在以后描述我是如何得到这些和我期望的数目同样多的蜂巢的。我将芦竹竖着劈开，蜂房暴露出来，里面有粮食，以及蜜饼上的卵和刚刚出生的幼虫。经过无数次重复观察之后，我知道了这个巢穴哪里有雄蜂、哪里有雌蜂。雄蜂占据着芦竹的前端，就在开口的那一端；雌蜂则在深处，在那个作为管道天然阻塞物的竹节旁。此外，就只有从粮食的数量能看出性别，雌蜂的粮食是雄蜂粮食的2～3倍。

在那些粮食稀少的蜂房里，我通过其他房间里吃剩的粮食将储粮增加了两三倍；而在那些储粮充足的蜂房里，我将蜜饼减少到一半甚至三分之一。但仍然保留了一些证人，一些受到尊重的房间，它们的储粮原封不动，不论储粮充足还是稀少。我将芦竹的两个部分重新放置，并用几根铁丝紧紧地捆在一起。有利的时间一到，我们就可以看到粮食的减少或者增多是否决定了性别。

结果是这样的：粮食本来很少但后来被我增加了两三倍的蜂房里，存在的还是雄蜂，和它拥有正常配额的食物是一样的。我增加的部分粮食没有完全消失，留下来很多；幼虫变成雄蜂，这么多食物实在太多，它无法全部吃光，便在剩下的花粉里织茧。这些雄蜂，有了这么多的食物，气色虽然很好但并不过分；多出来的食物没有被它们怎么利用。

那些本来食物充足，后来被我削减到一半乃至三分之一的蜂房里，是一些和雄蜂茧大小一样的茧，没有色泽，半透明，没有弹力；而正常的茧壳是深褐色，不透明，手指一碰便有弹力。人们很快就可以认出来，它们是饥饿贫血的织工的作品，它们的胃无法填饱，在最后一点花粉吃光之后，它们便在死之前努力吐出可怜的一点丝。那些食物数量减得最多的茧里，只剩下一只死去并且干枯的幼虫；而其他口粮减得不是那么多的茧里，有一些成虫形状的雌蜂，但身材小得多，就像雄蜂一样，甚至还比不上。至于那些留下来的证人，它们则确证了我的判断，在芦竹开口旁边的是雄蜂，管道末端附近的是雌蜂。

这个实验足以排除性别是取决于食物数量这种极不可靠的假设吗？在必要时，疑问的门还是要开一下。有人会说，实验中的人为因素达不到自然状态的精细条件。为了断绝任何反对意见，我最好借助于一些实验者不插手的事实。寄生虫类可以提供这些事实，它们将证明食物的数量乃至质量，与虫子的特性和性别都没有关系。当我在切开的芦竹里拆东墙补西墙的时候，研究的课题就从一个变成了两个。我将沿着这两条路走下去。

一只柔丝砂泥蜂，本来只吃尺蠖，在我的食堂里我用蜘蛛喂它们。吃饱了之后，它就开始织茧。结果会怎么样呢？如果读者期待它吃了一种从来没吃过的东西后，就会有什么变化，他必须赶紧打消这个念头。吃蜘蛛的砂泥蜂和吃幼虫的砂泥蜂完全一样，就跟吃米饭的人和吃奶酪的人没什么不同是一回事。我用放大镜在我艺术加工的产品上搜寻，但无法将它和自然产品区分开来，只有让最仔细的昆虫学家来寻找它们的区别了。其他被我改换了食谱的昆虫也是如此。

然而，我还是听到了反对意见。区别可能不大，因为我的实验只是很低的一个阶梯。如果梯子再伸长一些，如果砂泥蜂的后代一代一代地吃蜘蛛，又会有什么后果呢？这些区别，一开始察觉不到，可能会不断加强，最终成为区别性特征；习性、本能都会因此而变化；最终一开始吃幼虫的捕猎者就会变成吃蜘蛛的，尽管形状还是一样。一个种类就此诞生，在与生命演变相关的因素里，首要的无疑是食物的种类，它的类型带来了动物的改造。这一切比起达尔文提到的其他微不足道的东西都要重要得多。

创造一个种类，理论上是非常好的，以至于人们会遗憾，实验者无法一直继续实验下去。砂泥蜂一从实验室飞出去，在附近的花丛中吮吸花蜜，你就跑出去追上它，让它给你产卵，你用餐厅里的饮食喂养幼虫，就这样一代一代地来加强它们对蜘蛛的口味。这样想真是疯了，无能的我们怎么可以促成食谱的变化呢？完全不可能。最具决定性的实验，是在很大程度上没有人为因素的连续性实验，只有寄生虫类能够做到。

寄生虫可能习惯依赖别人生活，使自己有空闲过最舒服的日子。如果它们真像有些人所说的这样，可就大错特错了。它们的生活是最辛苦的。如果有一些舒舒服服地安了家，另一些就要遇上缺粮、饥荒。看看某些芫菁，它们极易遭到毁灭，要保存一个幼虫，就不得不生育1000个。在它们的家里，不花钱的美餐是很少的。有一些在主人家里迷失了方向，因为主人的饭菜不合它们的口味；另一些则只能找到数目远远不够的一些储粮。忙碌而不适合劳动的家伙命运是多么悲惨，它又是多么的失望！我举出的这些不幸，只是信手拈来的例子。

双齿蜂以卵石石蜂丰富的储蜜为食。它拥有丰足的食物，多得不能全部吃光。我已经揭露过这种浪费。然而，在石蜂废弃的居所里，有一种小壁蜂常常会在里面筑巢；这种壁蜂是这个死屋子的牺牲品，它也要招待双齿蜂，这时寄生虫就会犯明显的错误。石蜂的巢，卵石上半球形的砂岩是它要产卵的地方。可是，巢如今被陌生人壁蜂给占了，双齿蜂却一无所知，它只管趁着主人不在时偷偷产下它的卵。穹屋是它所熟悉的，就算它自己造个屋子，它也不会了解得更多。这是它的出生地，这里也该是它家人的出生地。没有什么能引起它的担心，房子外观一点没变，砂岩和绿油灰的外壳，将来门口还将牢牢粘上一层白灰，不过现在还没有砌起来。它进去了，看见了一堆蜜。对它来说，这只可能是石蜂的蜜饼。如果壁蜂不在，连我们也会弄错的。它便在误导人的蜂房里产卵。

它的失误非常正常，丝毫无损它作为寄生虫的高超才能，但对于未来的幼虫却是致命的。壁蜂身材小小的，只会储藏很有限的食物，一小块花粉和蜜，跟一个小豆子差不多。这样的储粮对于双齿蜂来说是不够的。当它的幼虫按常理产在石蜂的巢里时，它是浪费粮食的虫。可是，现在这种称谓不恰当了，一点也不恰当。它错误地来到壁蜂的餐桌上，幼虫想挑食都挑不了；它不再会留下一点食物，并任其腐烂，它把一切都吃光了还不够。

从这种少粮的餐厅出来的只能是个皮包骨。双齿蜂在严酷的考验后没有死，是因为寄生虫类具备顽强的生命力，能够面对坏运气；然而，它不到普通大小的一半长，体积则只有正常的八分之一。看着它这样憔悴，我们会惊诧于它生命力的顽强，在食物极度匮乏的状态下，它仍然长成了成虫的模样。它终究还是一只双齿蜂，它的形状一点也没有改变，体色也是同样的。此外，两种性别也遵循着固有的规律，这个矮人一族有雄蜂也有雌蜂。无论是在壁蜂家里缺粮，还是在石蜂家里大吃特吃，并不影响物种和性别。

寡毛土蜂也是如此，它是荆棘里的三齿壁蜂和废蜗牛壳里的金黄壁蜂的寄生虫，但它在微型壁蜂的巢里就迷失了方向，由于没有足够的粮食，它只能长成普通大小的一半。

褶翅小蜂穿过三种石蜂的水泥墙产卵。我知道两类产卵者的名字。来自岩石或者高墙石蜂的，幼虫能饱餐食物，它的大小配得上它的名字巨型褶翅小蜂，这个名字是法布里休斯[①]给它取的；来自棚檐石蜂的就只能配得上克鲁格给它取的大型褶翅小蜂这个名字了。它的食物较少，巨人小了一截，就只配称大个子了。从灌木石蜂中来的则还要小，如果命名专家要给它取名，就只有取得再寒碜一点。从两倍的大小，降到了一，尽管食谱有变化，但仍然是同一类昆虫；而且尽管食物数量不同，三种乳儿的两种性别也未受到影响。

我还有不同洞穴里的变形卵蜂虻。从三叉壁蜂茧里出来的，尤其是从雌蜂茧里出来的，是我所知发育得最好的。从蓝壁蜂茧里出来的，有时没有前者的三分之一长，但永远有两种性别，毫无疑问，永远也是同一个物种。

两种调制树脂的黄斑蜂——七齿黄斑蜂和好斗黄斑蜂，把它们的家建在废弃的蜗牛壳里。后者还供焦斑带芫菁食宿。芫菁如果吃得很多，就会有正常的体积，像普通收集者看到的那样。当它抢劫了塞里昂切叶蜂的食物时，它就显得这样精神。但它有时会冒失地来到黄斑蜂可怜的餐桌前，后者把它的巢建在荆棘干枯的茎干里。黄斑蜂的稀粥使它成为一条可怜的肉皮，但雄性、雌性都有，种族特征也根本没有消除。它始终还是焦斑带芫菁，带着种族的明显记

① 法布里休斯（1745—1808）：丹麦昆虫学家，以根据昆虫的口器而不根据其翅进行分类而著名。——译注

号，鞘翅的顶角有一块焦斑。

其他的芫菁，如西班牙芫菁、蜡角芫菁、斑芫菁，无论性别如何，它们的身材是多么的不同啊！有一些而且为数不少，体积降到正常的一半、三分之一、四分之一。在这些侏儒、这些不受欢迎者、这些残疾者当中，有一些雌蜂长得和雄蜂一样大小；但窄小的身体根本没有冷却它们爱人的热情。我再重复一遍，这些辛勤的劳动者生活艰难。这些小家伙不从那些供粮远远不足的食堂里出来，又能从哪里出来呢？寄生的禀性使它们注定命运多舛。这也无所谓，不论缺粮还是吃得肚肥肠圆，两种性别都会出现，特殊的特征也一直保存。

没有必要在这个问题上纠缠太久，证据已经有了。寄生者向我们证明，食物在质量和数量上的变化都不会带来特别的改变。变形卵蜂虻吃蓝壁蜂幼虫，不论仪表堂堂还是侏儒，始终都是变形卵蜂虻；不论吃的蜜饼来自空蜗牛壳里的黄斑蜂还是荆棘里的黄斑蜂，或者切叶蜂，甚至别的蜂种，焦斑带芫菁还是焦斑带芫菁。想变成另外一种形状，可能还要一种高于食物变化的因素。生命的世界难道会由肚子支配吗？这个因素只是部分原因，它根本不能影响生育。

寄生虫类同样对我们说，吃多吃少不能决定性别。以前我猜想，昆虫为它将要产下的卵积攒合适的食物，是事先知道这个卵的性别的，这个奇怪的推测或许是正确的，也许事实会显得更加荒谬。讨论各种壁蜂之后，我将再回到这个问题上来，壁蜂是这个重大事件的有力证人。

第十七章 各种壁蜂

2月的天非常好，意味着冬去春来，万物复苏。在石子堆里的温暖隐蔽处，大戟类植物，希腊语称之为Characias，普罗旺斯语称之为Jusclo，开始重新竖起原本弯曲的花序，还偷偷地绽开了几朵颜色暗淡的花，虫子们这一年的采蜜就会从这些花开始。当茎梢完全竖直时，严寒也就要过去了。

杏树此时也忙碌起来，它常常被阳光所迷惑，急着开花应景。只要有几天天气好，它就会长出白花球，玫瑰色的芽眼在里面微笑。乡间还没有绿起来，看上去像笼罩着一层圆形的白缎帷幔。只有铁石心肠的人，才会对百花绽放无动于衷。

昆虫一族也有一些最热情的类群加入了春天的庆典。首先是家蜜蜂，它天生就是勤劳的劳动者。它利用冬天少有的好天气走出家门，看看蜂巢旁边的迷迭香是否绽开了花朵。蜂群忙碌地在花冠上嗡嗡飞舞；一片片花瓣轻柔地落在树下。

还有另一些蜂儿与这些收获的蜂群在一起，它们数量不多，在还没有巢的时候，它们只吮吸花蜜。这便是壁蜂家族，它们有铜色的皮肤、深红褐色的体毛。有两种壁蜂在分享杏树的喜悦，一开始是角壁蜂，头和胸有黑色的绒毛，肚子上的绒毛则是红褐色；过了一段时间，三叉壁蜂出现了，它的体色完全是红褐色的。它们便是花粉采集部队派出的第一批使者，来确认季节，并参加早开的花的节日。不久之前，它们撕碎了冬天住的茧，离开墙缝里的休息地；如果北风呼啸，杏树还冻得哆嗦，它们就赶紧回去。你们好，我亲爱的壁蜂，每一年，在穷乡僻壤，面对卷着雪花的北风，你们最早给我带来了昆虫苏醒的消息。我是你们的朋友，就让我谈谈你们吧。

我那个地方的大部分壁蜂不像树莓里的同伴那样工作，它们不会自己准备产卵的居所。它们需要准备好的房间，比方说条蜂、石蜂用过的蜂房和通道。如果这些首选的房间没有，每种壁蜂可以根据喜好，在墙角或者树洞、芦竹里、石堆下死去的蜗牛壳中随意安身。选好的居所要用隔墙分成几个房间；然后住宅的大门还要被严严实实地封起来。这就是它们要做的一点点安居工程。

角壁蜂和三叉壁蜂使用软土，做这种更像是粉刷工而不是泥瓦工干的活儿。这种物质不像石蜂的水泥，石蜂等即使在一个没有遮拦的卵石上，都可以经受几年的风吹雨打；它只是一种干了的泥浆，用水滴黏合成糊状。石蜂在大路上最干最平的地方采集水泥粉，再用一种唾液试剂将其溶解，干燥以后，便有了抵抗石头的阻力。这两种壁蜂，杏树上最早的客人，不知道这种水拌砂浆的化学反应；它们只会采集用泥浆天然调和成的泥土，然后将泥土晒干，自己并不做什么特别的事情；这样它们的居所就要求很深，遮挡得很好，雨水无法浸透，否则工作就泡汤了。

和三叉壁蜂一样，拉氏壁蜂也挖掘棚檐石蜂宽厚地让给他人的通道，它用其他的物质做房屋的隔墙和大门。它咀嚼着某种产胶的植物的叶子，可能是某种锦葵科植物，就这样造出一种绿色的黏合剂，来建造隔墙和大门。当它把家安在面具条蜂宽敞的蜂房里时，直径大约容得下一根手指的通道入口，被用这种叶子做成的团封了起来。在被太阳照得硬邦邦的土坡上，房子因为鲜艳的色彩暴露了出来，看上去就像是用一层蜡封起来似的。

谈到所使用的材料特性，我能观察到的壁蜂可以分成两种，一种用泥浆做隔墙，另一种用一种绿色的植物黏合剂做隔墙。第一种里有角壁蜂和三叉壁蜂，这两种蜂引人注目之处在于它们的角和它们面部的结节状隆起。

南方的大芦竹在乡村里常常被用来做院子里的篱笆，阻挡北风，或者仅仅用来做门。截去芦竹梢，使形状看上去规则一些，再将它们竖直插在地里，一道篱笆就做成了。我常常在里面搜寻，想在里面发现壁蜂的巢，但寻找常常无功而返。不成功很容易解释，我们刚才看到，三叉壁蜂和角壁蜂的大门和隔墙，都是用一种用水调成糊状的泥浆做成。芦竹一旦竖立起来，堵住开口处的泥浆就会遇上雨水，于是迅速分崩离析；房子一层层坍塌，一家老小就会被淹死。壁蜂比我更早预料到了这种困境，当然不会在竖着的芦竹里建巢。

芦竹还有另一种用处，人们用它来做一种条筐，春天用来喂蚕，秋天晒干无花果。4月末和5月份，正是壁蜂的工作季节，村民用条筐在壁蜂无法接触的地方喂养蚕；秋天，它被放在阳光下，曝晒去了皮的桃子和无花果，而此时壁蜂已消失了。如果有这样一个用旧了的条筐被丢到外面横着放置，春天的时候，三叉壁蜂就常常会据为己有，挖掘两端，两头的芦竹被截去了一部分并大大敞开。

对于三叉壁蜂来说，什么样的家都可以利用，只要隐蔽处有足够大的地方，足够坚实、卫生并且昏暗安静。我发现的最奇特的房子是在蜗牛废弃的壳里，特别是那种最普通的轧花蜗牛。在两侧种着橄榄树的山坡上，我看见的那些挡土的小墙，是用硬石块建成，朝向南方。在这种摇晃的砖石工程的缝里，我们会看到一些死蜗牛，切口那道线上都堵着土。三叉壁蜂的一家就建在这些壳的螺旋里，用泥浆做成的壁将它分成了好几个房间。

我们再看看那些石头块，特别是那些从采石场里取出来的石块。那里常常安着田鼠的家，田鼠在草地上啃着橡栗、杏和橄榄的核。这个啮齿动物吃的东西很多，无论是油质的还是粉质的，它都要配上蜗牛一起吃。它一走，在石板盖下，就剩下一些空壳，和其他食物残渣混在一起，数量很多。这有时使我想起圣诞节前夜，农村里按照习俗和菠菜一起吃的蜗牛，第二天家庭主妇就把它扫到谷仓旁。对于三叉壁蜂来说，这可是不可错过的家居材料。此外，如果没有田鼠的贝类博物馆，同样的石块也会成为这些蜗牛的庇护所，它们就在那里度日，并最终死亡。因此，如果我们看见三叉壁蜂进入一些老墙的缝隙，它们的活动是显而易见的，它们在寻找房屋，寻找这个迷宫里的死蜗牛。

数量略少一些的角壁蜂很可能自己也不太会干活，所以住房的形式不多。我觉得，它是看不上空壳的。我只知道它们住在芦竹做的条筐里面，还有面具条蜂遗弃的蜂房里。

我知道的其他所有壁蜂的巢，都是用绿胶合剂做的，这是某种碾碎了的树叶的浆；除了拉氏壁蜂，它们的房子都没有角状或者凸起的外壳，而那些糅和泥浆的壁蜂房子上就有。我想了解胶合剂是用什么植物做成的；有可能每种壁蜂都有自己的喜好，并且有自己的职业秘密，但是至今为止，我的观察都没有告诉我细节。无论准备胶合剂的劳动者是谁，胶合剂的模样都大致一样，总是纯的深蓝色，显得很新鲜。然后，尤其是那些暴露在空气中的部分，可能是发酵的缘故，颜色变成枯叶的褐色乃至土黄色；叶子原先的形状也变得认不出来了。隔墙材料的统一并不能造成居所的统一，相反，不同壁蜂的居所是大相径庭的，尤其是那些喜欢空蜗牛壳的最为突出。

拉氏壁蜂和三叉壁蜂一样，挖掘棚檐石蜂宽敞的建筑。它也会随意地在面具条蜂的居室中选择精美的蜂房，也可以在水平放置的芦竹里安家。

我还说过一种青壁蜂，它把家安在卵石石蜂的旧巢里。它家大门的塞子是用一种强度很高的混凝土做的，里面混合着很多浸在绿浆团里的砂浆；但是内部的隔墙，只用纯的胶合剂。因为蜂巢的大门位于没有任何遮拦的穹屋的拱形处，要经受风吹雨打，母亲自然会想到加固它，危险使它想到了砂浆混凝土。

金黄壁蜂绝对只要死蜗牛壳做窝。森林里、草地上的蜗牛壳，尤其是轧花蜗牛壳，螺圈很大。这样的蜗牛壳，在草地里，墙角下，阳光照射得到的岩石上处处都有。壁蜂干燥的胶合剂是一种长满了白色短毛的毡子。它可能来源于某种长着针刺叶的植物，也许是一种紫草科植物，黏胶和像毡子一样聚在一起的毛都浓密。

红毛壁蜂喜欢森林和草丛里的蜗牛壳，当4月刮起北风时，我看见过它在里面栖身。它的工作我还不了解，我想应该和金黄壁蜂差不多。

绿壁蜂这个小小的蜂儿把家安在头状鳞茎的螺旋梯里。它模样优雅，但过于娇小，房子有很大一部分空间还让给了绿色的胶合剂。一个房子完全可以住得下两只壁蜂。

红腹壁蜂光秃秃的红肚皮很有些与众不同，它可能是在轧花蜗牛的壳里筑巢，我看见过它在里面栖息。

杂色壁蜂在森林的蜗牛壳里筑巢，巢几乎筑在螺圈的最深处。

蓝壁蜂可以接受各种不同的房子，我在卵石石蜂的旧巢中取出过它，甚至在一眼有棵枯死的柳树的无名井里见过它。

摩氏壁蜂在卵石石蜂的旧巢里很常见，但我怀疑它还有其他的住宅。

三齿壁蜂自己做屋子。它用大颚尖在枯干的树莓，有时在矮接骨木上钻开通道，在绿浆里加入一点茎髓锉屑。它和啮屑壁蜂以及微型壁蜂的习性相仿。

石蜂在阳光下工作，在瓦上、卵石上、篱笆枝头；它的职业对于好奇的观察者来说没有任何秘密。但壁蜂喜欢神秘，它需要一间昏暗的房子，挡住外人的视线。但我想看看它在家里的隐私，看看它是怎么和那些光天化日之下筑巢的虫子一样轻松地工作的。也许在它的密室中，有一些令人感兴趣的习俗。如果我的愿望得到满足，就会知道。

通过研究虫子的心理能力，尤其是它对地点牢固的记忆，我问自己是否可以选一只膜翅目昆虫，让它在我喜欢的地点，甚至于我的实验室筑巢。而且我希望不仅仅用一只虫子，而是用数目众多的蜂群做实验。我首选的就是三叉壁蜂。在我家附近这种虫子很多，它常常会遇上棚檐石蜂巨大的巢，还有拉氏壁蜂与它结伴。计划既然已经成熟，剩下的就是要让三叉壁蜂答应把我的实验室当作家，要让它答应在玻璃管里筑巢，因为透明的玻璃使我可以很容易地研究它。在这个会令人产生防范的水晶通道旁，我还加上了一些更自然的居所，比如各种粗细长短的芦竹、大小不一的石蜂旧巢。这个想法看上去不太正常，但我很高兴这样做，而且获得了前所未有的成功。请读者接着往下看吧。

我的方法非常简单，只须让昆虫在我想让它们安家的地方出生，让它们在那里从茧里出来，来到尘世。此外，还要在选好的地方有一些房子，只要是自然的就行，但形状要像壁蜂的。视觉上的最初印象和它那旺盛的生命力，使我的昆虫重新回到了出生之地。壁蜂不仅仅会通过那些永远敞开的窗子重新回来，它们还会在出生地筑巢，如果它们在那里发现了必要的生活条件。

整个冬天，我都在收集壁蜂的茧，大部分是从棚檐石蜂的巢里收集到的；我还去卡班特拉，在毛脚条蜂的巢里有最丰足的储备，我过去在研究芫菁挖掘的巨大的蜂城时，认识了这种条蜂。我的一个学生也是我的挚友，M.H.德维拉里奥，卡班特拉民事法庭首席法官，在我的要求下，让人送来一个箱子，里面装满了毛脚条蜂和高墙石蜂常去的一段斜坡的土块，这些土块给我提供了丰富的资料。总之，我得到了很多的壁蜂茧，想耐心地数出它们的数目是做不到的。

在实验室有阳光散射进来却又不会直射的一隅，我把收获物从打开的大箱子里取出，放在一张桌上。这张桌子位于两扇朝南的窗户间，对着院子。羽化的时间一到，为了使蜂群可以自由地进进出出，这两扇窗户就一直敞开。玻璃管和芦竹根到处无序地放着，平放在茧堆顶端。它和其他壁蜂的喜好一样，不要竖着的芦竹。虽然并不需要过于小心，我还是在每个管道里都放上了茧，将来在通道下就会有一部分壁蜂羽化出来，这样它们对地点的记忆只会更为牢靠。所有准备工作都做好之后，我就听之任之，等待壁蜂工作的时节到来。

4月下旬，我的壁蜂才破壳而出。如果阳光直射，遮挡得很好的小角落里的蛹会提前一个月羽化，开花的杏树上的那些蜂群就是明证。实验室里持续的阴凉推迟了它的苏醒，但并没有改变筑巢的日期。筑巢的时间是在百里香繁花压枝的时候。在我的小桌旁、我的书旁、瓶子容器旁，都聚满了蜂群，它们随时可以从窗户出出进进。我告诉家里人不要进实验室碰这些虫子，不要扫地，也不要掸尘，这样会打扰蜂群，使它们对我的殷勤产生不了信任。我怀疑用人看到积了这么多的灰尘，感到自己的失职，有时便不会理睬我的保护措施，偷偷地进来，稍微扫上几下。至少，我有时看到脚下死了一大堆壁蜂，这时候它们本来应该在对着窗户的地板上晒日光浴呢。也可能是我自己不小心干了错事，不过罪过还不算大，因为蜂群的数量多得很；除掉不小心碾死在脚下的那些，除掉寄生虫侵扰的那些虫茧，除掉那些在户外死去或者不认识归路的，最后再除掉一半雄蜂，我在四五个星期里，还是看到了数目惊人的雌壁蜂。我一个人是无法观察所有的雌蜂活动的，只好局限于几只，给它们标上颜色以示区别；别的我就听之任之，它们的工作完工之后我再去关心它们。

雄蜂最先出现。如果阳光强烈，它们就在管子堆旁飞舞，仿佛是要好好认识地方，它们相互交换美味佳肴，在地板上轻轻打闹，相互拭去翅膀上的尘土，然后再离开。我在丁香花丛中发现了它们，丁香树面朝窗户，被丁香芬芳的花序压弯了腰。壁蜂们在这里享受阳光和美味，吃饱了就回到蜂房。它们认真地从一根管子飞到另一根，把头埋到开口处，想弄清有没有哪只雌蜂准备出来。

的确，有一只雌蜂勇敢地出现了，毫无疑问，这样的杂乱无章使解放工作变得困难。一个追求者看到了它，另一个也看到了，还有第三个，大家匆忙一拥而上。对于它们的进攻，被追求者以大颚发出的叮当声作为回应。声音很急促，要敲上几次，钳子随着声音一张一合。很快追求者后退了；然后，也许是为了显示自己，它们也用大颚做起这些野蛮的动作。美人又回到闺房，它的追求者们也重新贴到房门口。雌蜂又重新出现，继续大颚的游戏，雄蜂又后退了，但它们也尽力地挥动它们的钳子。壁蜂的表白真是奇怪，它们在空中挥舞着可怕的大颚，恋人们仿佛是想自相残杀，它们把粗野的挥舞拳头变成了情话。

天真的爱情很快到了尽头，相互以大颚的撞击声表示问候之后，雌蜂从通道中出来，开始无动于衷地打磨翅膀。情敌们都加紧了行动，它们一个比一个飞得高，形成了一个立柱，每一只蜂儿都尽力推搡幸运儿，占据根据地。可是，幸运儿小心翼翼地不想放弃；它在高处，想结束混乱，使一切自行重归有序；当那些多余分子承认失败并放弃追求时，一对新人便远远地离开这帮闹哄哄的嫉妒者。这就是我对壁蜂婚礼所知道的一切。

雌蜂的队伍一天比一天壮大。它们考察着地形，在玻璃通道和芦竹屋前飞舞，它们进去后又出来，再进去，然后再飞走，猛一用力飞进了荒石团。后来它们又一个个地飞了回来。它们在外面的阳光下稍事休息，就在贴着墙的百叶窗上；它们在窗洞里滑翔，前进，飞到芦竹旁，看上一眼又飞走，过了一会儿又再回来。它们就这样熟悉家的环境，将出生地印刻在记忆中。我童年的村庄始终是我最珍爱的地方，在记忆中抹之不去。活动期只有一个月的壁蜂，两天之内便拥有了对它的小村庄的牢固记忆。它在这里出生，在这里恋爱，它还要回到这里来的，来印证自己美好的回忆。

最后每只雌蜂都做出了选择，然后开始筑巢，事情的发展远远超出了我的预料。壁蜂在我为它们准备的所有小房间里筑巢，我用一张纸包住玻璃管以造成阴暗和神秘的效果；这成了它们首选的工作地点，玻璃管创造了奇迹。壁蜂们争夺这些水晶宫殿，将玻璃管一个不落地全部占据了。在此之前，它们这个种族对这个宫殿还一无所知。芦竹、纸管同样收到了很好的效果。准备的物品好像不够用，我赶紧又添加了一些。蜗牛壳尽管没有石块遮挡，还是被当作上乘的住所；石蜂的旧巢，甚至蜂房极小的灌木石蜂的旧巢，都被迅速占据。落后者则没有地方可选，便在桌子抽屉的锁里安家。有一些胆大者还深入到一些半开的盒子里，盒子里放着一些玻璃管，我把最近的收获物都放在里面，有各种各样的幼虫、蛹和茧，我想观察它们的发育过程。只要这些盒子有空余的地方，壁蜂便想进去安家，我可是不答应的。我根本没有估计到有如此的成功，我不得不插手，排除这种连我都受到威胁的入侵，使一切重新井然有序。我将锁封起来，掩上盒子，关上旧巢，最后我把用不着的一切全都拿走。现在，我的壁蜂，我留给你们的是最空旷的场地。

工程以打扫住宅开始。茧的残留物，浪费了的蜜的残汁，隔墙上脱落的灰泥碎片，蜗牛壳里软体动物干枯的遗体，或者其他有碍卫生的残渣，都该首先消失。壁蜂猛烈地拉扯着那些小东西，然后，猛地一用力，将它们挪远，挪得很远，直到实验室以外。它们是一些热情的清洁工；它们过分热情的原因，可能是害怕那些丢在房门口的小东西占了空间。虽然我用水清洗过玻璃管，但它们还是要再细心地清扫一遍。壁蜂给它们掸尘，用跗节上的刷子轻扫过一遍，然后再倒过来打扫。它这样是要拾起什么东西吗？什么也没有。这不重要；它们是谨慎的主妇，无论如何，它们都要动一动小扫帚的。

现在是储藏和产卵的时候。管子的内径决定了工作的方式，我的玻璃管粗细非常不均匀，最大的内径有12毫米，最窄的是6～7毫米。在小管子里，如果底部合适，壁蜂很快就在里面储藏花粉和蜜。如果底部不合适，如果我用高粱粒做的管塞子过于不规则，并且黏合得不好，壁蜂会给它涂上一点砂浆。准备工作就绪之后，它们便开始采蜜。

在大的管子里，工作进程完全不同，壁蜂在吐蜜的时候，在用后腿的跗节掸下沾在肚子上的花粉的时候，必须有一个窄的入口，只够它一人通过。我想，在狭窄的通道里，整个身体和管壁的摩擦，使收获者可以有一个支撑点来刷自己的身体。在一个宽敞的圆柱体内，这种支撑点是没有的，壁蜂要通过缩减通道来建支撑点。不论这是为了使粮食储存更加方便，还是为了别的目的，蜜蜂在宽管子里安家一开始都要建隔墙。

根据蜂房一般需要的长度，它从底部走出这么长的距离，竖起一个与管道的轴垂直的环形软垫。软垫的圆周不完全，边上留有缺口。新的土层加高了软垫，现在管子被一个两边有缺口的环形隔墙分开；壁蜂便在这个小洞里制作蜜饼。粮食储存起来，卵也产在了粮仓里，小洞便关了起来，隔墙堵死并且成为下一个蜂房的底部。然后同样的行动又开始了，在刚刚完工的隔墙前，竖起了第二个环形隔墙，总是两边留有通道，通道远离中心的位置。这个隔墙准备好了之后，第二个蜂房的储粮工作也很快完成。就这样，直到这个大圆柱体全部住满客人。

建造这种隔墙，窄窄圆圆的小墙，让它形成一个房间，再在里面储粮，不仅仅是三叉壁蜂的习俗，角壁蜂和拉氏壁蜂也熟知这种方法。后者的隔墙是非常优雅的，薄薄的叶片两边开着洞。中国人在家里用纸做的帘子隔开房间；拉氏壁蜂则用一些细嫩的绿纸板做垫子分隔房间，只要房间没有分完，垫子都被穿成月牙形。如果没有水晶屋，想要看这种精细的结构，只要在合适的时候打开条筐的芦竹就可以了。

7月，切开树莓，也可以看到三齿壁蜂，因为通道狭窄，拉氏壁蜂的活儿它是不干的。它不造什么隔墙，通道的直径不允许它这样做；它只是竖起一个用绿浆做成的环形软垫，仿佛是为了在收获之前，就限定蜜饼要占的空间；如果虫子不事先确定范围，蜜饼的厚度以后就无法计算。这是否确实是一种测量呢？那可真是太有才能了。我们去请教一下在玻璃管里的三叉壁蜂吧。

壁蜂正在做大隔墙，身子在蜂房之外。时不时地，它的大颚带着砂浆块，走了进去，并用前额触一下前面的隔墙，同时腹部末端微微颤动，叩触正在建造中的软垫。仿佛它是用身体在量长度，寻找合适的地方竖起前隔墙。然后它又重新开始工作。可能它没有好好地测量，也许它几秒钟前的记忆一下子就模糊了，壁蜂把石灰放在一边，又用前额去触前面的隔墙，用肚子末端触后面的。看着它的身体起劲地抖动，平躺着碰着房间的两端，谁会看不出建筑师的重要问题呢？壁蜂在做测量，它的仪器就是它的身体。这一次好了吗？噢，没有。十次，二十次，任何时候，只要放下一点点砂浆，它就又重新开始测量，它始终都放不下心来动它的抹刀。

然而，就这样一次次中断，工作还是进行下去了，隔墙做了起来。劳动者身体弓了起来，大颚放在墙的内侧，腹部放在外侧，在两个支撑点之间竖起了软软的建筑。小家伙就这样形成了轧机，在轧机下泥墙变细，然后成形。大颚轻轻地敲，运着砂浆；腹部末端也轻轻地敲，并且像抹刀一样地在抹。肛门这一端也是建筑的工具，它与隔墙对面的大颚遥相呼应，一起搅拌，一起弄平，轧制小小的黏土块。奇特的工具，我从来也不会想到会有这样的工具。只有它这个小虫子才会有这样奇怪的想法：用身体的后部砌墙！在这个奇怪的工作中，脚的作用只是放在管道周围寻找支撑点，使劳动者固定在原处。

带小洞的隔墙完工了，我们再回过头看看壁蜂花费了那么多精力的测量工作。这是虫子的理性的最佳证据！壁蜂小小的头脑里有着几何学的概念和测量工的艺术！一只昆虫就像房屋的开发商一样事先测量要建造的房屋！但这是很奇妙的，可以使那些怀疑论者，那些固执地认为动物身上没有“理性不断的原子束”的人感到羞愧。

啊，普通的人啊！把你的脸用纱遮起来吧，通过“理性不断的原子束”这句怪话，我们今天建立起了科学！太好了，我的大师们，我向你们提供的这个美妙的证据只缺一个小细节，一个微不足道的东西，那就是事实。不是因为我看没看见我所说的东西，而是与测量无关。我要用事实来证明。

如果从整体上来看壁蜂的巢，我们要竖着切开一根芦竹，并且留心不要碰到里面的东西，如果实验是在玻璃管里造的一排房间里进行那就更好。有一个细节一开始就令人吃惊：隔墙相互之间的距离不一，隔墙几乎与轴垂直。这样这些房间就有同一个根基，但高度不一，因此容积也就不一样了。深处的隔墙，是最老的，与邻近的隔墙相距最远；前一部分的隔墙，离开口最近的，隔墙之间距离很近。此外，长度越长的房间储粮就越充足，短一些的房间储粮则只有一半甚至三分之一。

下面我举例说明。一根玻璃管长12毫米，包括了10个蜂房。底部的5个，隔墙之间的距离以毫米作单位是这样的：

11，12，16，13，11。

顶部的5个隔墙距离是：

7，7，5，6，7。

一段内径11毫米的芦竹包含有15个蜂房，隔墙的相互距离从最里面数起是：

13，12，12，9，9，11，8，8，7，7，7，6，6，6，7。

如果管道直径小，隔墙间的距离还会更大，但总的特征不变，离开口越近，隔墙的间距越窄。一根5毫米直径的芦竹隔墙距离是这样的，还是从最里面数起：

22，22，20，20，12，14。

另一根9毫米直径的是：

15，14，11，10，10，9，10。

一根内径8毫米的玻璃管是这样的：

15，14，20，10，10，10。

如果我要把我的记录全列举出来，数据就会把纸全占满，但这能证明壁蜂是个几何学家，用它身体的长度做严格的测量仪器吗？没有，因为很多数据都超出了壁蜂身体的长度；而且，在一个小数字后面，有时突然又会出现一个大数字；同一组里，一串差不多的数字后面，又会有一串只有一半数值的数字。它们只能确证一件事情：壁蜂是随着工作的进展将隔墙间的距离缩少的。稍后我们会看到大的居所是给雌蜂住的，而那些小的，是给雄蜂住的。

难道针对不同性别的测量也没有吗？也没有，因为在第一组数字中，雌蜂的蜂房长是11毫米，开头和结尾都是这个数字，在中间，却换成了16毫米；第二组数字中，雄蜂的蜂房，间隔是7毫米，开头和结尾都是这样，中间却换成了5毫米。别的也是一样，数字会有突然的冲突。如果壁蜂的房间真是用理性来造的，并且用身体做测量的仪器，它这样精细的工具，还会出现5毫米的误差吗？这差不多是它自己长度的一半。

此外，如果我们看一根内径不大的管子里的工作的话，几何学的想法都会烟消云散。壁蜂没有事先建前隔墙，它甚至连基石都不打。没有确定边界的软垫，没有对房间大小测量的基准点，它很快就开始储粮。蜜饼看着差不多了，我想这也是它留下的唯一烙印，它便带着收获后的倦意，将房间的门关起来。在这样的情况下，是没有测量的；然而房间的容积和粮食的数量，都是符合两种性别的需要的。

那么壁蜂在干什么呢，它在建房子的时候，用前额碰前隔墙，用腹部末端碰后隔墙，而且碰这么多次？它所做的事，它想做的事，我一点也不知道。我只好请别人，让更富于冒险精神的人来对这项工作做出解释。理论常常是建立在如此摇摇欲坠的基础上的，对上面轻轻吹一口气，这些基础就会陷入遗忘的泥淖。

卵产完了，或者说圆柱体里已经满了，最后一块隔墙便将蜂房关了起来。现在，在管子开口处，壁蜂筑了一道围墙，以防不怀好意者进入房间。这是一块厚的挡板，一道厚厚的工事，壁蜂将几块隔墙需要的砂浆全涂在了上面。建这种堡垒一天的时间也不为多，因为最后的修补要求非常细心，壁蜂要将所有的缝隙都粘起来，一个小粒也不放进来。泥水工摩着擦着墙上还新鲜的涂层；壁蜂就这么干下去。它用大颚尖一下下戳，头还不停地晃动，表明它对劳动的热爱，它整整几个小时，打磨着盖子的表面。在这样的细心下，有什么敌人还会来到它的居所？

有一种卵蜂虻，在酷暑时节会来到。它那几乎看不见的丝状体穿透厚厚的大门，经过茧壳，径直溜到幼虫那里。可是，对于许多居所来说，这个时候另一种恶行已经完成了。壁蜂筑巢期间，通道前便飞着一只不速之客，那是弥寄蝇，它用蜜蜂收集的蜜来喂养它的家人。它是在壁蜂母亲不在时进入居所并在里面产卵吗？我从来无法在犯罪现场抓住强盗。它会像抢劫储存着猎物的蜂房的弥寄蝇那样，在壁蜂收获回家时，敏捷地将卵产在收获物上吗？这是可能的，但我无法确证。我总是在壁蜂幼虫身旁，突然就看到聚集了一群双翅目幼虫。它们会有10个、15个、20个，甚至更多，它们用尖尖的嘴，戳着公共的粮食堆，再把粮食变成很小的小粒。壁蜂的幼虫就这样饿死了。这就是生活，残酷的生活，甚至最小的生物也是如此。工作的热情，精心的照顾，聪明的防范措施，都是为了什么？它的孩子被可恶的卵蜂虻榨干，而一家老小，又因为恶毒的弥寄蝇而饥肠辘辘。

食物常常是黄粉状。在食物堆的当中，有一点蜜流了出来，把花粉变成坚硬的红色面团。卵就产在这块面团上面，不是躺着的，而是竖着的，前端自由，后端轻轻地固定在面团里。孵化以后，尾部停留在原处的小虫子，只需要弯弯颈子就可以在嘴边找到浸着蜜的面团。长大以后，它就从支撑点挣脱，吃周围的面团。

这一切都有一种母亲的逻辑令我感动。新生儿吃的是精细的面包片，青年时吃的就是干面包了。如果储存的食物都是一样的，小心谨慎就没有必要了。条蜂和石蜂的食物是流着的蜜，整个一块都是一样。卵躺在食物的表面，没有任何特别的姿势，新生儿可以任意找个地方吃最初的几口食物。幼虫处于何种姿势都没有任何不便，食物的特性到处都一样。

壁蜂的食物则是边缘硬、中间甜润，新生儿如果第一顿饭没有安排好就会有危险。一开始吃没有加蜜的花粉，对它的胃可是致命的。因为不能动，它无法选择吃什么，它只有吃孵化地的粮食。小虫子必须生在蜜饼中央，在这里它才可以只动一下头，就吃到胃所需要的精细食物。卵竖立固定在红酱当中，这样的选择是最好不过的。母亲这种细心的安排和弥寄蝇、卵蜂虻造成的悲惨结局，是多么强烈的对比啊！

与壁蜂本身的身材相比，卵还算比较大，圆柱体，有一点弯，两头圆形，半透明。很快，它就躁动不安，变成乳白色，但两端还是透明的。在很精密的放大镜下，勉强能看得到一些精细的条纹，呈横的环状，勾勒出幼虫的体节。透明的前部出现了一个体节，刻画出头部的雏形。一个不透明的丝状体，非常纤细，伸展在每一侧，这便是一节连接到另一节的气管带；最后是两边带有肉坠的非常明显的体节。幼虫诞生了。

一开始人们会以为壁蜂的孵化并不真正符合语义，它的外壳没有破裂和蜕去。然而，只要仔细留心，就能发现表面现象欺骗了我们，实际上，有一层纤细的膜被从前到后地蜕去了，这层很难看到的膜就是卵壳。

幼虫诞生了，它用根部固定，弯成弓形，推倒红面团，直到此时它的头才抬起来，开始用餐。很快在身体的前三分之二，出现了一条黄带，表明消化器官里塞满了食物。15天内，你就安安静静地进食吧，然后再去织你的茧。你现在逃脱了弥寄蝇，噢，我的亲爱的！可是，你以后能逃脱卵蜂虻的吸榨吗？唉！

第十八章 性别的分配

昆虫根据它即将产下的卵储存适量的食物，因为它事先知道卵的性别，也许事实更为荒谬。我不久前说到粮食的时候，也说过这样的话。猜想应该通过实验的证明，转化成真理。首先，我要知道性别的分类。

除非找一些精心挑选的种类，否则我就无法看出卵的年龄。通过节腹泥蜂、泥蜂、大头泥蜂等捕食性昆虫的挖洞动作，怎么能知道哪只幼虫出生得早些？怎么能断定在一堆茧中，某个茧和其他茧是属于同一个家庭呢？在此处绝对不可能找到出生证明。但有几个蜂儿可以解决这个困难，它们是一些在同一通道中筑蜂房的膜翅目昆虫，包括树莓里的各种居民，尤其是三齿壁蜂，它比我们地区的珠蜂都要大，由于身材上的优势，而且数目众多，因此成为最佳的观察对象。

我们迅速回忆一下它的习性吧。在篱笆丛中，选一段树莓，树莓长得还算好，但已经干枯，树梢被截去，壁蜂在树干里挖了一条或深或浅的通道。如果茎的髓质很软，那么挖掘工作就不难，在管道深处，食物堆积起来，一只卵产在食物表面，它便是家族的第一个新生儿。在离管道底部大约12毫米的地方，壁蜂用一点树莓茎髓加上绿浆筑了一道横隔墙，绿浆是咀嚼某种植物叶子得到的。第二层蜂房也是这样建的，它也有它的粮食和卵，次子和长子是一样的。壁蜂就这样一层一层地筑蜂房，直

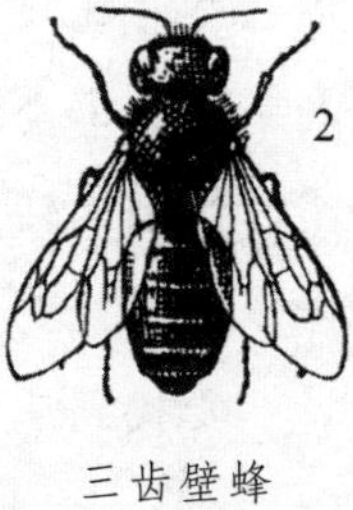

三齿壁蜂

到管道填满，最后，它用一个和隔墙同质的绿色厚垫，将房门关闭起来，防止外来者侵入。

在这个公共的襁褓里，婴儿的出生时间是非常清楚的。家族的长子在底部，幼子在最高处，紧靠关闭的大门，其他的从低到高也都按时间的先后顺序排列。卵在此是自己给自己标号的，根据它占的位置，每个茧都标明了相对的年龄。

要认出性别来，则要等到6月；但如果把研究工作放到那时才开始是不妥当的。想以这个目的寻找壁蜂的巢，倒不是那么容易找得到的；此外，如果等到羽化时节再去树莓丛，可能虫子的生活已经打乱，茧破了，虫子想尽快解放，也可能早熟的壁蜂已经飞走了。我只好提早开始，为了这些研究，我利用了冬天的时光。

我切开树莓桩，将茧一只只取出来，按顺序转到一些玻璃管里。玻璃管与茧原来通道的内径近似，茧也按在树莓里的顺序叠放；茧之间用棉花塞分开，这对于未来的虫子是不可逾越的障碍。我丝毫不害怕会出现混乱，根本就不插手，也不会费劲监视。每个虫子都会在合适的时间羽化，无论我是否观察它们都一样；我确信它始终在它该在的地方，小房间是用棉花筑成的堡垒。软木塞、高粱粒，都不能做这种用途，虫子会钻透它们，出生的顺序就会混淆。想做同样实验的读者，为了使研究顺利进行，请不要忽视这些操作细节。

要找到从长子到幼子完整的一组卵，通常比较困难。我一般只能找到一部分卵，蜂房的数目多少不一，可能会只有两个或者一个。母亲未必会把孩子们都放进一段树莓里；是为了方便破茧而出，还是我不得而知的原因，它离开了第一间房子，又选了第二间、第三间，也许还有更多。

我还发现，一组卵间有间隙，有时，在一些居所里，卵没有生长，食物也原封不动，但发了霉；有时，幼虫在织茧之前就死了，最后还有一些寄生虫，比方说带芫菁和寡毛土蜂，它们会取代原来的主人。由于这些原因，想要得出确切的数据结论，就需要大量的三齿壁蜂的巢。

七八年来，我都在询问树莓住客，也不知道有多少茧从我手中经过。前几年的一个冬天，为了研究性别分配，我专门收集了四个壁蜂巢；我把它们转进玻璃管里，细心地记录下性别。下面就是我记录的几个数据，数字的标号是从管子底部开始，然后一个个往上直到管口；数字1表明这组中的长子，时间上看是最早的，最大的数字便是幼子；数字下面对应的字母M表示雄性，字母F表示雌性。

1	2	3	4	5	6	7	8	9	10	11	12	13	14	15
F	F	M	F	M	F	M	M	F	F	F	F	M	F	M

这是我能得到的最长的一组数字，而且它是完整的，包括了壁蜂所产下的全部卵。我得解释一下，否则会让人生出疑问。壁蜂母亲的行动，根本就没人监视，甚至根本就没人看到过，人们怎么知道它有没有产完卵？现在的这段树莓，在一连串茧的上面，留下了一个1分米长的空间。空间外面，是蜂巢的大门，厚厚的塞子堵住了通道的入口。管道的这段自由空间，足够壁蜂产下很多卵。如果母亲不利用它，那是因为它的产卵管已经空了；它不太可能放弃一个很好的居所，再费力地挖一个新通道，继续产卵。

人们可以说，如果未占满的空间表明产卵结束，那也不能说明，在死胡同的底部，管道的另一头，就确实是产卵的起点。人们还可以说，整组卵是分好几次间歇性产下的。管道里留下的空间，也许只表明一个间歇期的结束，而不是产卵的结束。对这种似乎很可能的理由，我表示反对。在我观察的无数例子中，不论是壁蜂还是其他膜翅目昆虫，产卵的总数都在15个左右。

此外，如果人们想到壁蜂的生命只有一个月，如果人们看到它的生命里还会有几天因天气不好，刮风或者下雨，而无法工作，如果人们还能看到我说过的关于三叉壁蜂的故事，蜂房的建造和储粮所花的平均时间，就会清楚地知道，产卵应该迅速完成，并限定在一定范围内。三四个星期，再除去必要的休息时间，要管好15个蜂房的事，母亲可没有时间耽误。如果我说的这些还不够，我将在以后再陈述一些能驱除迷雾的事实。我因此接受，15个左右的卵就是一只壁蜂的全部孩子，别的膜翅目昆虫也是如此。

我们再看看其他几个完整的卵组，这里有两组：

1	2	3	4	5	6	7	8	9	10	11	12	13
F	F	M	F	M	F	M	F	F	F	F	M	F
F	M	F	F	F	M	F	F	M	F	M		

在这两个例子中，产卵是完整的，理由如上。

我再用几组我觉得不完全的产卵作为结尾，因为蜂房数目较少，而且茧堆上没有自由空间。

1	2	3	4	5	6	7	8
M	M	F	M	M	M	M	M
M	M	F	M	F	M	M	M
F	M	F	F	M	M		
M	M	M	F	M			
F	F	F	F				
M	M		M				
M							

这些例子已经足够。很明显，性别的分配是没有任何秩序的。我的资料中有很多完整的卵组，但不幸的是大部分中间都有间隙，夹杂着寄生虫、死幼虫、没有孵化的卵等。通过这些资料，我所能说的、我能够总体上确认的是，一组完整的数列是从雌性开始，几乎都以雄性结束。不完全的数列什么也不能告诉我们，因为它只是一个不知道起点的截段，我们不知道它是产卵的开头、结尾还是中间期。我可以做这样的归纳：三齿壁蜂的卵，没有任何性别排列的顺序；数列只是有一种倾向，以雌性开头，雄性结尾。

在我们地区的树莓中，还有啮屑壁蜂和微型壁蜂。两种壁蜂身材都很小，前者很普通，后者则很稀少，至今为止我只见过后者的一个巢，和啮屑壁蜂的巢重叠在同一段树莓里。三齿壁蜂卵的性别分配是无序的，这两种壁蜂卵的性别分配则很简单。我手头有去年冬天收集的啮屑壁蜂的一系列数据，我列举出其中的几个，从管底开始数起，排列顺序为：

1. 12个：7雌，然后5雄。

2. 9个：3雌，然后6雄。

3. 8个：5雌，然后3雄。

4. 8个：7雌，然后1雄。

5. 8个：1雌，然后7雄。

6. 7个：6雌，然后1雄。

第一组很可能是完整的卵组，第二组和第五组显然是产卵的结束，开始段是在另一段树莓桩里，雄性数目较多，而且在结尾。第三、四、六组则相反，看上去像是产卵的开始，雌蜂多，而且排在开头。如果这些解释中还存在疑问，有一个结果至少是确定的：在啮屑壁蜂的家里，产卵是分成两组的，雌雄之间不混淆，第一组产下的全是雌性，第二组则全是雄性。

三齿壁蜂产卵以雌性开头，雄性结束，其间性别混乱交错，但它同胞啮屑壁蜂则很有规律。母亲先照顾强壮的性别，即生命力最强的雌性，它先产下雌卵并竭尽全力照顾；后来，它大概已经筋疲力尽，便开始照顾弱的性别，生命力稍差的、几乎可以忽略的雄性。

微型壁蜂的例子可惜我只有一组，排列顺序和我刚刚看到的差不多。这一组有9只卵，开始是5只雌性，然后是4只雄性，两性之间没有混杂。

除了这些采蜜集粉的，我还要看一些捕食性膜翅目昆虫是如何线性排列它们的蜂房，并以此表现出茧的年龄。树莓桩中有好几种捕猎蜂：流浪管旋泥蜂，它以双翅目昆虫为生；黑色短柄泥蜂，给幼虫吃蚜虫；制陶短翅泥蜂，用蜘蛛喂养孩子。

流浪管旋泥蜂在截去一段的树莓桩里挖通道，但树莓必须新鲜，并且正在生长。因此，在这个双翅目昆虫狩猎者的家里，尤其是在内层里，会有植物汁液渗出。这看起来不利于卫生，为了避免环境的潮湿，或者由于别的什么我不得而知的动机，管旋泥蜂并不深挖树莓，它只挖浅浅的蜂巢。5只茧，先是4个雌性，然后是1个雄性；另一组，同样是5只，先是3个雌性，然后是2个雄性。这就是我目前为止，收集得最完整的数据。

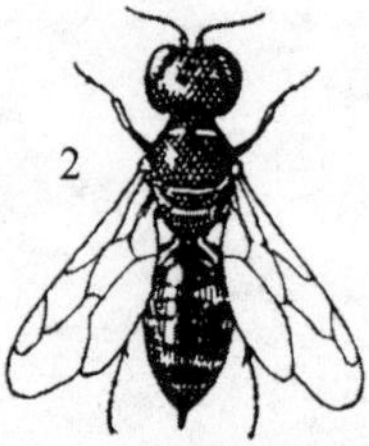

流浪管旋泥蜂

我对黑色短柄泥蜂寄予了较高的期望，它的数列相对较长，但讨厌的是它总会因为一种寄生虫而断掉，那寄生虫就是中介者长尾姬蜂。没有中断的数据我只有三组，一组有8只茧，全是雌蜂；一组6只，同样全是雌蜂；最后一组8只，全是雄蜂。这些例子似乎表明，黑色短柄泥蜂在产卵时是一组雌蜂一组雄蜂地进行，但是两组的相互关系不得而知。

蜘蛛捕猎者短翅泥蜂，也没有给我带来有价值的东西。我只看到它从树莓的一头游荡到另一头，利用一些并非自己挖掘的通道。白占一个居所也并不怎么经济，它在里面胡乱砌上几层高低悬殊的隔墙，将三四个房间塞满蜘蛛，然后将前一个家室抛弃，又到另一段树莓里去，我看不出它为什么要这样。它的蜂巢因此数列奇短，没有任何参考价值。

树莓里的居民再没有什么可以告诉我；我刚才已经把我们地区的主要物种都已谈过。现在让我去询问其他一些膜翅目昆虫，它们的蜂房也是呈线形分布：切叶蜂将叶子剪成一定的形状做成顶针状的容器；黄斑蜂用飞花织蜜袋，并把蜂房一个接一个地排进圆柱体通道中。这两种蜂儿一般不建造居所，坡上的一个通道，某只条蜂的旧工程，是它们习惯的住所。这种宅子不深，几个冬天我充满热情地寻找，但找到的茧数目都很少，至多四五个，常常只有一个。更加严重的是，差不多所有的茧组都被寄生虫中断，因此我无法得出任何结论。

我记忆中突然闪现出很久以前，在切断的节竹茎中遇上过的，不知是黄斑蜂还是切叶蜂的巢。于是，我在荒石园里阳光充沛的墙角边，建了一些新的芦竹蜂房。这些南方大芦竹，一端打开，另一端由自然的节封闭，扎在一起像畜牧神的大笛子。我向蜂儿们发出邀请，壁蜂、黄斑蜂和切叶蜂大批拥来，利用这个奇特的建筑。

我因此得到了黄斑蜂和切叶蜂非常出色的茧组，有一组多达12只茧。成功也有失败的一面，所有的蜂房都毫无例外地被寄生虫侵犯。柔丝切叶蜂用刺槐、麻栎和笃藊香的叶子做的小花盆，被八齿尖腹蜂寄宿；而采花黄斑蜂的家则被褶翅小蜂占据。所有的茧组里都密集着颜色斑斓的寄生虫，它的名字我还不清楚。总之，我那畜牧神长笛似的蜂房，在别的方面对我很有用，但对于这些剪叶者和织花者的性别排列，却什么也不能告诉我。

我更喜欢和三种壁蜂打交道，它们是三叉壁蜂、角壁蜂和拉氏壁蜂，它们向我提供了出色的数据。三种壁蜂不是住在院墙边的芦竹里，就是在它们习惯的住宅附近，即棚檐石蜂的大巢里。其中三叉壁蜂做得最好，它在我的实验室里筑巢，数目很多，把玻璃管和我选的其他住宅都当作芦竹管道。

三叉壁蜂提供的资料比我预想的还要多，我想问问它产卵的平均数是多少。在实验室里所有的玻璃管以及外面的条筐和畜牧神长笛似的管道中，有15个绝佳的蜂房，上方的自由空间表明产卵已经结束，因为，如果还有要产的卵，母亲会利用那些闲置的空间。一组15个数字，对我来说很稀少，我从未发现出其右者。我用玻璃管和芦竹在家里饲养了两年，由此知道，三叉壁蜂是不喜欢长数列的。似乎是为了减少未来解脱时的困难，它选择了短的管道，在里面产下一部分卵。因此要跟着母亲从一个居所到另一个居所，才能得到全家的身份资料。当壁蜂沉浸在关闭管道大门的工作时，我用画笔在它胸部做了一个彩色的记号，这样壁蜂到不同的家去时我也可以认出它来。

用同样的方法，我得知，实验室里的蜂群第一年里平均造12个蜂房。第二年，也许季节更适合，平均数提高了一点，达到15个。我看到卵产得最多的，不是在管子里，而是在一个蜗牛壳里，达到了26个。此外，8～10枚的卵也不鲜见。最后根据整体记录，我可以确定，壁蜂一家大约有15口。

我已经提及，同一组里蜂房的大小存在巨大差别。蜂房的隔墙一开始距离较大，随着接近开口，距离越来越短，表明大蜂房在底部，小蜂房在上部。一组当中，每间房的储粮彼此也存在差别，据我所知，没有例外：一组开始的大房间，比末尾小房间的储粮要多，前者的花蜜和花粉是后者的两三倍，最后面的房间，粮食不过是一簇花粉，少得令人怀疑幼虫吃这么少的粮食能变成什么样子。

壁蜂在产卵末期，对幼子不是很在意，给它们的空间和粮食都很少。而产长子时，它热情高涨，因此食物充足，房间宽敞。随着工作的进行，它渐生厌倦，因此幼子们的食物配给少了，占的地方也小了。

茧织起来后，又表现出来另一个差别：在管道下部的大房间里，茧很大；在上部的小房间里，茧要小二分之一到三分之一。打开茧确认里面的壁蜂性别，必须等到夏末成虫出现时。我没有足够的耐心，就在7月末8月初打开茧。那时虫子成蛹态，我可以在蛹态看出性别。从触角长度看，雄蜂的要长一些；从前额有无晶状凸起判断，雌蜂将来才会有甲胄。我据此发现，小的茧，上部最狭小、食物最少的房间里的茧，都属于雄蜂，大的茧，下部最宽敞、食物最丰足的房间里的茧，全属于雌蜂。

结论很清楚，三叉壁蜂的产卵分成两组，毫不混杂，前一组是雌性，后一组是雄性。

我在院墙旁摆放的畜牧神长笛和水平摆放在外面的条筐，提供了数目充足的角壁蜂。我决定让拉氏壁蜂在芦竹里筑巢，我在它的家门口平放上几段芦竹，贴在它常出入的棚檐石蜂巢的旁边，它竟带着一种我不曾预料到的活力干了起来。我还能毫无困难地让它在实验室里筑巢，把玻璃管当成家，结果大大出乎我的预料。

这两种壁蜂和三叉壁蜂在管道里筑蜂房的方式是一样的。在下面，蜂房宽敞，食物丰足，隔墙间距很大；在上面，蜂房狭窄，食物很少，隔墙间距狭窄。最后大蜂房让我看到了大的茧和雌蜂，小的蜂房则是小的茧和雄蜂。我研究这三种壁蜂，得到的结果完全一致。

在结束讨论壁蜂之前，我说一下它们的茧。从体积上看，它们会给我们关于两种性别的身材的准确资料，成虫显然是和围住它的丝壳体积成正比的。这些茧是椭圆形，可以看作是一些绕长轴公转的椭圆体。这样的固体体积公式可表示为：

$4/3\pi ab^2$

公式里长轴长2a，短轴长2b。

因此三叉壁蜂的茧平均体积是：

雌蜂　　2a=13mm；2b=7mm，

雄蜂　　2a=9mm；2b=5mm。

由此得出的13×7×7=637和9×5×5=225之比，近似于两种性别的体积之比，比率在2至3之间，所以雌蜂是雄蜂的两到三倍。这个我们已经通过食物的比较得到的比率，仅仅从视觉上就能看出。

角壁蜂的平均值是：

雌蜂　　2a=15mm；2b=9mm，

雄蜂　　2a=12mm；2b=7mm。

15×9×9=1215和12×7×7=588之比还是在2至3之间。

除了以线形排列卵的膜翅目昆虫，我还参考了其他能通过性别分组看出两性排列秩序的昆虫。当然，分法确实不如前者严，其中有高墙石蜂，它的巢是穹屋形，建在卵石上，我们已经非常熟悉，不必再赘述。

每个石蜂母亲都挑选一块卵石，并在上面独自工作。它是这个地方独一无二的主人，它唯恐有失地监视着石头，赶走任何一只仅仅看起来想在上面停留的同类。同一个巢里的居民都是亲姊妹，同一个母亲的孩子。

此外，如果卵石的支撑面足够大，石蜂没有任何理由离开刚开始产卵时的蜂房，而去别处寻找另一个蜂房继续产卵。它对自己的时间和砂浆都非常珍惜，没有很重要的理由，都不会浪费。所以每个巢，只要它是新的，只要石蜂已经开始做了基础工作，它就会产下所有的卵。然而，如一只旧巢被翻新了，产卵就完全不一样了。我稍后会说到这些并非由现在的屋主建造的房子。因此，一个新建的巢，除了很特殊的情况，包括了一只雌蜂全部的卵。计算出蜂房数，我就会得到整个石蜂家族的数字，最大值在15附近浮动。至于那些数目最多、当然也最少见的卵组，我看到有一组可以达到18个。

如果在第一个蜂房的地基旁，卵石表面很规则，如果石蜂能够朝四面八方轻而易举地铺开建新蜂房，那么中央地带的便是最早建的蜂房，四周的则是刚刚建好的蜂房。因为蜂房连续分布，前面的蜂房为后面的蜂房充当隔墙，可以大致计算出蜂房的时间，我由此可以分辨出性别是按什么秩序排列的。

冬天，当蜂群已经成为成虫很长时间时，我收集石蜂的巢。我用锤子猛敲几下卵石边，将它们从支撑点上取出。在砂浆穹屋的地基上，蜂房大门敞开，里面的东西暴露无遗。我将茧从蜂房里取出、打开，然后观察里面的虫子的性别。

为了做这项研究，我用这样的方法在六七年里收集了无数只蜂巢，访问了无数个蜂房，如果全说出来，数目看上去会很夸张。我只须说，单单一个早上的收获，有时都有60只石蜂的巢。尽管我已经将蜂巢从卵石上取出来了，但把这样的收获物运走还是需要一个帮手。

我观察了大量的蜂巢，我可以据此得出一个结论：当卵石很规则，雌蜂房便在中心部位，雄蜂房在边缘。如果卵石不规则，无法以起点为中心均匀地建蜂房，那么规律仍然很明显。一个雄蜂房的四周从来不会围着雌蜂房，雄蜂房不是在巢的边缘，至少有几个角跟别的雄蜂房毗邻，一组蜂房的外层一定是雄蜂房。外围的蜂房显然建在里层的蜂房之后，我认为，石蜂的行为和壁蜂的相似：它先产雌蜂的卵，并以雄蜂结束，每种性别都成一个组列，而不与另一组混杂。

除了包围或被包围的蜂房，还有其他的可以做证。如果有一个突然的断层，卵石形成了一种二面体，其中一面近似竖直，另一面水平，这个角便是石蜂喜欢的地方。它觉得这样有两个平面可以支撑，建筑物会更稳定。这些地方是石蜂很喜爱的，我发现很多巢都是双面支撑的。在这样的巢中，所有的蜂房像平常一样，以水平面为地基，但最早建的蜂房是贴着垂直面的。

最早的蜂房占据了二面体的棱，它始终是雌蜂的，除了线上的某个端点的蜂房，外部的蜂房可能是雄蜂的。这一列之外还有几列，中间部分由雌蜂占据，雄蜂则出现在末尾。最后的这一列，包在最外层，里面只会有雄蜂。石蜂的工作步骤已经初见端倪，石蜂先筑中央的雌蜂房，第一列在二面体的棱上，最后筑周边地带的雄蜂房。

如果二面体的垂直面足够高，在紧贴平面的第一组蜂房上，有时会重叠第二组，但很少有第三组。蜂巢于是有了几层，底层是最老的，只有雌蜂，高层是最近的，只有雄蜂。当然，中间层甚至底层也可以包容雄蜂，而不违背规则，因为它仍然可以被视为石蜂的最后工作。

这一切都是要证明，在石蜂的家里，雌蜂总是作为第一个初生儿，拥有中央部分和土城堡的最佳保护；雄蜂只在外层，处在最容易经受风吹雨打和不测的地方。

雄蜂的蜂房不仅仅以位于蜂巢外部与雌蜂相区别，它的容积也比雌蜂的小。为了计算两种蜂房的容积，我做了相应的工作。我将空的蜂房填满细沙子，再把沙子倒入一个直径5毫米的玻璃管，沙柱的高度和蜂房的容积成正比。在我这样测量得出的许多例子中，我信手拈出一个。

在一个二面体上有13个蜂房，雌蜂房的沙柱长度数字如下，单位是毫米：

40，44，43，48，48，46，47；

平均值为45。

雄蜂蜂房的数值是：

32，35，28，30，30，31；

平均值为31。

因此，两种性别的房间容积比率大约为4∶3。所容纳的物体与容器成正比，这也差不多是雌雄蜂的储粮和身材的比例。接下来，我将用这些数字来了解，如果一个旧蜂房被两次或三次占据，它起初是属于雌蜂还是雄蜂的。

棚檐石蜂提供不了什么数据。许许多多的蜂儿在同一片屋檐下建巢，我不可能观察一只石蜂的工作；而且它们的蜂房也分散在四处，很快就会被邻近石蜂的蜂房覆盖。喧闹的蜂群中，每只蜂的作品与别人的混杂在一起，模糊不清。

我没有很仔细地看过灌木石蜂的工作，无法确证它是否单独建巢。它那泥球一样的巢悬在枝条上，有时像一只大核桃，看上去是一只蜂的作品；但有时会有拳头大小，我不会怀疑这是几只蜂的作品。大巢里面有30多个的蜂房，但都不能告诉我确切的东西，因为它肯定是几只蜂儿协作做成的。

核桃大小的巢更值得信赖，它看上去像是一只蜂儿建起来的。在一个蜂巢中，雌蜂的蜂房居中，雄蜂的在周边，而且蜂房体积较小。它又重复了卵石石蜂教给我们的知识。

通过这些事实，我可以得出一个简单明了的规则。除了三齿壁蜂是特例，它是无序地将性别混杂，我研究的那些膜翅目昆虫，很可能还有许多其他的昆虫，一开始都是持续产下一系列雌蜂，然后又是一系列持续的雄蜂；后者食物较少，蜂房也更窄小。这种性别的分配符合我们早就熟知的蜜蜂规则，它开始是产下一长串的工蜂卵或者瘦弱的雌蜂卵，最后以一长串雄蜂卵结束产卵。蜂房的容积和粮食的数量也差不多如此。真正的雌蜂和蜂王，无可比拟地拥有蜡质的蜂房，比雄蜂的蜂房宽敞得多，食物也充足得多。这些事实证明，我们的法则具有普遍性。

但是，这个规则可以表明全部的事实吗？除此之外就没有别的产卵方式了吗？壁蜂、石蜂等蜂儿注定要把性别分成两个明显的组群，雄蜂组群接在雌蜂组群之后，两者之间没有混杂吗？如果条件改变，母亲会不会无可奈何地改变这种方式呢？

三齿壁蜂已经表明，问题远没有解决。在一段树莓里，两种性别很不规则地相接，就像是随意组合。为什么在芦竹里，它的膜翅目同类角壁蜂和三叉壁蜂，却有条有理地放置茧，将两种性别分开，没有混杂呢？树莓里的虫子所做的事，它在芦竹里的邻类为什么就不能做呢？我所知道的一星半点，不能解释这种重大生理行为上的巨大差别。三种膜翅目昆虫属于同一类，它们的形态、内部结构、习性都差不多；在相似中，却突然出现了奇特的不相同。

三齿壁蜂产卵缺乏秩序的原因，我只有一个疑问。如果我在冬天打开一段树莓观察壁蜂的巢，在大多数情况下，不可能准确地区分雌蜂与雄蜂的茧，它们的大小差不多。蜂房的容积是一样的，树莓茎的直径也相同，隔墙相互间也保持着近乎一致的距离。如果我在7月储粮的时候打开它，我也不可能将雄蜂和雌蜂的储粮区分开。在所有蜂房里，如果测量蜜柱，得到的是同样的高度。两种性别所占的空间以及所拥有的食物，都是一样的。

从这些结果，我预见到了直接观察两种性别的成虫将得到的结果。从身材上看，雄蜂和雌蜂并没有明显的区别，如果雄蜂小一点，差异也微乎其微；而对于角壁蜂和三叉壁蜂来说，雌蜂要比雄蜂大两三倍，就像茧的大小向我们展示的那样。高墙石蜂的茧，也有大小之分，尽管差别没有那么大。

三齿壁蜂因此不用根据即将产的卵的性别，操心居所的大小和食物的多少。一组卵从头到尾大小都是一样的。性别杂乱也没什么关系，每一个都可以找到它的必需品，不论它在这一组里的什么位置。因为不同性别造成身材上的不同，另两种壁蜂就要关心空间和储粮的问题。这就是为什么它们以宽敞的房屋、充足的粮食开头，这些是雌蜂的住所；而最后以狭窄的蜂房、贫瘠的存粮结尾，这些属于雄蜂的住所。这样相承相接，明显是为两种性别划分界限，这样它就不用担心会把给这个的东西错给了另一个。如果这不是实际的原因，我就找不到其他可以参考的东西了。

对这个有趣的问题我思考得越多，就越觉得有可能。三齿壁蜂的不规则与其他壁蜂、石蜂和一般的膜翅目昆虫的规则，应该归结成一个普通的法则。我觉得，以雌蜂开头、雄蜂结尾的分类不是事实的全部，还有其他更多的事实。我是对的，这种分类只是真理的一角，真理的全部是很引人注目的。我将通过实验发现它。

第十九章 母亲支配卵的性别

我将以卵石石蜂开始这一章。如果旧巢还足够牢固，常常会被再利用。筑巢的季节开始时，石蜂母亲们奋力争抢；当其中一个占有了心仪已久的穹屋时，它就赶走其他的母亲。旧宅完全不是一座破房子，它只是在居住者出来时被钻了许多的孔，修复工作只是小事一桩。旧屋主撞破大门从巢里出来时，撞下了些土块，新屋主于是将这些土堆一小块一小块地取出来，扔得远远的。茧的残留物也要扔掉，但并非总是这样，因为精细的丝质外壳与砖石贴得很牢。

石蜂母亲开始给巢里的蜂房储粮了，然后是产卵，最后用砂浆将蜂房入口封起来。第二个蜂房也同样被利用，然后是第三个。就这样一个接一个，只要还有空余的，只要母亲的产卵管没有枯竭，所有的旧蜂房都会被利用。最后穹屋被粗粗涂上一层灰泥层，整个蜂巢的面貌就焕然一新。如果产卵还没有结束，母亲就还要寻找别的老巢完成产卵。也许它只有在找不到旧宅时，才会建新房子，老房子会省去大量的时间和劳力。简而言之，在我收集的无数蜂巢里，我发现的老巢比新巢要多。

如何将两者区分开呢？从外部模样看，什么也看不出，因为石蜂已经将旧屋子表面精心地装修一新。为了能在冬季挡风遮雨，蜂巢表层应该无隙可乘。石蜂母亲知道得很清楚，所以它修补了穹屋。内部嘛，则另当别论，一眼就看得出它是老巢。有些蜂房里，食物都至少有一年的历史了，还原封不动，不过已经干枯发霉；卵当然也没有发育；还有一些死去的幼虫，随着时间的推移变成了僵硬腐臭的短圆柱体；还有无法出来的成虫，因钻探蜂房的天花板而精疲力竭，最后劳累而死。我还经常看到里面有一些侵犯者，比如褶翅小蜂和卵蜂虻，它们出巢的时间要晚得多，要到7月。总之，巢里并不是所有的房间都空着，总是有很大的一部分，要么被寄生虫占据，它们在石蜂工作期间尚未羽化，要么堆着腐败的食物、干枯的幼虫，还有因无法解放自己而死的石蜂成虫。

所有的房间都可以用，这样的情况很少见，还是有一种方法可以将旧巢与新巢区分开来。我说过，茧与壁贴得很紧，母亲并非总会把这层皮取走，有可能是它做不到，也有可能它认为没必要。于是新茧的底是夹在老茧的底里面的，这种双层外套清楚地证明了这是两代和两年。我曾经发现过底部套在一起的三只茧。如果没有更多的旧巢，卵石石蜂的巢可以使用三年。最后，它变成了真正的破房子，留给蜘蛛和各种小膜翅目昆虫，它们在这些摇摇欲坠的房屋里安家。

我看到，旧巢几乎从来容不下石蜂所有的卵，石蜂大约需要15个蜂房。可用房间的数目非常不确定，而且很有限，能接受一半左右的卵就不错了。四五个蜂房，有时两个甚至一个，这是石蜂在别人的巢里一般能发现的数目。如果知道有许多寄生虫侵犯可怜的石蜂，这种限制就很好解释了。

然而，在这些被强行撬开的老巢里的卵，性别又是怎样分配的呢？它们的排列方式彻头彻尾地推翻了一组雌蜂、然后一组雄蜂的不变分布，这个规则是从新蜂巢的研究中得出的。如果这条准则是永恒的，我们应该能发现，在旧的穹屋里，有时只有雌蜂，有时只有雄蜂，这要看产卵是在初期还是在末期。如果巢里同时具有两种性别，就意味着前期到后期的过渡，这种情况应该非常少见。但实际情况完全不是这样，非常常见的是，旧巢里总是有雌蜂也有雄蜂，无论空的蜂房数目有多么少，只要居所具有一般大小的容积，雌蜂便占据大房间，雄蜂则使用小房间，就像我们已经看到过的。

雄蜂的旧蜂房能够从它处于周边的位置看出来，也可以从它在直径5毫米的玻璃管里平均容积为31立方毫米的沙柱看出来；在旧雄蜂房里，有第二代、第三代的雄蜂，而且只有雄蜂。雌蜂的旧蜂房位于蜂巢中部，沙柱容积为45立方毫米；在雌蜂的旧蜂房里，则住着雌蜂，而且只有雌蜂。

一个蜂巢里即使只有两个可用的蜂房，一个大一个小，还是同时出现了两种性别。它推翻了在新巢中规则地分配性别的规则，代之以性别的不规则分配，这种分配与蜂房的数目和容积相协调。我设想，假如石蜂面前只有五间蜂房可用，两间大的，三间小的，住宅总数大致是产卵数的三分之一，它会怎么办呢？我看到，石蜂在两间大的蜂房里，产下了雌蜂的卵，在三间小的蜂房里，产下了雄蜂的卵。

类似的事实，重复发生在所有的旧巢里，我不得不接受：石蜂母亲知道它即将产下的卵的性别，因为这只卵是产在容积适合的蜂房里的。除此之外，我还接受：石蜂母亲随心所欲地更改性别连接的顺序，因为它在旧巢产的卵，是根据偶然占据的蜂巢里的剩余空间，决定产下雄蜂或雌蜂的卵。

不久之前，在新建的巢里，我看到石蜂一开始是产下雌性卵，然后才产下雄性。现在，它占据了一个不是自己修建的旧巢，则不得不根据当时的条件，打乱产卵顺序。它因此随意地产卵，如果没有这种特权，在偶然遇见的旧巢里，它就无法准确地产下与房间初造时相同性别的卵，毕竟适合居住的房间，数量是如此少。

当蜂巢是新建的时，我可以隐约看出卵石石蜂将卵排成先雌后雄顺序的原因。它的巢是一个半球体，灌木石蜂的巢则接近于球体。在所有的形状中，球形是最牢固的。因此，这两种巢应该有特殊的抗力。一个在卵石上，一个在枝头，没有任何遮挡，它们必须抵抗得了风吹雨打，因此采用球形的外观非常有道理。

高墙石蜂的巢是由一组垂直地一个贴着一个的蜂房组成。为了使整体具有球形，居所的高度需要从穹屋中心到四周逐渐降低，其仰角是自卵石平面起经线弧度的正弦角。为了牢固，中心是大的蜂房，边缘是小的蜂房，因为产卵是从中央的蜂房开始，到周边的蜂房结束。雌蜂的卵产在大蜂房里，产在小蜂房里的雄蜂的卵之前，母亲是先产雌性，然后产雄性。

当石蜂母亲自己建房子、搭基石时一切都好。但是，如果它是在一个旧巢里，无法改变蜂房的布局，而且卵的性别也无可挽回地被决定了，那么它怎么利用那几个大大小小的空房间呢？它只能放弃雌雄两组的分布方式，让它的卵适应变幻莫测的居所，它若不是无法经济地利用旧巢，通过观察这一点被否定了，就是随心所欲地决定即将产下的卵的性别。

后一种可能，各种壁蜂将向我们提供最有力的证明。各种壁蜂总的来说并不是矿工，不会自己给蜂房钻探位置。它们使用别人的旧工程，或是自然的小屋，比如挖开的茎干，空的蜗牛壳，墙角，地面、树丛里的隐蔽角落。它们的工作仅限于美化居所，对隔墙和大门敲敲补补。只要壁蜂想在一个大的范围里寻找这样的居所，总是能找得到的。但是壁蜂喜欢深居简出，它回到出生地，就毫不厌烦地待在里面。在这间它很熟悉的陋室，它想要建立它的家庭；但房间数目太少，而且形状多样，大小不一，有长有短，有宽有窄，该怎么办？弃家出走，这是艰难的决定；还是一个不落全部利用，因为没有选择。基于这样的设想，我做了以下的实验。

我已经说过两次，我的实验室成了一个大蜂窝，三叉壁蜂在我为它准备的各种器具里筑巢，其中最多的是管子，玻璃的或是芦竹的，有各种各样的长度和内径。长的管子里能放下全部或几乎全部的卵，先是一组雌蜂，再是一组雄蜂。关于这个问题，我就不再赘述。短的管子长度不一，可以供一部分卵居住。我根据两种性别的茧的相对长度，根据隔墙和蜂巢塞子的厚度，减小了几根管子的容积，使它们只能容下两只茧，而且是不同性别的。

这些短管子，不论是玻璃的还是芦竹的，都和长管子一样被壁蜂热情地占据了。实验结果是惊人的，石蜂只产下了部分的卵，始终从雌蜂开始，以雄蜂结束，这种性别的连接是不变的；改变了的，是房间的数量，是两类茧的数量比例，比例和数量有增减变化。

为了准确表述我的看法，在这个基本实验里，我只须在很多相似的情形中举出一个例子。我青睐这个例子，是因为卵例外地丰富。一只胸部做了记号的壁蜂，我不分昼夜地观察它的工作。5月1日到10日，它占据了第一个玻璃管，产了7枚雌蜂卵，并以1枚雄蜂卵结束。5月10日到17日，它在第二个管子里先后产了3枚雌蜂卵和3枚雄蜂卵。5月17日到25日，它在第三个管子里产了3枚雌蜂卵和2枚雄蜂卵。5月26日，在第四个管子里产了1枚雌蜂卵后，它就放弃了，也许是因为管子直径过大。5月26日到30日，在第五个管子里，它产下了2枚雌蜂卵和3枚雄蜂卵。它总计产了25枚卵，16只雌性，9只雄性。请注意，有一点必须指出，这些卵组与因为休息而中断的产卵顺序完全不符。产卵是持续的，只要变化的环境允许。只要第一个管子满了并关闭起来，壁蜂就毫不迟疑地占据另一个。

只能容下两个蜂房的管子，大部分情况与我的预料相符合，内层的蜂房被一只雌性占据，外层的被一只雄性占据。但有几个例外，壁蜂对必需品的估计比我更准确，也更熟悉怎么节省空间，壁蜂能够找到办法，将两只雌蜂安放在我觉得只够一只雌蜂和一只雄蜂住的地方。

总之，实验的结果是非常明显的。面对不足以收留全家的管子，壁蜂的举动和石蜂面对一只旧巢时相同，它做得完全和石蜂一样。它分割产卵的顺序，根据可用空间，将产卵细分成相应的几个小段，每一段都从雌蜂开始，以雄蜂结束。这种部分分割使两种性别都出现了。只要管道长度允许，另一种蜂则将整个产卵分成两组，一组雌性，一组雄性，这不是很明显地说明，昆虫有能力根据居所条件，支配相应卵的性别吗？

将雄蜂早熟的原因之一，归结于空间条件是否草率？雄蜂破壳而出的时间，比雌蜂早两个星期甚至更早；它们最先奔向杏树的花朵。为了获得自由，享受阳光下的快乐，又不惊扰其他茧中的姐妹们，它们要占据茧群的外端，可能这便是壁蜂每一次产卵都以雄性结束的原因。羽化期临近，性急者就会离开居所，但不会惊动晚羽化的茧。

我将短的芦竹段，都用来给拉氏壁蜂做实验。我只须把芦竹放在拉氏壁蜂钟情的棚檐石蜂的巢边就可以了。用过的条筐放在室外，不论长度如何，我都用来做角壁蜂的实验。两者的结论和结果，都与三叉壁蜂的一致。

我再回过头来说说三叉壁蜂，它在我家高墙石蜂的旧巢里筑巢，我把那些旧巢摆在它能接触到的范围内，与管子混杂在一起。在实验室之外，我还从没见过三叉壁蜂接受这种住宅。也许是因为这些巢在田野里是一个个孤立分布的，而三叉壁蜂喜欢和同类近邻共住，与很多蜂儿在一起劳动，它就不会接受孤立分布的巢。在我的桌子上，它看见旁边有许多管子，有许多别的蜂儿在工作，它便毫不犹豫地接受了。

老巢里的房间多多少少还是宽敞的，石蜂将蜂房整个涂上一层厚砂浆。为了从房里出去，石蜂必须钻孔，不仅仅是钻塞在蜂房出口的盖子，还有工程收工时加固穹屋的粗涂灰泥层。通过钻孔，会出现一道门厅，通往石蜂的卧室。门厅可长可短，而对应的卧室则有恒定的容积，这当然是对同一个性别而言。

首先我提供给壁蜂较短的门厅，但让壁蜂用土塞塞住居所后，长度还是绰绰有余。这是真正意义上的蜂房，宽敞的居室对于一只雌壁蜂来说太舒服了，因为它比房间的旧屋主要小得多，不管这个居住者的性别如何；可是，如果同时住上两只蜂儿，空间又不够，况且中间的隔墙还要占去空间。在这些原本属于石蜂的宽大牢固的房间里，壁蜂安置了它的雌蜂，只有雌蜂。

在长门厅里，壁蜂先竖起一道隔墙，将房间分为两个容积不等的小间，有点像是对蜂房的侵犯。底层是宽敞的大厅，居住着一只雌蜂；上层窄小的居室里，关着一只雄蜂。

如果扣除大门塞子的位置后，门厅的长度还允许，壁蜂就会继续筑第三层，但比第二层还要小。在这间陋室里，住着另一只雄蜂。壁蜂母亲就这样在卵石石蜂的旧巢中，一个蜂房接一个蜂房地塞满自己的后代。

我看到，壁蜂很节省地利用它找到的居所，它把石蜂宽敞的卧室给雌蜂，窄小的门厅给雄蜂，如果有可能，空间还要分成几层。空间的节省利用对它来说很重要，它深居简出的习惯不允许它去远处寻找。它尽量利用偶然获得的住宅，一会儿产下这种性别的卵，一会儿又是另一种性别。这些事例前所未有地清楚表明，它具有支配卵的性别的能力，明智地使卵的性别与可用居所的条件相适应。

我同时给实验室里的壁蜂一些灌木石蜂的旧巢和一些挖了圆柱形洞的土质球体。这些洞就像在卵石石蜂的旧巢里，成虫解脱之际，在蜂房出口挖墙时挖成的一样。洞直径约为7毫米，中心深度为23毫米，边缘深度平均是14毫米。

在中间较深的蜂房里，壁蜂只产了雌性卵；有时它竖块隔墙便产下两种性别的卵，雌性占据底层，雄性在高层。确实，空间的节省到了极限，灌木石蜂提供的房间就算没有门厅都还嫌太小。最后，洞边缘的最深处也给了雌蜂，浅的地方给了雄蜂。

我要补充说明，每一只巢里只有一个母亲的子女；壁蜂母亲从一个蜂房到另一个蜂房产卵时，并不必操心房间大小。它从中心到边缘，从边缘到中心，从深的洞到浅的洞，反之亦然。如果性别要以一种固定的顺序连接，它就不会这样做。在同一个巢里，随着蜂房一个个先后关上，我分别给它们做上了标号。后来再打开来时，我发现性别不是按时间先后排列的。雌蜂后接着雄蜂，然后雄蜂后又接着雌蜂，我不可能从中归纳出任何规律。但这一点是可以确定的：深的洞被雌蜂瓜分，浅的洞被雄蜂占据。

我们知道三叉壁蜂常常喜欢去蜂巢集中的地方，如棚檐石蜂和毛脚条蜂的住宅。我亲爱的学生和朋友M. H. 德维拉里奥，从卡班特拉寄来了一块土坡斜面，那是条蜂居住的地方。在工作空余时，我小心地巡访，谨慎地打碎从斜坡上取下的大土块。在土块中一些很不规则的过道里，壁蜂的茧排成一些短的组列，过道的起始工作是条蜂做的，后来经过修补，加宽或收缩，拉长或者减短，一代代的蜂在同一个城里绵延不绝，形成了一个难解的迷宫。

有时通道不通连任何地方，有时则通向条蜂宽敞的卧室，虽然时间久远，还是可以从它椭圆的外形和光滑的粉泥涂层看出来。在后一种情况下，深处的居所，条蜂过去的卧室，始终是被一只雌壁蜂占据。在外面狭窄的通道里，住着一只雄蜂，常常是两只，甚至三只。巢里还有一些土质隔墙，是壁蜂的功劳，当然它是用来隔开几个居民的；每个居民各占一层，各有自己封闭的小房间。

如果居所只局限在一条简单的管道里，没有深处的卧室，没有永远属于雌蜂的房间，那么蜂房的多少就要随管道的直径而变化。直径最宽的时候，卵组最长达到四枚，开头是一只或两只雌蜂，然后是一只或两只雄蜂。有时也会出现这样的情况，但很少：数列颠倒过来，开头是几只雄蜂，结尾是几只雌蜂。还有时只有一种性别孤立的茧，无论是哪种性别。如果占据条蜂蜂房的茧只有一个，这个茧毫无疑问是雌蜂的。

在棚檐石蜂的巢里，我很困难地发现了一些类似的事例。卵组更短，因为石蜂不建通道，而是在一个蜂房上面筑另一个蜂房；通过整个蜂群的劳动，形成了一年比一年厚的居室层。壁蜂开垦的通道是石蜂挖的洞，为了从深层中出来见天日的洞。在短的组群里，一般都有两种性别；而且，如果石蜂的卧室在通道尽头，那么它肯定是被一只雌性壁蜂占据。

现在，我们再回到短管子和卵石石蜂的旧巢上。在足够长的管道里，壁蜂将所有的卵分成雌雄两组，一次性连续产下来；而在较短的管子里，它将卵分成几个卵组，每个卵组里两种性别都有。它根据偶然找到的居所的条件来安排产卵，始终将雌蜂卵放在石蜂和条蜂住的大房间里。

面具条蜂的旧巢还提供了更令人惊讶的事例，我看到角壁蜂和三叉壁蜂同时开发那些旧巢。更少见的是，同样的巢还会供拉氏壁蜂使用。我首先谈谈面具条蜂的巢吧。

在一个夹杂着沙子的黏土斜坡里，有一些圆圆的小孔，直径约为1.5厘米，一般数量不多。这是条蜂窝的大门，就算工程结束，大门还是始终大大敞开。每个小孔里都有一道浅浅的门厅，有直的有弯的，近似水平，被精心打磨过，上面涂了一种白色涂料，似乎是一种很淡的石灰浆。

在门厅的下面，挖了几个大的椭圆形的洞。在土堆里，这些洞通过一条狭窄的通道与门厅相接，工作结束时，这些通道就被砂浆塞起来。条蜂将蜂房的门打磨得如此光滑，表面非常平整，像门厅一样精致；它还小心翼翼地用涂隔墙剩下的白涂料涂在上面，在工作结束后，人们绝对无法区分每个蜂房的入口。

土堆里挖的椭圆形的洞就是蜂房，隔墙像门厅一样光滑，也同样用石灰浆涂成了白色。但条蜂不仅仅挖一些椭圆形的洞；为了加固房间，它在房间的四壁倾倒某种唾液状的液体，这不仅仅是为了装饰，液体可以深入沙土几毫米厚，把沙土变成坚硬的水泥；门厅也被这样加固了。因此整个工程十分坚固，在几年里都能维持良好的状况。

由于高墙是用唾液加固的，我便通过轻度侵蚀将蜂巢从脉石中取出来。我看见一根弯曲的管子，上面吊着一些像加长了的葡萄似的卵形结核，并形成了一道单层或双层的花饰。每一个结核都是一间卧室，而精心掩饰的入口则通向管道或门厅。春天，为了从蜂房里出来，条蜂毁掉了堵住门厅的砂浆垫，来到公共通道，它便可以自由地通往外面。废弃的巢形成了一系列梨形的洞，鼓起来的部分就是旧巢，缩进的部分是狭窄的出口通道。

这些梨形洞是悬着的卧室、不可攻克的城堡，在这里壁蜂们为家人找到了安全和舒适的住宅；角壁蜂和三叉壁蜂常常在里面安家；虽然不太宽敞，但拉氏壁蜂还是显得很满意。

我仔细观察过40个被一种壁蜂使用过的美妙蜂房。绝大部分蜂房都被壁蜂用横隔墙分成两层，底层包括条蜂房的大部分，上层包括房间的其余部分和越过它的一点过道。壁蜂用一大堆不成形的干泥浆，将双层住宅封闭在门厅里。壁蜂与条蜂比起来真是笨拙的手艺人！它做的隔墙和塞子与条蜂精美的作品反差太大，就像一堆垃圾堆在光滑的大理石上一样。

壁蜂的两个房间容积迥异，令观察者吃惊。我用直径5毫米的管子测量两个蜂房，底部对应的沙柱为50毫米高，高处的则为15毫米，一个的容积是另一个的大约三倍。蜂房中的茧也同样不协调；下面的茧属于雌壁蜂，上面是雄壁蜂。

更为罕见的是，长的通道还允许一种新的排列，洞分成三层。底层始终是最宽敞的，住着一只雌蜂；往顶层去则越来越窄，住着雄蜂。

我只谈第一种情况吧，这种情况最为常见。壁蜂面对其中一个梨形洞，这是要尽可能好好地利用的大发现。这样的运气很少，只能赋予命运的宠儿。同时安放两只雌蜂是不可能的，空间不足；安放两只雄蜂，又显得过分照顾一种没有特权的性别了；此外，两种性别在数目上还必须均衡。壁蜂决定为一只雌蜂提供最好的房间，即最底下的那一间，最大的，防卫最好的，最光滑的；雄蜂的则是顶层的那一间狭窄的破屋子，即侵占了过道而且高低不平的部分。无数事实无可争议地证明了这一现象。两种壁蜂支配着将要产下的卵的性别，现在它们把产卵分成了两组——雌的和雄的，就像居所条件所限制的那样。

我只在面具条蜂的巢里发现过一次拉氏壁蜂安的家。它只能利用少数蜂房，其他的都不能用，还居住着条蜂。壁蜂用绿砂浆隔墙将条蜂的蜂房分成三层，底层住着一只雌蜂，其他两个是雄蜂，茧要小一些。

我还发现过一个更突出的例子。我们地区的两种黄斑蜂——七齿黄斑蜂和好斗黄斑蜂，为它们的家人选择了各种空的蜗牛壳，如轧花蜗牛、黏土蜗牛、森林蜗牛和草地蜗牛。轧花蜗牛是石堆和旧墙缝隙里的普通蜗牛，是最常被利用的。两种黄斑蜂只在螺壳的第二圈里安家，中央部分过窄，没有被占用。前面最大的一圈也同样空置，从出口看，无法知道壳里有没有蜂巢，需要打碎最后这一圈才能发现，奇怪的巢正缩在螺旋里。

打碎螺壳，我首先发现的是一道横隔墙，混合着树脂和细小的沙粒，树脂是从阿勒普松和雪松新鲜的树胶中采集的。之后是一层厚厚的堡垒，全是一些天然的杂物：沙石、小土块、刺柏的刺针、球果植物的花序、小螺壳、蜗牛的干粪便。接着是一层纯树脂的隔墙，一个大茧在一间宽房间里；再往下是第二层纯树脂的隔墙，最后是小房间里的小茧。两个房间大小不一，是螺壳形状所致，随着螺旋接近开口，洞很快达到最大的直径。这样，利用小房间里的总体布局，蜂儿只要再加上薄薄的隔墙，前面大房间和后面小房间的归属也就决定好了。

我顺便要指出一个很重要的例外：黄斑蜂雄蜂的身材一般比雌蜂要大。确切地说，两种用树脂做蜗牛螺旋隔墙的蜂是属于这种情况。这两种蜂巢我收集有好几打，至少在大部分情况下，两种性别同时存在，小的雌蜂占据后面的房间，大的雄蜂占据前面的房间。别的蜗牛壳，更小的或者深处被蜗牛干枯的遗体塞住的，便只有一个房间，有时被一只雌蜂占据，有时被一只雄蜂占据。有一些两间房都同时被雄蜂或雌蜂占据。最常见的情况，还是同时出现两种蜂，雌蜂在后，雄蜂在前。搅拌树脂、住蜗牛壳的黄斑蜂，能够根据螺形居所的条件，有规律地间隔两种性别。

还有一件事我失败了。靠在院墙边的芦竹里有一个角壁蜂的巢，这个巢值得研究。它安顿在一段内径为11毫米的芦竹里，有13个蜂房，但只占据了管道的一半，尽管开口有塞子塞着。看上去壁蜂在此处的产卵是完整的。

然而，这次产卵的分配是多么奇特啊。首先，离底部的芦竹节一定位置处，是一个横隔墙，与芦竹的中轴垂直。在这个大房间里，住着一只雌蜂。管道过长的直径似乎使壁蜂改变了主意，一列里只有一组卵实在太奢侈。它于是在它刚建的横隔墙上竖起一块垂直的隔墙，把第二层分成两个房间，一间大的住雌蜂，一间小的住雄蜂。随后它又砌起第二个横隔墙和第二个垂直的竖隔墙，又隔了两间不一样大小的房间，还是大的给雌蜂，小的给雄蜂。

从第三层起，壁蜂放弃了几何上的精确，建筑师似乎被它的工程规划弄糊涂了。横隔墙越变越斜，操作变得有些凌乱，但总是隔出一大一小两间蜂房，一雌一雄放置壁蜂卵。

在第十一号蜂房底部，横隔墙又开始与中轴垂直，壁蜂又重复底层的操作，没有竖隔墙，大大的蜂房占据了整个竹茎，被一只雌蜂占据。壁蜂在最后竖了一块横隔墙和一块竖隔墙，隔出了第十二和十三号蜂房，两只雄蜂住在里面。

这种两性混杂实在太古怪。我们已经知道，当小直径的管道要求蜂房一个个重叠时，壁蜂精确地在一条线性数列中将两种性别分开。这里的这条通道，直径与普通的工作不协调；这个复杂困难的建筑，如果拱顶过宽，也许就不坚固。壁蜂因此通过一些竖隔墙支撑拱顶，隔墙的交错导致了蜂房的不规则，蜂房便根据容积的不同，这里住着雌蜂，那里住着雄蜂。

第二十章 产卵的调换

卵的性别对于母亲来说是随意的，母亲根据偶然占有而并非自己建造的居所，在这间房里产下一只雌蜂，在另一间屋里产下一只雄蜂，两种性别的蜂儿根据各自不同的发育情况，拥有不同大小的住宅。我刚刚陈述过的事实，数目繁多，基础不可动摇。我要向不懂昆虫解剖学的人特别说一句，对这种奇妙特权的解释，最大的可能性是这样的：母亲可以产一定数量的卵，有些不可改变地是雌性，有些不可改变地是雄性；但它可以根据即将在那里产卵的房间大小，在两个组别里选择现在产的这个卵；它的选择非常明智。

如果读者听到这种说法，迅速将之摒弃，那他真是大错特错了。我可以用一两句解剖学的行话来证明。膜翅目昆虫的生殖器官一般由六支卵巢管组成，像手套里的手指一样三个一组地分成两簇，然后再接合到一个共同的管道即产卵管里，产卵管再将卵输送到外部。手套里的每一根手指，根部都很宽大，但接近封闭的顶端时迅速变得纤细。产卵管里有一定数量的卵，像念珠一样组成线形队列，比方说有五个或者六个。根部的卵多多少少已经发育成熟，中间的要差一些，而顶部的还没有成形。在卵巢管里，各个成长阶段的卵都有，从根部到顶部，有规律地从接近成熟过渡到只能隐约看得出卵的胚胎轮廓。这一顺序是不可能交叉的，因为外鞘紧紧地塞住了那一串种子。此外，如果交叉

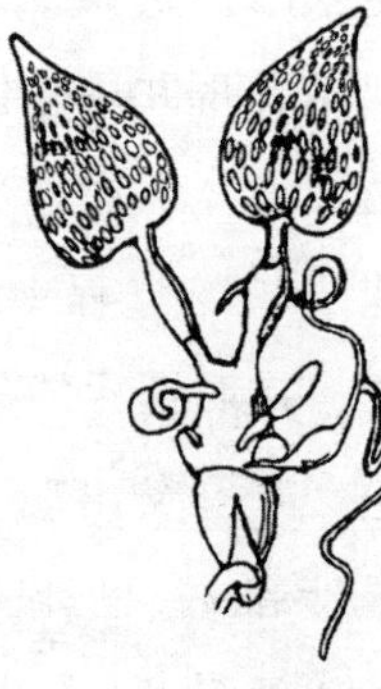
内生殖器官

可能会导致可笑的荒诞：一个成熟的卵被替换成一个尚未成熟的卵。

因此，对于每一个卵巢管、每一个手套里的手指来说，卵的输出都遵循它们在公共外鞘里规定好的排列顺序，其他任何顺序都是不可能的。此外，在筑巢期，六支卵巢管，一支一支地轮流在根部长出卵来，成长非常迅速。产卵前的几个小时，甚至前一天，这只卵就膨胀得非常大。产卵很迅速，成熟的卵按顺序和时间落到产卵管里，母亲根本不能用别的卵来代替它。只有它，绝对只有它，永远不能是别的，很快它将被产在蜜饼或者猎物上面；只有它是成熟的，只有它在产卵管口；其他的因为位置靠后，而且没有成熟，现在都不能代替它。它的横空出世是不可抗拒的。

它会孵化出什么？一只雄蜂，还是一只雌蜂？它的卧室还没有准备好，它的粮食也没有被储存，而且这个房间和这些粮食还要和将来的性别成正比。还有更加难办的条件，这只卵的性别要和母亲偶然发现并用来做蜂房的空间协调。因此没有什么可犹豫的，尽管结论奇怪，卵在卵巢管里时，并没有确定的性别。在它几个小时迅速成长的过程中，也许在它进入产卵管的行程里，母亲才根据意愿，按照襁褓的条件，最终决定它是雌性还是雄性。

于是又出现了一个问题：假设条件正常，一次产卵将产生M只雌性和N只雄性，如果我的推论是正确的，母亲就应该可以在不同的条件下，从M组里取出一些增加N组的数量；它的产卵可以表示成雌性为M-1、M-2、M-3等，雄性为N+1、N+2、N+3等，总和M+N还是不变的，但一种性别被部分调换成了另一种。极端的结论甚至都不能排除，需要假设出现M-M，即零只雌性的情况，或者N+N只雄性，即一种性别完全被另一种性别替换。倒过来，雌性的数列也可以通过雄性的减少而增长，直到将其完全替换。为了解决这个问题和其他的一些相关问题，我第二次在实验室里饲养三叉壁蜂。

现在问题更为微妙，但我的实验器具也变得更加精巧。我取来两个关闭的小箱子，每个箱子的前方都开了40个孔，我将玻璃管插进去，并让管子保持水平。我就这样为蜂群创造了产卵时需要的阴暗和神秘的环境；我也可以在愿意的时间，随意从蜂箱里抽出一支管子，使壁蜂重见天日，并且在必要时用放大镜观察正在工作的壁蜂们。虽然我如此频繁地造访，但我是如此谨慎，根本不会打搅蜂群的平静。蜂儿们正沉浸在母亲的天职中。

我的客人数目充足，胸部都涂着不同的标记，我可以自始至终地跟踪一只壁蜂的产卵过程。管子和蜂箱的开口也都被标了号；记录本始终打开放在小桌上。我一天一天地、有时是一小时一小时地，记录每支管子里发生的事，尤其是那些背上有彩色记号的壁蜂的行为。一支管子里的故事结束了，我就调换另一支。此外，我还在蜂箱的箱底，随意地堆上几小堆精心挑选的空螺壳。出于我以后将要解释的动机，我选择了草地蜗牛。每一只蜗牛壳一旦被填满，我就写上产卵日期和壁蜂户主的对应字母记号。五六个星期就这样过去了，在这段日子里，我每时每刻都在观察它们。做一项研究，成功的首要条件就是耐心。这个条件我已经拥有，因此也就取得了预期的成功。

管子分为两种，一种是整根管子直径相同的圆柱管，用来检验我第一年在家中饲养壁蜂得到的事实；另一种则由两个直径迥异的圆管连接而成，这样的管子占大多数。第一种管子，前端凸出在蜂箱外，形成入口，直径为8～12毫米。第二种管子紧跟其后，在箱子里面，后端封闭，内径为5～6毫米。这种一部分宽一部分窄的异形管，长度至多为1分米。这样窄小的体积可以迫使壁蜂选择几间住房，因为每一间都不能容纳全部的产卵，我就必然会得到各种不同性别的卵。最后，我将每支凸出在箱外的管子口，都配上一张舌形纸片。这是壁蜂到来时歇脚的地方，也可以使蜂儿很容易地进入它的家。蜂群占满了52个异形管、37个圆柱管、78只螺壳和几只灌木石蜂的旧巢。在这堆财富中，我要充分利用能佐证我的论点的那部分。

壁蜂产下的每一组卵，就算是不完全的，都是以雌性开头，以雄性结尾。这个法则我没有找到特例，至少在正常直径的管道里是这样。在每个新的闺房里，母亲先操心的都是重要的那个性别。强调这一点之后，我想，是否可以通过人为因素，颠倒排列顺序，使产卵从雄性开始呢？根据已经得到的结果和由此得出的结论，我相信是可以的。安放异形管就是要检验我的猜测。

异形管的直径为5～6毫米，对一个发育正常的雌蜂来说过于狭窄。因此，很节省空间的壁蜂，如果想要占据它们，就不得不在里面安置雄性；而且它产卵必须从这里开始，因为这间房子位于管道最深处。前部的管道很宽大，蜂箱表面还有入口，发现了这些熟悉的条件，壁蜂母亲会按照它所喜好的顺序继续产卵。

现在我们来看看结果。在52支异形管里，大约有三分之一的窄管没有蜂儿居住。壁蜂关上了窄管通往宽管的出口；它只利用宽管。窄管被废弃是不可避免的。雌壁蜂尽管在身材上总是比雄蜂要占优势，但在雌蜂之间还是有一些显著的区别，有特别大的，有特别小的，我不得不按照平均体积来决定狭窄通道的内径。因此有可能，有些管道的宽度不够，身材高大的母亲无法进入偶然遇上的管道。既然不能进入管道，壁蜂显然就不能安排后代在里面居住。于是它便将这个无用的空间封起来，而在外面那个大直径的管道里产卵。如果我想避开这些无用的管道，选择内径大一些的管道，又会有另一种不方便：身材偏小的母亲在大直径的管道里进出自如，就有可能决定在里面产下雌蜂的卵。我还须考虑到，如果我不加干预，让每位母亲都随意地选择居所，那么窄管能否被利用则取决于壁蜂房主能不能进入。

有40支异形管，宽窄两部分管道都有蜂儿入住。这里又分两种情况。后部内径从5～5.5毫米的窄管，放置着雄蜂的卵，只有雄蜂的，但数列很短，只有1～5枚。卵很少是一个接着一个的，因为母亲产卵时很不方便，壁蜂似乎急着想离开去前面的管子安家，前面宽敞的管道使它可以自由移动。而后部直径接近6毫米的窄管，有时只有一些雌蜂，有时底部是雌蜂，上部是雄蜂。出现这样的情况，原因不是管道过分宽大，就是母亲的身材偏小。然而，因为缺乏雌蜂生存的必需条件，母亲便尽可能地避免产卵以雌蜂开始，而只在最末端选择它。最后，不论窄管部分怎么样，接着它的宽管部分是不变的，总是底部是雌蜂，前端是雄蜂。

由于有一些很难控制的因素，实验的结果不完全，但仍然很可观。有25支异形管，在窄管里只有雄蜂，至少有1只，至多有5只；在宽管里的居民，以雌蜂开始，雄蜂结束。在这些管道里，产卵并非都已经完毕，有时卵甚至还没有产到一半；有些小管里只有开始产出的几只卵。有两只比其他蜂儿早熟的壁蜂，4月23日就开始产卵了。两只蜂在产卵的开始阶段，是在窄管里产下雄蜂。非常有限的粮食说明了卵的性别，与我的预料完全相符，以后我将会提供证明。在我的人为影响下，壁蜂颠倒了产卵的顺序，而且贯穿着整个产卵的始末，不论是哪个阶段。数列按照常规是以雌蜂开头，现在却以雄蜂开头。然而，只要一到宽管里，壁蜂又恢复了正常的产卵顺序。

第一步已经迈了出来，但这一步并不小，如果为环境所迫，壁蜂可以颠倒性别排列的顺序。如果窄管足够长，它是不是会将顺序颠倒过来，整个雄蜂数列占据后部的窄管，整个雌蜂数列占据前部的宽管呢？我想不会这样，以下便是理由。

窄管和宽管壁蜂都不喜好，不是因为宽度，而是因为长度。只要带一点蜜过来，壁蜂就不得不退着步子移动两次。它首先是头部进来，从蜜囊里吐出蜜。它因为无法在一条被身体完全堵住的管道里转身，它是退着出去的，与其说是行走，不如说是爬，这在玻璃管光滑的表面可不是件容易的事。此外，在里面它难于伸展翅膀，而翅膀与隔墙摩擦，会很容易起皱、损伤。它退着出来，去到外面，转过身子再重新进来；但这一次它是后退着进来，到蜜堆上刷它肚子上的花粉。两次后退，如果通道太长，最终都会使蜂儿感到困难；因此，壁蜂很快放弃了那些无法自由移动的狭窄管道。我刚刚说过，我的那些窄管，大部分都没有住满，蜜蜂在安置了很小数量的雄蜂之后，就赶紧离开。至少，在前部宽敞的管子里，它可以就地舒服地转身，干各种各样的活儿；它可以避免两次漫长的后退，后退会使它耗尽力气，对它的翅膀也很危险。

壁蜂不怎么用这种窄管，它在那里安置雄蜂，然后在管道渐宽之处接着安置雌蜂，可能还有另一个原因。因为雄蜂要比雌蜂早离开蜂房两个星期甚至更早，雄蜂如果占据了住宅的底部，就会被困在里面死去，或者在出去时撞翻路上的姐妹。壁蜂母亲选择的那种产卵方式避免了这一危险。

在那些奇特的管子里，壁蜂母亲很可能困于两种需要：空间的窄小和将来的解放。在窄管里，空间大小不适合雌蜂；然而，如果雄蜂在这里找到了合适的住宅，它就很可能死去，因为它会在得以见天日的时候被堵住。因此，我知道了壁蜂母亲为什么犹豫，为什么执拗地在一些只适合雄蜂居住的仪器里产下雌蜂卵。

我脑子里产生了一个猜想，这个猜想是深入研究窄管后产生的。所有的窄管，无论住的是何种居民，开口都被精细地塞住，使窄管看上去好像一根独立的管子。因此，壁蜂不可能把深处的窄管当作前部宽管的延伸，而是把它当作一根独立的管子。壁蜂一来到宽管里，就能够自由地转身，好像在一扇大大敞开的门口活动一样，自由得无边无际。这很可能就是造成它犯错的原因，并使壁蜂在后部的窄管里产卵时，以为前面的宽管不存在。因此，它才会违背常规，在宽管里交替产下雌蜂和雄蜂的卵。

是壁蜂母亲真的判断出了我圈套里的危险，还是因为考虑到空间因素，才糊涂地以雄蜂开始？对这些无法出去的雄蜂，我要非常谨慎才能下定论；至少，我发现壁蜂母亲尽量不去破坏能使两种性别的蜂都可以出来的那个顺序。这种倾向通过它不愿在窄管里产下长数列的雄蜂可以得到确证。无论如何，从我们的目的看，壁蜂的小脑袋里发生了什么是不太重要的。我们只须知道，它不喜欢长的窄管，不是因为它们窄，更主要是因为它们太长。

事实上，同样的内径，一条短管会使它很满意。在这样的管子中，有灌木石蜂的旧巢和草地蜗牛的空螺壳。短的管子会克服长管子的两个不足。当居所是螺壳时，蜂儿可以减少后退动作；而居所是石蜂的蜂房时，它几乎就不用后退。此外，堆在一起的茧至多是两三个，它在解脱时就没有长数列必然带来的麻烦。让壁蜂决定只在一根足够产下整个卵的管子里筑巢，管的宽度只能使它恰好进入，我认为是非常不可能成功的。壁蜂断然拒绝这样的住宅，或者只在里面产下数量很少的卵。相反，那些洞窄但不太长的管子，尽管不容易，但我觉得至少还是有可能成功。在这样的想法指引下，我进行了如下的实验：给壁蜂母亲一组只能容得下雄蜂的居所，使得它只产下雄蜂的卵，使一种性别完全或者近似完全地被调换为另一种性别。这个实验是我的问题中最艰巨的一部分。

我们首先来看看灌木石蜂的巢。我说过这些涂着砂浆的球体，钻着小圆柱体的洞，是如何被三叉壁蜂急不可待地选用的。壁蜂就在我眼前，在较深的蜂房里放入雌蜂卵，在较浅的蜂房里放入雄蜂卵。旧巢在自然状态下，就是这样。然而，我用一把锉刀，将蜂巢的外壳刮去，并将洞的深度减到10毫米。于是，在每一个蜂房里，就只有够一只雄蜂居住的地方，顶上盖着大门的塞子。在巢里的14个洞中，我留下2个没有动过的，深度为15毫米。我在家中饲养壁蜂的第一年里做了这个实验，结果非常令人震惊。12个缩减了深度的洞，接收的都是雄蜂卵，而那2个保持原样的洞接收的则是雌蜂卵。

第二年，我用一个有15个蜂房的蜂巢重新开始实验；但这一次，所有的房间都被锉刀削减到了最浅的位置。于是，15个蜂房，从第一个到最后一个，都被雄蜂卵占据。当然，卵都产在同一个球体里，不但有标记，而且整个产卵期间，我一直都没有转移过视线。不向这两个实验的结果低头，恐怕也太顽固了。如果实验还没有得到确证，那么现在就是让它完成的时候了。

三叉壁蜂常常在空螺壳里安家，尤其是轧花蜗牛的。在石堆下和没有砂浆的小墙角缝里，常常能见到轧花蜗牛。螺壳开得很大，壁蜂向前可以深入到螺旋管道里面。它很快就在过窄的那一点上，发现了足够供一只雌蜂居住的空间。紧接这个房间之后，是一些比较宽大的蜂房，始终是供雌蜂住的；这些蜂房像一根直管一样线形排列。螺旋的最后一圈，对一纵列来说直径显得过于宽大，于是壁蜂便在横隔墙上又添加一些纵向隔墙，隔出容积不同的房间，主要居住着雄蜂，也混杂着一些雌蜂。一只蜗牛螺壳里可以发现六到八个房间的空间。在螺壳的开口，有一块粗大的土塞将蜂巢堵住。

这样的住宅不能再给我提供什么新的东西，我便为我的蜂群选择了草地蜗牛。螺壳像一块隆起的小菊石，裂缝慢慢地越升越大。它的可用部分直到开口处，其直径才勉强比雄壁蜂茧大一点。最宽的部分，可能会被雌蜂茧利用的地方，用一个厚塞子封起来后，在下面常常还留一块空间。根据这些条件，草地蜗牛壳只能供一组雄蜂居住。我将收集来的螺壳放在蜂箱下面，最小的螺壳直径为18毫米，最大的为24毫米，根据大小，能容纳两只茧，至多三只。

这些螺壳被我的客人们毫不犹豫地利用了，也许受欢迎程度比玻璃管还高，玻璃管光滑的隔墙使蜂儿行动不便。有几只螺壳在壁蜂产卵的头几天就被占据。在这种住宅里产了卵的壁蜂，会接着到第二只螺壳里去，然后是第三只、第四只，直到卵巢枯竭，源于同一个母亲的亲兄弟都被安置在蜗牛螺壳里了。这些螺壳根据产卵时期和壁蜂的体貌特征被标上了标签。在螺壳里辛勤工作的壁蜂毕竟是少数，大部分壁蜂先离开管子到螺壳里，再从螺壳回到管子里。螺壳里装了两三个蜂房后，每只蜂都将住宅出口用一层厚厚的土塞堵住。这是漫长而细心的工作，壁蜂竭尽了它做母亲的耐心和泥水匠的才能。也有一些过分小心的母亲，给螺壳的脐也精心地涂抹了泥浆。这些洞让它们警惕，也许有人会从这里进到家里去。这些模样可怕的洞，必须谨慎地堵住，确保家人的安全。

蛹足够成熟时，我开始研究这些优雅的闺房。里面的东西使我欣喜，它与我的预想实在太吻合。极大部分的茧都属于雄蜂的；在最大的蜗牛螺壳里，才散布着很少的几个雌蜂茧，空间的狭窄几乎使强壮的那个性别消失了。这个结果是通过78只住着壁蜂的蜗牛壳得到证明的。但是，我只想特别说明那些产卵完整的卵组。下面便是几个例子，是从最具说服力的例证中选取的。

一只壁蜂，5月6日开始产卵，5月15日产卵结束。它连续占据了7只蜗牛壳。它的家庭有14个成员，这个数目很接近于平均数；这14枚卵里，12只是雄蜂的，只有2只是雌蜂的。从时间上看，雌蜂排第七位和第十三位。

另一只壁蜂，从5月9日到5月27日，在6只蜗牛壳里产了13枚卵，其中10只雄蜂、3只雌蜂。3只雌蜂在卵组里排第三、四、五号。

第三只，从5月2日到5月29日，在11只蜗牛壳里产了卵，这真是一项浩大的工程。这位劳动者同样也属于最多产者之一，它使我看到了一个有26枚卵的大家庭，它也是我看到过的卵产得最多的壁蜂。在这个特殊的家庭里，有25只雄蜂、1只雌蜂。唯一的雌蜂，排第十七位。

在这个蔚为壮观的例子之后，我没有必要再继续举例了，更何况从其他的卵组中得出的结论都一样，绝对一样，没有分别。在这些数据的背后能看出两个事实。壁蜂可以颠倒产卵的顺序，以一个或长或短的雄蜂数列开始，然后再产下雌蜂卵。第一个例子里，第一只雌蜂是第七个出现；第三个例子中，是第十七个。还有更绝的，这也是我想要特别证明的定理，雌性可以被调换成雄性甚至消失，就像第三个例子那样；在一个有26只蜂的家庭里，只有一只雌蜂，还是在一个直径比较大的蜗牛壳里。可能是母亲的疏忽，雌蜂的卵在一个两只蜂的卵组中占据了高层，离开口最近，我觉得壁蜂是不会看中这个位置的。

这个结果对于生物学最晦暗的问题之一，有非常重要的意义，我不想通过更有说服力的实验再次确证。第二年，我想让壁蜂的居所只有蜗牛壳，一只蜂选一个，并且严格地使蜂群远离任何可以产下雌蜂卵的地方。在这样的条件下，我得到的应该全是雄蜂卵，基本上不会有什么误差。

假如反过来调换，那么产出的卵就应该只有雌蜂，很少或者没有雄蜂。第一种调换实验的成功，使我可以接受第二种调换的想法，尽管我还没有想出实现它的方法。我所能支配的条件就是居所的大小。在狭窄的居所里，雄蜂济济一堂，而雌蜂接近于消失。可是，在宽敞的居所里，则不会产生相反的结果。我会得到一些雌蜂，但雄蜂也会很多，它们会蜷缩在一些被添加的隔墙隔开的小房间里。在这里，空间因素是不适用的。那么，第二种调换，应采取什么计策呢？我还没有找到任何值得一试的方法。

是得出结论的时候了。我与世隔绝地生活在一个偏僻的村庄，耐心而默默地在犁沟里耕耙，我不是很了解科学的新走向。一开始时，我还痴迷于书籍，但我难于得到它们；今天我能轻而易举地拥有，但我却不再渴望它们。因此，我不知道在我研究昆虫性别的这条道路上，别人已经做了些什么。如果我陈述的命题确实是新的，或者至少比已有的命题更具普遍性，那么我的话也许会显得像邪说。不过，没有关系，我只是将事实表述出来，我不会对我的陈述产生犹豫；并且我相信，时间会让一种邪说成为正统。因此，我总结出以下的结论。

食蜜蜂将分成两组产卵，先是雌蜂，后是雄蜂，两种性别身材迥异，要求的食物也不尽相同。如果两种性别的体积接近，同样的顺序可能出现，但不稳定。这种两分式的分组，在蜂儿选择的建巢地点不够容纳整组卵时会消失，于是出现部分产卵，以雌蜂开始，雄蜂结束。

从卵巢里出来时，卵的性别还没有确定。是在产卵的那一刻或者稍早，决定性别的烙印才最终出现。为了让每只幼虫都有合适的空间和食物，母亲支配着它即将产出的卵的性别。根据居所的条件——这常常是别人的作品，或者是不能或难以改变的自然居室，它不是产下雄蜂的卵，就是产下雌蜂的卵。性别的分配是由母亲控制的。如果环境迫使，产卵的顺序可以颠倒，从雄蜂开始，而且可以只产下一种性别的卵。

捕食性膜翅目昆虫也具有同样的特权，至少对于两种性别身材迥异、食物也多寡不同的蜂儿来说是这样。母亲应该知道它将产下的卵的性别，它应该支配着这只卵的性别，以使每个幼虫都有合适的食物配给。

总之，当两性身材迥异时，任何储粮的昆虫，任何为后代准备并选择居所的昆虫，都应该能够支配卵的性别，从而适宜地满足新生儿必须具备的生存条件。

它们是如何随意确定性别的，我一点也不知道。如果我从这个微妙的问题中学到了一点什么，我会将它归结于等待或者说监视带来的好运气。在研究结束时，我知道了德国养蜂者茨耶尔松关于家蜜蜂的理论。根据我所看到的很不完全的资料，如果我理解得正确，那么在卵被卵巢管输送出来的时候，就已经有了性别，始终是那一种；它原本可能是雄性，是通过受精才变成了雌性。雄蜂产生没有受精的卵，而雌蜂来自受精的卵。蜂王因此可以在卵通过产卵管的时候，通过受不受精，来决定产出雌蜂还是雄蜂的卵。

从德国来的这个理论，只能使我产生深深的疑问。这理论被草率地匆忙接受，甚至进入了一些经典的书本里。我克制着反感来关心德国的这些思想，为了征服它，我没有进行论证，而是借助于无可回击的事实来说理。

如果能这样随意地通过受精来决定性别，那么在母亲的身体机制中，必须有一种储存精液的器官，将精液倾注到产卵管里的卵上，给卵印上雌性的特征；或者拒绝给卵精液的洗礼，使它保持原有的特性，即雄性的特性。我们能在其他膜翅目昆虫身上找到这样的器官吗，不论是采蜜的还是捕猎的？解剖学的论著对此避而不谈。或者说，它们把从蜜蜂那里得到的资料用于整个膜翅目昆虫，而蜜蜂与其他膜翅目昆虫非常不同，不论是它的群居性，还是它瘦小的工蜂，尤其是它数目众多耗时漫长的产卵。

我首先怀疑，是否普遍存在着这种储存精液的容器，我在以前的研究中，解剖飞蝗泥蜂和其他几种捕食性昆虫时，并没有发现过它。这种器官是如此精巧纤小，很容易被忽视，尤其在没有特意寻找它的时候；此外，就算它出现在视野里，也并非总是能被发现。它是一种直径约0.5毫米的小粒，淹没在一堆气管和脂肪层中，而它的颜色又是灰白色。只要镊子没把握好，稍微一碰就会将它损坏。我起初的研究是以生殖器官整体为对象，因此非常有可能将其忽略。

解剖学的论著不能告诉我任何东西，为了知道我最终该遵循什么，我又用上了我的放大镜和旧的解剖盆：一个普通的饮水杯，一个用黑缎包着的软木垫子。这一次，在我那已非常劳累的眼睛再度受罪之后，我终于发现，泥蜂、隧蜂、土蜂、熊蜂、地蜂、切叶蜂具有所说的那个器官。但我在壁蜂、石蜂和条蜂身上没有成功地发现它。它们真的没有这种器官吗？还是因为我的粗心？我倾向于粗心，我承认所有采蜜或者狩猎的膜翅目昆虫，身上都有一个精液的储藏所，可以看出它里面包含的东西，一堆螺旋形的精子，在显微镜的物镜下盘旋。

这种器官得到承认后，德国人的理论变得适用于所有食蜜蜂和所有狩猎蜂。交配后，雌蜂接受了精液并将它保存在受精囊里。从那时起，母亲身上就同时存在两种生殖元素，雌性元素是卵子，雄性元素是精子。根据产卵者的意愿，受精囊遇上成熟的卵子后，一小滴精液进入产卵管，便得到一只雌性的卵；如果它拒绝提供精子，这只卵便仍然是雄性，就像它原来一样。我真心地承认，理论非常简单明了，富有魅力，但它是真实的吗？这就是另一回事了。

我可以首先驳斥它给一个普遍法则带来的特例。从整个动物界来考虑，谁敢证明卵原先是雄性的，通过受精才变成了雌性的？两种性别不是都要经过受精吗？如果有一个无可置疑的真理，那就是这个了。确实，家蜜蜂是有一些奇怪的事，我不会进行争论。家蜜蜂过于超出常规，而且它那些被证明的事，也并没有被所有人接受。但那些非群居的食蜜蜂和狩猎蜂，在产卵时并没有什么特别之处，为什么它们要背离所有生物的普遍法则，不论雌雄都来自受精卵呢？生命在生殖这个神圣的行为中应该是一样的；无论是在哪里，它应该在所有地方都一样。什么！苔藓植物的孢子都需要一种用于播种的游动精子，而食利者土蜂的卵巢，却在孵卵和产出雄蜂时没有同样的器官！这种怪话不值一驳。

我还可以用三齿壁蜂的情况来反驳。三齿壁蜂在树莓桩中没有任何秩序地产下两种性别的卵。母亲是服从于一种什么样奇特的任性，没有明确的原因，随意地打开储精的受精囊，产下一只雌性的卵，或者同样随意地让它关闭，使一只雄性的卵不经过受精便产出？我可能会设想受不受精是根据时间而定，但我不明白它们为什么在整体上杂乱无序。在粮食和居所毫无二致的情况下，母亲刚刚给一个卵受过精，为什么它拒绝给下一个卵受精？这种任性的选择，没有理由而且杂乱无序，实在与产卵这种如此重要的行为不相称。

但是，我承诺过不讨论，我也就将讨论中止于此。我只陈述一些精细的理由，它们不会与那些不灵巧的脑袋发生纷争。我跳过去，转到一些突兀的事实，这才是真正的一击。

6月的第一个星期里，三齿壁蜂的产卵就要结束了，它便成为我双重监视的对象，因为它的生殖行为也引起了我的兴趣。蜂群的数目很有限了，我只剩下三十来个落后者。尽管它们的工作已经没有意义，可它们还始终极为忙碌。我看见有的壁蜂非常小心地将一个管子或者一只蜗牛壳的开口堵住，但它们并没有在那里产下什么，绝对什么也没有。还有一些在房间里竖了几道隔墙后，甚至只是隔墙的雏形，就将大门封住。还有一些在新的通道深处，堆集一簇谁也用不着的花粉，然后用一个土塞将门封上。土塞是这样厚，它的工作是这样细心，仿佛整个家族的安危都系于此。壁蜂生来就是劳动者，它也应该死于劳动。卵巢枯竭后，它就把剩余的力气花费在这些没有意义的工作上：竖隔墙，堵塞子，堆没有用的花粉。即使什么也不用做，小小的动物机器也不能无所事事，它继续运转，直到在没有目的的工作中熄灭它最后的激情。我想向动物理性方面的专家请教这种反常。

在做无用的工作之前，落后者们产下了最后的卵，我确切地知道它们的蜂房和产卵日期。在放大镜所能观察到的范围内，这些卵和比它们早产出来的卵没有任何不同，它们具有相同的体积、形状、光泽和新鲜的外表，储粮也非常适合雄性，没有任何特别之处。然而，最后产下的这些卵并不孵化，它们起皱，在蜜饼堆上枯萎。在一只壁蜂最后产下的卵里，我数出来有三四只不孵化的卵；

而另一只壁蜂的卵只有一两只没孵化。可是，另一部分蜂群直到停止产卵，卵都是丰满的。

这些不孵化的卵，一出生就受到死亡的打击，数量众多而不容忽视。为什么它们不像别的卵那样孵化出来，它们的外表可是完全一样的啊！它们受到同一位母亲同样的悉心呵护，粮食也是一样的。我在放大镜下仔细搜寻，也找不出任何原因来解释它们的悲惨命运。

如果人们的思想不囿于成见，那么会径直找到答案的，这些卵不孵化是因为它们没有受精。任何没有受精的卵，植物的或是动物的，都会死去。其他的任何回答都无法行得通。我们不必说产卵的更早时刻，就说别的母亲，它们同时产下的卵，同样的日期，同样也是产卵的结束，却仍然是丰满的。卵不孵化是因为它们没有受精。

为什么它们没有受精呢？因为储精的受精囊过于狭窄，已经耗尽了所有；它几乎看不见，有时我稍不注意就看漏了它们。如果母亲到产卵的最后时刻还保存着一些受精卵，最后的卵也会和最初的卵一样丰满；而那些受精囊过早耗尽的，产到最后，卵就会死。这一切在我看来是清清楚楚的。

如果没有受精的卵不孵化就死去，那些孵化并产出雄蜂的卵就受过精，这样德国人的理论也就土崩瓦解了。我刚刚陈述的奇妙的事实，是为了解释什么？不，绝对不为解释什么。我不解释，我只是陈述。我对我听到的解释一天一天地怀疑，也对我自己将会提出的意见犹豫不决。随着观察和实验的增多，我觉得，最好对由多种可能形成的阴霾，投上一个大大的问号。

我亲爱的昆虫们，在我最艰难的时候，是你们给了我支持，你们还将继续支持我。但今天我要说再见了。对我而言，来日无多，希望已逝。我还会再讲述到你们吗？